人工智能与数字孪生技术赋能碳中和数据中心的智能优化策略

周　昕　著

科学技术文献出版社
SCIENTIFIC AND TECHNICAL DOCUMENTATION PRESS

·北京·

图书在版编目（CIP）数据

人工智能与数字孪生技术赋能碳中和数据中心的智能优化策略 / 周昕著.—
北京：科学技术文献出版社，2023.12

ISBN 978-7-5235-1091-9

Ⅰ . ①人… Ⅱ . ①周… Ⅲ . ①数据处理中心—研究 Ⅳ . ① TP308

中国国家版本馆 CIP 数据核字（2023）第 236400 号

人工智能与数字孪生技术赋能碳中和数据中心的智能优化策略

策划编辑：张　丹　张雨涵　责任编辑：宋雪梅　公　雪　责任校对：王瑞瑞　责任出版：张志平

出　版　者	科学技术文献出版社	
地　　　址	北京市复兴路15号　邮编　100038	
出　版　部	(010) 58882952，58882087（传真）	
发　行　部	(010) 58882868，58882870（传真）	
官 方 网 址	www.stdp.com.cn	
发　行　者	科学技术文献出版社发行　全国各地新华书店经销	
印　刷　者	北京厚诚则铭印刷科技有限公司	
版　　　次	2023 年 12 月第 1 版　2023 年 12 月第 1 次印刷	
开　　　本	710×1000　1/16	
字　　　数	291千	
印　　　张	18　彩插 4 面	
书　　　号	ISBN 978-7-5235-1091-9	
定　　　价	78.00元	

前　言

随着信息技术的飞速发展和全球数据交流的急剧增加，数据中心在支撑现代社会的关键基础设施中扮演着不可或缺的角色。本书将深入探讨数据中心领域的十大前沿主题，围绕能效优化、任务分配、冷却控制、数字孪生技术、绿色数据中心冷却控制、物理引导的机器学习、智能电网管理、可持续发展等关键议题展开。本书旨在通过讲解机器学习和深度强化学习在数据中心各领域的应用，为读者呈现一个全面而深入的视角，探索数据中心未来的创新路径。

第一章：数据中心能效优化

现代社会对数据的依赖性日益增加，与此同时，数据中心的能耗也不断攀升。本章将深入剖析数据中心能效优化的关键挑战，并介绍机器学习如何应用于数据中心能效优化的各个方面，实现从硬件设备管理到系统运行的智能化控制。

第二章：深度强化学习在数据中心任务分配中的创新应用

任务分配是数据中心运行的核心环节之一。通过深度强化学习，我们可以实现任务分配的智能化决策，提高资源利用效率，降低能耗成本。本章将详细讨论深度强化学习在数据中心任务分配中的创新应用，并探讨其中的挑战与前景。

第三章：深度强化学习在数据中心冷却控制中的创新应用

数据中心的冷却系统是维持硬件设备正常运行的关键组成部分。通过深度强化学习，我们可以实现对冷却系统的智能监控和控制，提高冷却效率，降低能耗。本章将深入研究深度强化学习在数据中心冷却控制中的创新应用及其对数据中心的可持续性影响。

第四章：数据中心数字孪生技术的基本原理及其广泛应用

数字孪生技术为数据中心的运行管理提供了新的思路。通过机器学习，我们可以建立真实数据中心的数字化副本，实现对运行状态的实时监测和预测。本章将介绍数据中心数字孪生技术的基本原理及其在数据中心管理中的广泛应用。

第五章：机器学习在绿色数据中心冷却控制中的安全强化

绿色数据中心是可持续发展的关键方向之一。本章将深入研究机器学习在绿色冷却控制中的创新应用，重点关注安全性强化的策略与实践，以推动数据中心向更加环保和可持续的方向发展。

第六章：基于物理引导的机器学习在数据中心数字孪生中的创新应用

结合物理引导与机器学习，我们可以更加准确地建立数字孪生模型。本章将深入研究基于物理引导的机器学习方法，并探讨其在数据中心数字孪生中的优势和应用案例。

第七章：机器学习在智能电网管理中的创新应用

智能电网是未来电力系统的关键发展方向。通过机器学习，我们可以实现对电网的智能监测、管理和优化。本章将探讨机器学习在智能电网管理中的创新应用，以推动电力系统向更加高效和更加可靠的方向发展。

第八章：数据中心可持续发展

可持续性是数据中心未来发展的关键课题。本章将深入探讨数据中心可持续发展的策略和实践，结合机器学习的应用，为数据中心实现可持续发展提供新的思路。

第九章：机器学习在数据中心电力存储系统开发中的创新应用

电力存储系统在数据中心能源管理中具有重要地位。通过机器学习，我们可以优化电力存储系统的设计和运行，提高能源利用效率。本章将深入研究机器学习在数据中心电力存储系统开发中的创新应用，并探讨其对数据中心能源管理的影响。

第十章：电能存储材料探索与智能电网管理中的机器学习

电能存储材料的研究对智能电网的可持续发展至关重要。通过机器学习，我们可以加速电能存储材料的探索和优化。本章将深入研究机器学习在电能存储材料探索中的创新应用，并探讨其在智能电网管理中的潜在贡献。

通过对这十大主题的深入探讨，本书旨在为读者呈现一个全面而深入的视角，揭示机器学习和深度强化学习在数据中心创新与可持续发展中的关键作用。同时，本书还将结合实际案例和未来趋势展望，为读者提供思考和应用的启示，助力数据中心迈向更加智能、高效和可持续的未来。

目 录

第一章 数据中心能效优化

过去十年，基于云计算、大数据分析和机器学习等领域的快速发展，数据中心的能耗出现了巨大增长。以往优化信息技术（IT）系统和冷却系统能耗的方法往往不能捕捉到系统动态信息或受限于系统状态和行为空间的复杂性。在本章中，我们提出了一种基于深度强化学习（deep reinforcement learning，DRL）的优化框架，称为 DeepEE，通过协调 IT 和冷却系统来提高数据中心的能效。在 DeepEE 中，我们提出了一种基于参数化动作空间的深度 Q 网络（parameterized action space based Deep Q-Network，PADQN）算法，以解决混合动作空间问题，并联合优化 IT 系统的作业调度和冷却系统的气流调节。然后，我们在 PADQN 中应用了双时间尺度控制机制，用于更准确高效地协调 IT 系统和冷却系统。此外，为了安全快速地训练和评估所提出的 PADQN 算法，我们构建了一个模拟平台，用于同时建模动态的 IT 工作负载和冷却系统。通过大量基于真实跟踪数据的模拟，我们证明了：①与基线独立和联合优化方法相比，PADQN 算法可以节省高达 15% 和 10% 的能耗；②PADQN 算法通过采用参数化行为空间，在能耗方面实现了更稳定的性能提升；③PADQN 算法在能耗节约和服务质量之间实现了更好的权衡。

1.1 引言

近年来，云计算、大数据分析、机器学习和加密货币的迅猛发展导致数据中心的用电量急剧增加，因此急需采取措施降低能耗，以实现成本节约和环境保护的目标。根据美国自然资源保护理事会的统计，2013 年全美国数据中心的用电量约为 910 亿千瓦时，到 2020 年全美数据中心的用电量需求预计增长至 1400 亿千瓦时，这将给美国企业带来每年约 130 亿美元的电费支出，且每年需排放近 1 亿吨碳污染。数据中心的高能耗主要来自冷却设备和 IT 需求。其中，冷却系统约占据数据中心平均能耗的 30%，而 IT 系统的用电量约占数据中心总用电量的 56%。因此，同时从 IT 系统和冷却系统两个方面提高数据中心的能效，可以降低能源成本和对环境的影响。

数据中心节能目标的实现过程中，我们将面临以下 3 个挑战：

第一，由于 IT 系统和冷却系统的动态性，配置数据中心变得复杂。IT 系统负责执行任务并产生热量，而冷却系统负责散热。这两个系统的动态通常包括随机的 IT 工作负载、热量产生、提取和循环，以及时变的环境温度。如果不考虑这些动态特性，可能导致低效的功率使用效率（power usage effectiveness，PUE）和较高的运营支出（OPEX）。

第二，高维状态空间和离散-连续混合动作空间构成了同时控制 IT 系统和冷却系统的另一个挑战。数据中心的数百或数千个机架服务器构成了高维状态空间，对于大多数优化方法来说难以进行计算处理。IT 系统的行为空间通常是离散的，用于将任务分配到合适的服务器，而冷却系统的行为空间是连续的，用于调整冷却设施（如调节气流速率）。要实现同时控制两个系统就需要解决这个混合动作空间的问题。

第三，IT 系统和冷却系统的调节使用的时间常数不同。IT 系统往往在几秒甚至几微秒内响应，而冷却系统（即机械设施）则可能需要几分钟的时间。两个系统不相匹配的时间常数可能会导致节能过程中出现热点及不必要的冷却波动等问题。

目前，已经有研究者提出了一些独立优化方法和联合优化方法来提高数据中心的能效。

首先，独立优化方法用于单独控制 IT 系统或冷却系统。对于 IT 系统控制，大多数现有工作从工作负载调度/迁移的角度进行能源节省，这些方法通常是基于模型的（例如，队列模型用于任务分配），未考虑冷却动态；对于冷却系统控制，大多数传统方法采用基于规则的控制策略，根据专家的知识和经验进行决策，而一些控制算法则旨在最小化总冷却功率，但未考虑 IT 系统的动态信息，仅关注机架温度或房间气温。这些独立优化方法往往会导致过度配置，因为其目的是安全运行，缺乏协调机制。

其次，研究人员一直在研究联合 IT-冷却优化方法，以提高数据中心的能效，如优化 IT 系统的作业调度和冷却系统的气流速率调整。然而，大多数联合优化方法往往假设系统为静态或动态模型，而这些模型有时不足以准确捕捉数据中心的各种相互作用过程的动态信息，也无法解决上述第二和第三个挑战。

为了应对上述挑战，我们提出了一种新颖而高效的基于 DRL 的无模型框架 DeepEE，用于能效数据中心的作业调度和冷却控制的联合优化控制（调整气流速率）。在 DeepEE 中，我们采用 DRL 来处理高动态性、高时变性和高复杂性的环境，如时变系统状态和任务请求，并将参数化行为空间与基本的深度 Q 网络（Deep Q-Network，DQN）结合，以处理离散–连续混合动作空间，并应用双时间尺度控制方法来协调 IT 系统和冷却系统的不同时间常数。此外，为了安全、全面和快速地训练和验证我们提出的算法，我们建立了一个基于商用计算流体动力学（CFD）软件的综合模拟平台，用于同时模拟 IT 工作负载和冷却动态。以下是我们的主要贡献：

①我们提出了 DeepEE，它通过基于 DRL 的联合优化，改进了数据中心的能效。DeepEE 是无模型的，不依赖于准确和可解的系统模型（如队列模型）。此外，DeepEE 能够捕捉数据中心的 IT 工作负载和热过程的动态和非线性特征。

②在 DeepEE 中，我们提出了一种参数化行为空间的（DQN）算法，用于解决混合行为空间问题，无需任何近似或松弛。与基本的 DQN 不能直接应用于解决具有离散–连续混合行为空间的联合优化问题相比，PADQN 能够很好地处理这个问题，并在能耗方面实现更稳定的性能提升。

③我们在 DeepEE 中应用双时间尺度控制方法，以协调具有不同时间常数的 IT 系统和冷却系统，进一步提高能效。

④我们建立了一个综合的模拟平台，基于 CFD 软件同时建模 IT 工作负载和热动态。该平台用于训练和验证我们提出的算法，相比使用真实数据中心环境，能够避免运营风险。

1.2　相关工作

本节将回顾与数据中心能效相关的研究，包括时间驱动和事件驱动的优化方法。

1.2.1　基于时间驱动的优化方法

时间驱动的优化方法可以分为两类：孤立方法和联合方法。孤立方法旨在单独调节 IT 系统和冷却系统，而联合方法则同时控制 IT 系统和冷却系统。

（1）IT 系统控制优化

提高 IT 系统的能效可以从动态电压频率调节（DVFS）、任务调度/迁移及控制活动服务器数量等方面进行。Tang 等将最小化数据中心冷却成本的问题从功率空间转换为温度空间，并通过任务分配定义了最小化数据中心内部峰值温度的问题，从而实现最小化冷却需求。Polverini 等提出了GreFar，它在满足队列延迟约束的同时，优化了分布式数据中心的能源成本和公平性，并满足了服务器最大进气温度约束。Chavan 等提出了TIGER，这是一种专门用于减少数据中心存储系统冷却成本的热感知技术。Sansottera 提出了一个混合整数规划，旨在通过考虑工作负载分配和冷却约束来最小化数据中心的总功耗。Meng 等考虑了通信受限的高性能计算（HPC）应用，并通过作业分配来研究冷却和通信成本的联合优化。许多其他工作从不同的角度致力于数据中心的热感知调度和资源管理，如考虑响应时间或最大完成时间。Wang 等提出了两种工作负载调度算法——TASA 和TASA-B，用于减少数据中心的温度并最小化工作负载的响应时间。大多数现有的 IT 系统控制优化工作是基于模型的（例如，队列模型用于任务分配），未考虑冷却动态。在这种情况下，为了冷却 IT 设备以确保安全运行，我们应该对冷却功率进行过度配置。这不是能源高效的做法，在某些情况下，应考虑冷却控制。例如，当平均工作负载长期处于低水平时，我们需要通过调高供应温度或降低气流速率来避免过度配置冷却功率，这一点仅通过调度工作负载无法实现。

（2）冷却系统控制优化

冷却控制对于优化数据中心的能耗至关重要，可以从风扇速度和计算机房空调机组（CRAC）配置的角度进行。一种方法是通过控制风扇转速来减少冷却功耗，同时保持数据中心的温度。更多的工作致力于 CRAC 单元配置。Zhou 等提出了一个统一的框架，通过模型预测控制器（MPC）来调整供应空气温度、瓦片利用率和变频驱动器，以此来最小化冷却功耗，同时满足热要求。Beghi 等为 CRAC 系统的高效控制策略设计了基于模型的方法。该问题被制定为非线性约束优化问题，并通过粒子群优化算法来解决。这些冷却系统控制优化方法往往仅考虑机架温度或房间气温，而未考虑 IT 系统的动态。这种独立的优化方法往往会导致过度配置，因为其目的是安全运行，缺乏协调或联合控制。

（3）IT 系统与冷却系统的联合优化

为了实现数据中心的更好能效，IT 系统和冷却系统的联合优化更具前景和迫切需求，可以通过同时调度作业/工作负载和配置冷却系统（如供应温度、气流速率）来实现。Pakbaznia 等提出了整数线性规划，用于服务器合并和任务分配，以最小化数据中心的服务器和冷却功耗。通过选择最优供应冷空气温度来减少冷却功率，通过将到达任务适当分配到不同的服务器并根据运行任务的类型为每个服务器设置适当的电压-频率级别来降低服务器功耗。Parolini 等从网络物理系统的角度提出了一种协调控制策略，以最小化数据中心的总功耗，同时考虑到服务质量（QoS）和能效。Wan 等考虑了一种跨层次方法，通过制定混合整数非线性规划并开发高效的 JOINT 算法来最小化数据中心的整体能耗。JOINT 通过协调不同控制层中的不同系统组件来减少能耗，并根据当前工作负载动态设置系统参数。Sun 等提出了一种在线调度算法，用于最小化 HPC 应用的最大完成时间，同时满足热约束。该算法通过利用热感知负载的新概念来执行作业分配和热管理。

这些时间驱动的优化方法定期进行决策和执行控制操作，仅由"时间"触发而没有其他条件。如前所述，具有固定时间间隔的周期性控制无法很好地调节具有不同时间常数的两个系统。此外，这将不可避免地导致一些重要的系统状态变化（例如，数据中心中的过热事件），产生不必要的操作或延迟的操作。此外，由于安全运行的目的和两个系统之间缺乏协调，孤立方法可能导致过度配备资源或增加热点的数量。同时，大多数联合控制方法都致力于为感兴趣的系统建立一些静态或动态模型，这些模型通常无法充分准确地捕捉数据中心中多样互动过程（如热再循环）的动态特性。

1.2.2 基于事件驱动的优化方法

事件驱动的优化方法不仅在数据中心领域得到应用，在其他领域也有一些应用。正如前面所描述的，上述时间驱动的方法可能会导致系统资源（如计算资源）的浪费，不可避免地引起频繁的不必要的控制操作，因此提出了事件驱动方法。Wu 等将多房间的暖通空调（HVAC）控制问题建模为事件驱动的优化问题，为了进一步简化计算过程，他们提出了一个近似解方法，用于获得基于局部事件的策略。Jia 等提出了一种基于复杂性的方法，用于选择解决 HVAC 控制问题的事件的适当复杂性。Baumann 等首次将 DRL 应用于事件触发控制，他们使用深度确定性策略梯度（DDPG）输出两个离散动作和一个连续参数，以此来实现事件触发及控制。Yang 等开发了一种用于连续时间未知非线性系统的最优事件触发控制方案，他们提出了一个在强化学习框架下的标识符–评论家架构，用于获得事件触发的最优控制器。

在本章中，为了应对这些挑战，我们：①提出了一个基于 DRL 的框架（命名为 DeepEE），用于联合优化任务调度和冷却控制；②采用参数化行动空间技术来处理离散-连续行动空间问题；③引入双时间尺度控制机制，以更高效、更准确地协调 IT 系统和冷却系统。

1.3 问题表述

在本节中，我们首先介绍 DeepEE 的系统架构，用于基于 DRL 联合优化 IT 系统和冷却系统；其次，描述系统模型；最后，给出问题的表述。

1.3.1 系统架构

如图 1-1 所示，一个典型的数据中心包括 IT 系统和冷却系统。DeepEE 的系统架构遵循一般的智能体–环境交互模型（适用于传统的强化学习和新兴的 DRL），由 DRL 智能体和数据中心环境组成。

IT 系统：数据中心的 IT 系统包含一组设施（如机架、服务器）和相关的管理软件（如任务调度器）。如图 1-1（a）所示，一个数据中心通常有几行服务器机架，每个机架包含一组服务器，每个服务器可以具有单核或多核处理器。单个机架内的所有服务器共享相同的电源单元。数据中心 IT 系统的主要目的是提供用户满意的服务，如高性能计算。因此，为了实现这一目标，必须配备管理软件。在商业数据中心中常用的管理软件遵循传统的任务排队和发放范例。当用户向数据中心提交新任务时，任务调度器将新到达的任务存储在到达队列（arrival queue）中，然后按照作业调度策略将排队的任务分配给适当的服务器。

冷却系统：冷却系统配备有冷却设备，用于散发数据中心内活动服务器产生的热量。如图 1-1（b）所示，本书考虑的数据中心是一个采用升高地板供冷和天花板回风结构的空气冷却数据中心，采用冷通道封闭技术以防止回流效应，主要的冷却设备是精密冷却单元（PCU）。由 PCU 供应的冷气流（蓝色箭头）首先通过升高地板孔道，穿过孔板瓦（位于冷通道下方的地板上）进入封闭的冷通道；其次，通过机架风扇被泵入机架内，并带走机架服务器产生的热量；最后，热空气会朝着热通道排出，并由 PCU 将其排出到室外环境中。

DRL 智能体：如图 1-1（c）所示，在 DRL 智能体中，我们设计并实现基于 DRL 的算法，为 IT 系统（如任务调度）和冷却系统（如调整气流速率）提供控制策略。智能体在系统开始运行时需要进行训练。训练实际上是构建一个或多个深度神经网络（DNN）。通常，我们应该训练一个称为 DQN 的 DNN，并以此来进行深度 Q 学习，从而导出每个状态-动作对（s，a）之间的相关性及相应的值函数 Q（s，a），它表示预期的累积奖励值。训练完成后，DRL 智能体可以用于为 IT 系统和冷却系统提供最优控制策略。

工作流程：DeepEE 的工作流程如图 1-1（c）所示。DRL 智能体与数据中心环境（包括 IT 系统和冷却系统）之间的交互是一个连续的过程。在每个决策周期 t，DRL 智能体需要根据当前的数据中心状态 s_t 做出决策。然后，决策 a_t 将被传送给数据中心，并执行相应的动作。之后，状态将被更新（新状态 s_{t+1}），并将 s_{t+1} 传递给 DRL 智能体用于未来的决策。环境还会提供来自实际环境的即时奖励 r_t 给 DRL 智能体。

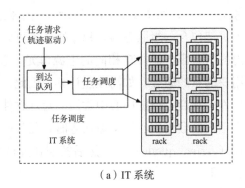

（a）IT系统

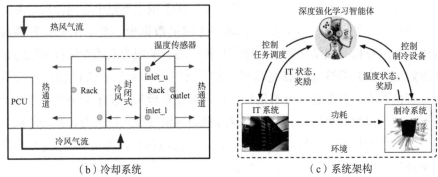

（b）冷却系统　　　　　　　　（c）系统架构

图 1-1　DeepEE 数据中心概述

1.3.2　系统模型

在本节中，我们将分别介绍数据中心的工作负载模型、任务模型和热模型。

任务模型：在本书中，我们针对 HPC 数据中心的计算密集型任务进行优化。我们假设数据中心由 N 个服务器机架组成。在每个服务器机架 n 中，有 M_n 台服务器，每个服务器有 c_{total} 个 CPU 核心。在这里，我们考虑一个均匀的硬件环境，即所有机架都包含相同数量的服务器，每个服务器具有相同的计算能力和功率性能。任务提交通常包含以下信息：①可执行文件；②输入数据；③所需的 CPU 核心数量和预计运行时间；④其他要求（如优先级）。鉴于用户通常会高估作业运行时间，我们将所需的 CPU 核心数视为将计算密集型任务分配给特定服务器的主要因素。所有新到达的任务都将被推入到达队列，然后任务调度器根据先到先服务（FCFS）策略选择一个候选任务，该任务将在下一个决策周期分派。

候选任务是"到达队列"中被选中在下一个轮次进行调度的任务。为简单起见，我们假设任务调度程序一次只分配一个任务。给定一个候选任务 i，设 c_i 为所需的 CPU 内核数。当任务调度程序将任务分配给某个服务器 k 时，应满足以下约束条件：

$$c_i \leqslant c_k^a \text{。} \tag{1-1}$$

需要注意的是：①本书将使用真实工作负载跟踪来生成任务并驱动实验；②如果某项任务所需的 CPU 内核数超过了 CPU 内核总数 c_{total}，则该任务将被划分为两个或多个子任务。

工作负载模型：为了跟踪 IT 系统的工作负载状态，我们为每个服务器 k 维护了 3 个基本变量：可用 CPU 核心数 c_k^a（其中 $c_k^a \leqslant c_{total}$），利用率 u_k 和功耗 p_k。当将新任务分配给服务器 k 时，c_k^a 和 u_k 可以很容易、直观地更新。服务器的功耗可以使用以下线性功耗模型进行估计：

$$p_k = P_{idle} + (P_{full} - P_{idle}) \times u_k \text{。} \tag{1-2}$$

其中，P_{idle} 和 P_{full} 分别表示服务器处于空闲状态和完全利用状态时的功耗。已经证明线性功耗模型在估算机架服务器的功耗方面非常有用和准确。IT 系统的总功耗可以定义为：

$$P_{it} = \sum_{n=1}^{N} \sum_{k=1}^{M_n} p_k \text{。} \tag{1-3}$$

请注意，虽然我们使用线性模型来估算每个服务器的功耗，但是我们基于 DRL 的算法并不依赖于这个特定的功耗模型。在这里，我们使用 $c_a = (c_1^a, \cdots, c_K^a)$，$u = (u_1, \cdots, u_K)$ 和 $p = (p_1, \cdots, p_K)$（$K = \sum_{n=1}^{N} M_n$）来表示所有服务器的可用 CPU 核心数、利用率和功耗。因此，IT 系统的状态可以表示为：

$$s_{it} = (c_a, u, p) \text{。} \tag{1-4}$$

热模型：为了捕获数据中心的热动态，我们通过温度传感器定期采样每个机架的 3 个温度数据。我们在每个机架 n 前部部署两个温度传感器（位置：上部和下部）以获取两个进气温度（$T_{in,u}^n, \cdots, T_{in,l}^n$），并在后部（位置：中部）部署一个温度传感器以获取出气温度 T_o^n。我们使用 $T_{in,u} = (T_{in,u}^1, \cdots, T_{in,u}^N)$，$T_{in,l} = (T_{in,l}^1, \cdots, T_{in,l}^N)$ 和 $T_o = (T_o^1, \cdots, T_o^N)$ 来表示所有机架的进气温度和出气温度。然后，数据中心的热状态可以表示为：

$$s_{thl} = (T_{in,u}, T_{in,l}, T_o) \text{。} \tag{1-5}$$

PCU 用于冷却数据中心。假设有 J 个 PCU（如 $J=3$）。在本书中，每个 PCU 的供冷温度设定为常数（如 19 ℃），而这些 PCU 的风流速率 $f=(f^1, f^2, \cdots, f^J)$ 可以调整以控制冷却功率。风流速率不能超过 PCU 能够提供的最大值，即

$$0 < f^j \leqslant f_{\max}(j=1, 2, \cdots, J)。 \tag{1-6}$$

此外，令 $Pcool$ 表示冷却设备 PCU 的总功耗，可以通过功率计来测量。

1.3.3　问题表述

我们在这一节中描述任务调度和冷却控制的联合优化问题。给定工作负载状态和热状态，联合优化问题涉及两个决策。首先，需要将到达队列中的一个候选任务分配给合适的服务器 k，其中 k 是服务器的索引（整数），且 $k \in \{0, 1, \cdots, \sum_{n=1}^{N} M_n\}$。如果 $k=0$，则表示该候选任务在此次决策周期不会被分配给任何服务器。其次，DRL 智能体应根据数据中心的当前状态为 PCU 设置最优风流速率。为简单起见，DRL 智能体可以决定每个 PCU 的风流速率是否应增加或减少。在这里，我们使用 $x=(x^1, x^2, \cdots, x^J)$ 表示这个决策，其中 $-x_0 \leqslant x \leqslant x_0$，而 x_0 是一个动作界限。注意，$-x_0 \leqslant x \leqslant x_0$ 意味着 $-x_0 \leqslant x \leqslant x_0(j=1, 2, \cdots, J)$。联合优化问题的目标是最小化 PUE，同时防止机架服务器过热和保持负载平衡。具体来说，目标函数包括 3 个方面：

①最小化 $PUE = (P_{it} + P_{cool})/P_{it}$。

②对于每个机架 n，惩罚超温的项 $\ln(1 + \exp(T_o^n - \psi T))$，其中 ψT 表示机架出气温度的阈值。

③对于每个服务器 k，惩罚过载的项 $\ln(1 + \exp(u_k - \psi u))$，其中 ψu 表示服务器利用率的阈值。

因此，优化问题可以表示为：

$$\min \Gamma \triangleq PUE + \beta_1 \frac{1}{N} \sum_{k=1}^{N} \ln(1 + \exp(T_o^n - \psi T)) +$$

$$\beta_2 \frac{1}{N} \sum_{n=1}^{N} \frac{1}{N} \sum_{k=1}^{M_n} \ln(1 + \exp(u_k - \psi u))。 \tag{1-7}$$

其中，β_1 和 β_2 是超温和过载惩罚的权重因子，它们表示超温和过载的重

要性。在这个目标函数中，我们使用"softplus"函数进行惩罚。"softplus"函数非常平滑且可微。它比直接使用 $\max\,(0\,,\,T_o^n-\psi T)$ 和 $\max\,(0\,,\,u_k-\psi u)$ 这种惩罚函数更容易和更高效地进行成本优化。

1.4　基于 DRL 的联合优化算法

在本节中，我们提出了"PADQN"算法，用于解决在 1.1 中提出的挑战。首先，我们将 DQN 与参数化动作空间结合，以联合控制 IT 系统和冷却系统。其次，我们引入了双时间尺度控制方法，以更高效地协调两个系统。

1.4.1　DRL 用于离散和连续动作空间

我们首先介绍一些关于强化学习（RL）和深度强化学习（DRL）的背景知识。

（1）离散动作空间

传统的 Q 学习和基于 DQN 的 DRL 算法通常适用于具有离散动作空间的控制问题。对于基于 Bellman 方程的传统 Q 学习，学习阶段是为每个状态-动作对 $(s_t\,,\,a_t)$ 推导出一个 Q 表，该表反映了系统的每个状态-动作对与其动作值函数 $Q\,(s_t\,,\,a_t)$ 之间的相关性，即预期的折现累积奖励：

$$Q(s_t\,,\,a_t)=\mathbb{E}[R_t\mid s_t\,,\,a_t]\,。 \tag{1-8}$$

其中 $R_t=\sum_{k=t}^{T}\gamma^k r(s_t\,,\,a_t)$，$\gamma\in[0,1]$ 是折现因子。一个常用的离策略算法采用贪婪策略：$\pi\,(s_t)=\mathrm{argmax}_{a_t}\,Q\,(s_t\,,\,a_t)$。DeepMind 提出了 DRL，将 Q 学习扩展为 DQN，即使用神经网络 $Q\,(s\,,\,a\,;\,\theta)$ 来逼近最优 Q^*，其中 θ 是网络权重。在第 t 次迭代中，DQN 通过最小二乘损失函数的梯度更新其参数：

$$L_t(\theta)=[y_t-Q(s_t\,,\,a_t\,;\,\theta)]^2\,。 \tag{1-9}$$

其中 y_t 是目标值，可以通过以下方式估计：

$$y_t = r(s_t, a_t) + \gamma \max_{a'} Q(s_{t+1}, a'; \theta^-)。 \qquad (1\text{-}10)$$

其中，θ^- 是目标网络的权重参数。

在实践中，两个有效的技术，即经验回放和目标网络，被用于 DQN 的训练。与传统的 Q 学习不同，DRL 智能体使用经验回放缓冲区中的小批量样本来更新 DQN 的参数。经验回放可以平滑学习并避免震荡或发散。另外，DRL 智能体使用目标网络来估计目标值 y_t。参数 θ^- 缓慢地更新为 DQN 的参数 θ。更新率可以由参数 τ 控制，即 $\theta^- \leftarrow \tau\theta + (1 - \tau)\theta^-$。

（2）连续动作空间

为了处理连续控制问题，通常采用基于策略的方法。DeepMind 通过应用 DNN 将传统的演员-评论家方法扩展为用于连续控制的 DDPG。DDPG 维护了一个参数化的演员函数 $\pi(s_t; \omega)$，可以通过 DNN 来实现，以及一个参数化的评论家函数 $Q(s_t, a_t; \theta)$，也可以通过使用 DQN 来实现。$\pi(s_t; \omega)$ 通过将状态映射到特定动作来输出当前策略，而 $Q(s_t, a_t; \theta)$ 返回给定状态动作对的 Q 值。

我们通过将链式规则应用于相对于参与者参数 ω 的预期累积奖励 J 来更新参与者网络：

$$\nabla_\omega J = \mathbb{E}[\nabla_\omega \pi(s; \omega)|_{s=s_t} \nabla_a Q(s, a; \theta)|_{a=\pi(s_t; \omega), s=s_t}]。 \qquad (1\text{-}11)$$

1.4.2　参数化动作空间 DQN（PADQN）

为了解决 1.1 中描述的前两个挑战，并将现有的 DRL 技术适应于没有任何近似的混合动作空间，我们将参数化动作空间 MDP（PAMDP）应用于基于 DQN 的 DRL 算法，称为参数化动作空间 DQN，以联合优化数据中心中的作业调度和冷却控制。

为了应用 DRL（不管使用哪种方法），我们在这里定义 DRL 的基于参数化动作空间的框架的状态空间，动作空间和奖励函数如下：

状态空间：状态由候选任务 i 的所需 CPU 核心数 c_i，风流率 f，工作状态 s_{it} 和热态 s_{thl} 等部分组成。形式上，状态向量表示为 $s = (c_i, f, s_{it}, s_{thl})$。

动作空间：如前所述，用于任务调度的动作是 $k \in \{0, 1, \cdots,$

$\sum_{n=1}^{N} M_n \}$，其中 k 是选择服务器的索引。用于调整风流率的动作是 $x = (x^1,\ x^2,\ \cdots,\ x^J)$，如 1.3.3 中所述。形式上，动作向量可以表示为 $a = (k,\ x)$。

奖励：我们将 DRL 智能体收到的即时奖励定义为 $r = r_0 - \Gamma - \beta_3$，其中 r_0 是一个大的常数，可以确保奖励是一个正值，Γ 可以通过公式（1-7）计算，而 β_3 是无效动作的惩罚［在公式（1-1）和（1-6）中违反约束条件］。通过将参数化动作空间 MDP 应用于基于 DQN 的 DRL 算法，称为参数化动作空间 DQN，联合优化问题的混合动作空间可以表示为参数化动作空间：

$$A = \{(k,\ x_k) \mid k \in \{0,\ 1,\ \cdots,\ \sum_{n=1}^{N} M_n\},\ -x_0 \leqslant x_k \leqslant x_0 \}。$$

$$(1-12)$$

其中 k 是用于任务调度的离散动作，而 x_k 是与动作 k 相关联的用于调整风流率的连续动作。为方便起见，我们定义 $k = \{0,\ 1,\ \cdots,\ \sum_{n=1}^{N} M_n\}$ 和 $X = \{x_k \mid -x_0 \leqslant x_k \leqslant x_0\}$。根据此参数化动作空间 A，动作值函数可以表示为：$Q(s,\ a) = Q(s,\ k,\ x_k)$。如果系统状态是 s_t，并且遵循动作 $a_t = (k_t,\ x_{k_t})$ 在决策时刻 t，则 Bellman 方程可以写为：

$$Q(s_t,\ k_t,\ x_{k_t}) = \mathbb{E}\left[r_t + \gamma \max_{k \in K}\ \sup_{x_k \in X} Q(s_{t+1},\ k,\ x_k) \mid s_t = s\right]。$$

$$(1-13)$$

对于表达式"maxsup"在公式（1-13）中，我们可以首先为每个 $k \in K$ 找到 $x_k^* = argsup_{x_k \in X} Q(s_{t+1},\ k,\ x_k)$，然后选择最大的 $Q(s_{t+1},\ k,\ x_k^*)$。然而，计算连续空间 X 上的上确界非常困难。对于给定的 k 和 Q 函数，我们可以发现：

$$x_k^Q(s) = \arg \sup_{x_k \in X} Q(s,\ k,\ x_k)。 \qquad (1-14)$$

是状态 s 的函数。因此，根据 DQN，我们可以使用深度神经网络 $Q(s,\ k,\ x_k;\ \theta)$ 来近似 $Q(s,\ k,\ x_k)$，其中 θ 是网络参数。对于这样的 $Q(s,\ k,\ x_k;\ \theta)$，我们可以使用确定性策略网络 $x_k(s;\ \omega)$ 来近似公式（1-14）中的 x_k^Q，其中 ω 表示网络参数。策略网络 $x_k(s;\ \omega)$ 的输出是一个连续参数（即本书中用于调整风流率的连续动作）。在本书中，我们只使用一个神经网络 $x(s; \omega)$ 来近似所有 x_k^Q（对于所有 $k \in K$）。

在我们的联合优化框架中，①所有连续动作 $x_k(k \in K)$ 具有相同的连续动作空间，并且具有相同的控制目标-风流率；②由于热滞后，任务分配不会立即影响环境温度；③由于双时间尺度控制（将在下一节中描述），冷却系统不会立即响应任务分配。因此，我们只使用一个神经网络 $x(s; \omega)$ 来生成连续的冷却控制，而不考虑任务调度动作 k。然而，$x(s; \omega)$ 的输出及系统状态将被馈送到 Q 网络 $Q(s, k, x_k; \theta)$，后者输出 $|K|$ 个动作值。然后，DRL 智能体选择具有最大动作值的动作进行任务调度。类似于 DQN 的训练，我们可以通过使用 t-th 迭代中最小二乘损失函数的梯度来更新 $Q(s, k, x_k; \theta)$ 的网络参数 θ，

$$L_t^Q(\theta) = [y_t - Q(s_t, k_t, x_{k_t}; \theta)]^2 。 \tag{1-15}$$

其中，y_t 是目标值，可以通过以下方式定义：

$$y_t = r(s_t, a_t) + \gamma \max_{k \in K} Q(s_{t+1}, k, x_k(s_{t+1}; \omega_t); \theta^-) 。 \tag{1-16}$$

其中，θ^- 是目标网络 $Q' = Q(s, k, x_k; \theta^-)$ 的参数。因此，用于更新 θ 的梯度可以通过公式（1-17）计算：

$$\nabla_\theta L_t^Q(\theta) = \{y_t - Q(s_t, k_t, x_{k_t}; \theta)\} \nabla_\theta Q(s_t, k_t, x_{k_t}; \theta) 。$$

$$\tag{1-17}$$

$x_k(s; \omega)$ 是一个确定性策略网络，因此可以像公式（1-11）一样更新网络参数 ω：

$$\nabla_\omega J = \mathbb{E}\left[\nabla_\omega x_k(s; \omega) \big|_{s=st} \nabla_x Q(s, k, x_k(s; \omega); \theta) \big|_{x=xk(st; \omega), s=s_t} \right] 。$$

$$\tag{1-18}$$

1.4.3 双时间尺度控制

为了处理 1.1 中描述的第 3 个挑战，我们在提出的 PADQN 中引入了双时间尺度控制方法。根据前面的讨论，用于联合优化任务调度和冷却控制所提出的算法应具有以下特点：

①在做出决策时彼此交流；

②使用两个不同的时间尺度分别控制这两个系统。

为了实现第一个特点，在我们提出的 PADQN 中，策略网络 $x_k(s; \omega)$

的输出（即用于调整风流率的连续动作）将被馈送到 Q 网络 $Q(s_t, k_t, x_{k_t}; \theta)$，然后输出 $|K|$ 个动作值，并且 DRL 智能体选择具有最大动作值的动作进行任务调度。此外，工作状态和热态都被用作这两个神经网络的输入。

为了实现第二个特点，我们倾向于在每个决策时刻 t 对 IT 系统进行决策，并在每个 t_{cool} 个决策时刻对冷却系统进行决策。在这里，我们引入一个时间因子 t_f 来表示系统时间状态。如果决策时刻 t 等于 t_{cool} 的整数倍，则 $t_f = 1$，否则 $t_f = -1$，

$$t_f = \begin{cases} 1, & t = d \times t_{cool}, d \in R \\ -1, & \text{其他} \end{cases} \quad (1\text{-}19)$$

然后，t_f 被用作策略网络 $x_k(s; \omega)$ 和 Q 网络 $Q(s_t, k_t, x_{k_t}; \theta)$ 的输入。这意味着我们可以扩展第 IV-B 节中的状态向量为 $s = (c_i, t_f, f, s_{it}, s_{thl})$。在环境方面，为了驱动 DRL 智能体在正确时刻做出最优冷却系统决策，如果 $t_f = -1$ 并且冷却动作 $x \notin \{z \mid -x_{tf} < z < x_{tf}\}$，则将一个惩罚项（在 1.5.2 的奖励函数中的项 β_3）添加到奖励中，其中 x_{tf} 是限制有效冷却动作的阈值。

根据上述描述，我们提出的 DeepEE 框架的 PADQN 算法可以总结为算法 1（图 1-2）。

Algorithm 1 PADQN Algorithm for DeepEE

Input: Randomly initialize the Q-network $Q(\mathbf{s}, k, \mathbf{x}_k; \theta)$ and policy network $\mathbf{x}_k(\mathbf{s}; \omega)$ with weights θ and ω respectively.
Initialize target network Q' with weights $\theta^- \leftarrow \theta$.
Initialize replay buffer $\mathcal{R}$, exploration parameter ϵ, minibatch size B.

1: Receive initial observation state $\mathbf{s}_1$
2: **for** t=1 to T **do**
3:     With probability ϵ, select a random action $\mathbf{a}_t = (k_t, \mathbf{x}_{k_t})$
4:         from distribution μ, otherwise
5:         1) select the continuous action $\mathbf{x}_k \leftarrow \mathbf{x}_k(\mathbf{s}_t; \omega)$
6:         2) select k_t such that $k_t = \arg\max_{k \in \mathcal{K}} Q(\mathbf{s}_t, k, \mathbf{x}_k; \theta)$
7:     Take action $\mathbf{a}_t$, observe reward r_t and the next state $\mathbf{s}_{t+1}$
8:     Store the transition $\{\mathbf{s}_t, \mathbf{a}_t, r_t, \mathbf{s}_{t+1}\}$ into $\mathcal{R}$
9:     Sample a random minibatch of B transitions
10:         $\{\mathbf{s}_j, \mathbf{a}_j, r_j, \mathbf{s}_{j+1}\}_{1 \leq j \leq |B|}$
11:     Set $y_t = r(\mathbf{s}_t, \mathbf{a}_t) + \gamma \max_{k \in \mathcal{K}} Q(\mathbf{s}_{t+1}, k, \mathbf{x}_k(\mathbf{s}_{t+1}; \omega_t); \theta^-)$
12:     Compute the stochastic gradient $\nabla_\theta L_t^Q(\theta)$ and $\nabla_\omega J$
13:         according to (17) and (18) respectively.
14:     Update the parameters for the network $Q(\mathbf{s}, k, \mathbf{x}_k; \theta)$
15:         and $\mathbf{x}_k(\mathbf{s}; \omega)$
16:     Update the target Q network:
17:         $\theta^- \leftarrow \tau\theta + (1-\tau)\theta^-$
18: **end for**

图 1-2 算法 1

1.5　评估

本节中，我们简要介绍了我们的仿真平台，并在该平台上进行了大量的仿真实验，以评估我们提出的算法，并呈现和分析了仿真结果。

1.5.1　实验设置

为了进行实验和评估我们提出的算法，我们建立了一个集成的仿真平台，用于建模和模拟数据中心的 IT 和冷却系统。我们的仿真平台包含 3 个主要部分：IT 系统、冷却系统和 DRL 代理。对于 IT 系统，我们使用 Matlab 实现了前文图 1-1 （a） 中的模块，以模拟任务调度和工作负载动态。在本书中，我们使用新加坡国家超级计算中心（NSCC）的一个真实数据中心的配置来模拟数据中心并进行仿真。该数据中心总共有 26 个机架，包括 20 个超级计算机机架和 6 个管理机架。在我们的实验中，我们将超级计算机机架作为目标，即 $N=20$。每个超级计算机机架有 42 个 1U 服务器，每个服务器有 24 个 CPU 核心（即 $M_n=42$ 和 $c_{total}=24$）。为了驱动 IT 部分的任务调度，我们使用了名为 "LLNL Thunder" 的真实工作负载跟踪数据来生成任务请求。我们提取了总共 14 000 个任务：10 000 个任务用于训练，2000 个任务用于初始化仿真平台，剩下的 2000 个任务用于评估。如果一个任务需要超过 24 个 CPU 核心，它将被分成几个子任务，其中每个子任务最多需要 8 个 CPU 核心。此外，我们设置 $P_{idel}=100$ W，$P_{full}=300$ W 用于每个服务器。对于冷却系统，我们首先使用一款商业 CFD 软件根据一个 NSCC 的真实数据中心的基本基础设施信息（如数据中心的布局、服务器规格说明、PCU 配置等）构建一个数据中心的 3D CFD 模型（图 1-3）。

在这个模型中，使用了 3 个 PCU 来为这个数据中心提供冷却风。初始空气流量为额定空气流量的 50%，空气流量控制范围为 $-10\% \leqslant x \leqslant 10\%$，即冷却动作界限 x_0 为额定空气流量的 10%。然后，CFD 模型用于模拟温度动态 s_{thl} 并输出完成一次仿真后的冷却设备总功耗 P_{cool}。对于 DRL 代理，我们使用 "Tensorflow" 实现了我们提出的 PADQN 算法，以为 IT 和冷却

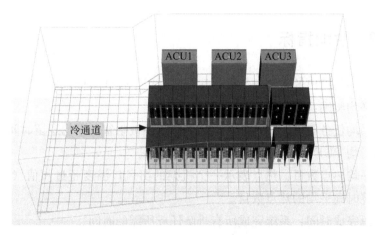

图 1-3 三维 CFD 模型

系统提供控制策略。对于 $Q(s, k, x_k; \theta)$，我们使用一个 2 层全连接前馈神经网络，其中第一层和第二层分别包含 512 个和 64 个神经元，并使用修正线性单元（ReLU）作为激活函数。而对于 $x_k(s_t; \omega)$，我们采用了一个 3 层全连接前馈神经网络，第一层、第二层和第三层分别有 512 个、1024 个和 32 个神经元。在最后的输出层，使用"tanh"作为激活函数，以确保输出值落入对称区间。此外，一些其他关键参数设置为：迷你批量大小 $B=64$，折扣因子 $\gamma=0.99$，初始学习率 $=0.000\ 25$，$\tau=0.01$，IT 系统的决策间隔为 $d=10$ 秒，冷却设备的决策间隔为 5 分钟，即 $t_{cool}=30$，$\psi T=30\ ℃$，$\psi u=90\%$，$x_{tf}=1\%$ 和 $\beta_1=\beta_2=1$。

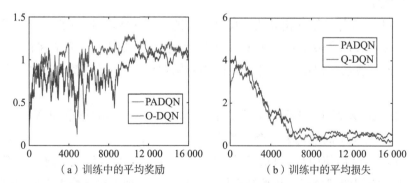

（a）训练中的平均奖励　　　　　（b）训练中的平均损失

注：大约在 6000 个周期后，PADQN 开始收敛，而原始 DQN（O-DQN）则在大约 10 000 个周期后开始收敛。

图 1-4 PADQN 和 O-DQN 的训练结果

1.5.2 性能指标

为了评估提出的算法的性能，我们定义以下性能指标：

①平均奖励：从环境中返回的平均奖励。

②平均任务等待时间：任务在到达队列中被阻塞的平均逗留时间。

③平均 PUE：这个指标的定义见 1.3.3。

④平均热点数目：热点表示一个机架的出风口温度超过阈值（30 ℃）。我们计算时间平均的热点数目。

⑤总完成时间：系统完成所有排队任务所需的时间。

1.5.3 基准算法

我们将我们提出的 PADQN 算法与 4 种基准解决方案进行比较：

①IT 控制优化算法（ICO）：该算法制定了一个混合整数规划，旨在通过仅考虑分派 IT 工作负载来最小化数据中心的总功耗。冷却能力不能调整，只能作为约束使用。

②冷却控制优化算法（CCO）：该算法采用了统一的框架，使用 MPC 来最小化 CRAC 设备的冷却功率，通过控制供应空气温度、变频驱动和地板砖利用率的变化率。为了与本书保持一致，我们做了一个小修改，只调整了空气流量。

③IT 和冷却控制优化算法（JCO）：该联合优化算法是为了通过执行作业分配和热管理来最小化一组 HPC 应用程序的完成时间。为了保持一致，我们修改了算法，以控制空气流量来实现热管理，而不是调整动态电压和频率缩放。

④原始 DQN（O-DQN）：我们将冷却系统的连续动作空间 $X = \{x \mid -x_0 \leqslant x \leqslant x_0\}$ 离散化为一个离散集合 $X' = \{-x_0, -x_0 + 1\%, \cdots, x_0 - 1\%, x_0\}$，然后使用基于 DQN 的 DRL 算法来解决联合优化问题。一般来说，动作空间的细分将导致控制更精确。然而，这种离散化将大大增加离散动作空间的维数。考虑到实际操作，我们选择 1% 作为控制步长。

1.5.4　PADQN 训练结果

在本节中，我们呈现了训练我们提出的 PADQN 和 O-DQN 的结果。我们运行了 16 000 个 epochs（迭代）的仿真，以训练这两个算法。时间步长 d 为 10 秒（两个决策时刻之间的时间间隔）。我们每 20 个 epochs 对平均奖励和损失进行一次采样。PADQN 和 O-DQN 的学习曲线如图 1-4 所示。从图 1-4 中可以看出，PADQN 可以在较短的时间内（仅需 6000 个决策 epochs）更快地达到更好的解（获得高奖励）。PADQN 在大约 6000 个 epochs 后开始收敛，而 O-DQN 在大约 10 000 个 epochs 后开始收敛。

1.5.5　性能对比

为了验证提出的 PADQN 算法的性能改进，我们将 PADQN 与 1.5.2 中描述的 ICO、CCO、JCO 和 O-DQN 算法进行了比较。这 5 种算法的基本设置是相同的。比较结果如图 1-5 所示。首先，我们提出的 PADQN 在平均奖励、平均 PUE 和平均热点数目等方面优于其他 4 种算法。虽然 PADQN 的平均任务等待时间和总完成时间可能比其他算法稍差，但差异很小。提出的 PADQN 可以在提高能源效率的同时实现节能和保证服务质量（任务等待时间）之间的良好平衡。根本原因是我们提出的 PADQN 能够更好地捕捉系统动态，并更高效地协调 IT 系统和冷却系统。值得注意的是，ICO 算法的平均任务等待时间、平均热点数目和总完成时间最差，因为它有一个固定的冷却约束。其次，我们收集机架出风口温度并绘制温度曲线。可以看出，相比基线算法，PADQN 可以保持相对较高但稳定的平均出风口温度（接近 30 ℃）。原因是 PADQN 同时考虑了 IT 系统和冷却系统的状态，并使用参数化的动作空间实现更精细的控制。数值接近 30 ℃ 是因为如果适用的话，所有算法的出风口温度阈值 $\psi T = 30$ ℃。此外，可以看出 CCO 算法在控制出风口温度方面最差。这是因为 CCO 算法仅根据工作负载控制冷却功率，并且通常对冷却功率进行过量配置以实现安全运行。这也是 CCO 算法 PUE 最差的原因。

最后，我们还比较了提出的 PADQN 与基线算法在能源消耗方面的表现，如图 1-5 所示。为了评估这些算法，我们使用 2000 个任务初始化数据中心，并使用另外 2000 个任务进行评估。从图 1-5（a）可以看出，在时间 500 之前，PADQN 和 O-DQN 的功耗都大大低于其他基线算法。这是因为 PADQN 和 O-DQN 会考虑是否分配新任务会降低数据中心的长期性能（如产生更多的热点，降低 PUE），而其他基线算法只会根据即时奖励将任务调度到服务器。此外，我们可以发现 PADQN 在 IT 功耗方面比 O-DQN 更稳定（时间在 6000～13 000 s 左右）。潜在原因是 PADQN 通过参数化的动作空间更精确地控制冷却设备。O-DQN 应用的离散动作可能导致过量配置的冷气。这种过量配置使得 O-DQN 能够将更多的任务分配给数据中心，而 PADQN 在 6000～13 000 s 的功耗更低。另外，从图 1-5（b）中可以观察到 O-DQN 的冷却功耗增长速度比 PADQN 更快，这意味着 O-DQN 在那段时间内提供了更多的冷气。根据图 1-5 中的数据，我们可以计算出提出的 PADQN 相比于 ICO、CCO、JCO 和 O-DQN 分别可以节省 7％、15％、10％和 5％的能源。

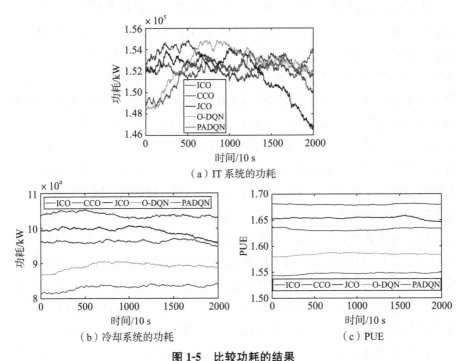

图 1-5　比较功耗的结果

1.5.6　对决策间隔 t_{cool} 的性能敏感性

我们进行了进一步的实验，以研究冷却系统的决策间隔 t_{cool} 对性能的影响。如前所述，我们假设默认决策间隔为 d 秒，IT 系统和冷却系统需要在每个决策时刻进行决策，而冷却系统则需要在每个 t_{cool} 个决策时刻进行决策。在上面的实验中，我们设置了 $t_{cool}=30$，即意味着我们每 5 分钟为冷却系统做一次决策。在本节中，我们进行了几个实验，将 t_{cool} 设置为 1、30 和 90（即决策间隔分别为 10 秒、5 分钟和 15 分钟）。$t_{cool}=1$ 意味着 IT 系统和冷却系统将同时进行控制。其他设置与 1.5.1 中相同。

从表 1-1 可以看出，性能在 $t_{cool}=30$ 时比 $t_{cool}=1$ 和 $t_{cool}=90$ 时好。当 $t_{cool}=1$ 时，意味着两个时间尺度控制不被应用，冷却设备将在每个 epoch 进行调整。由于热滞后，短时间内（如 10 秒）不会有任何明显的温度变化。因此，当 DRL 代理看到热点（或温度太低的点）时，空气流量将会持续累加（或减少）。在这种情况下，①冷却设备将频繁调整，这可能导致冷气供应的频繁波动；②可能会发生过量配置或不足配置，从而降低性能（如产生更多的热点）。当 $t_{cool}=90$ 时，冷却系统每隔 15 分钟进行一次调整。这种低频率的控制对于冷却系统来说不能对工作负载变化及温度变化做出快速响应，因此 $t_{cool}=90$ 时的性能也不理想。

表 1-1　决策间隔 t_{cool} 的影响

Metric	$t_{cool}=1$	$t_{cool}=30$	$t_{cool}=90$
平均奖励（average reward）	1.103	1.154	1.147
平均任务等待时间（average task waiting time）	124.0 s	111.5 s	130.9 s
平均 PUE（average PUE）	1.5911	1.5471	1.6175
平均热点数目（average number of hot-spots）	6.58	5.58	8.38
总完成时间（total completion time）	39 547 s	37 547 s	41 152 s

1.6　未来研究方向

在数据中心能效优化这一研究领域，开发适应复杂动态和不同时间常数的协同控制策略，设计具备容错自适应能力的闭环联合控制方法，以在动态复杂环境下实现能效的全面提升，仍然是当前及未来一个重要的研究方向。

1.6.1　开发适应动态和时常的协同策略

数据中心的冷却系统和 IT 系统存在明显的时间常数不匹配问题，导致难以协调控制。IT 系统的响应时间常在秒级，而冷却系统受热惯性影响，其响应时间则需要几分钟。为实现两个系统的协同控制，需要研发出适应各自时间常数的控制策略。

具体来说，在控制周期方面，可以考虑设置一个较长的基准控制周期，比如 10 分钟，以适应冷却系统的慢动态。在此基础上，可以针对 IT 系统设计一个更短的控制周期，如 1 分钟，以快速响应计算任务的变化。同时，在两个控制层级之间增加协调机制，避免控制目标发生冲突。在控制算法方面，可以研究各类模型预测控制和自适应控制等方法来跟踪系统动态。对冷却系统，可以建立涵盖温度、湿度、风量等的参数化状态空间模型，对 IT 系统，可以采用机器学习方法实现工作负载和系统状态的在线预测。控制算法的输出再接入各自的控制器中。在控制器设计上，可以研究使用比例-积分-导数（PID）控制、模糊控制、自适应控制等算法来调整不同子系统的控制参数，使之协调一致、快慢适应。PID 控制适用于冷却系统等线性系统，模糊控制可以处理冷却系统的非线性，自适应控制则可以应对 IT 系统控制中的不确定性。

此外，优化算法也可用来 Searching 协调控制，找到平衡 IT 效能和冷却能效的最佳控制策略。DRL 等方法可以学习复杂协同关系，输出协调的控制政策。综上，这些方法可以协同设计，以期获得既适应系统动态又协调快慢系统的控制效果。

1.6.2　设计容错自适应的闭环联合控制

为处理数据中心内部各子系统的强耦合性和动态不确定性，需要设计新型的闭环联合控制方法，使之在复杂动态条件下仍能稳定协调地工作。这需要联合控制方法拥有容错能力和自适应能力。

容错能力方面，可以通过冗余设计提高控制系统的鲁棒性。例如，设置备用的传感器和执行机构，一旦主系统组件发生故障，备用组件可以快速切换接替工作，避免控制效能大幅下降。此外，可以研究在控制算法中加入在线模型识别模块，当系统模型发生变化时，能够及时对模型参数进行重新估计和校正，保证控制性能。

自适应能力方面，可以在控制系统中加入在线的自主学习和优化模块。这些模块可以根据运行数据，自动调整算法参数或控制策略，以适应系统中的各类变化，比如工作负载变化、系统扩容升级等情况。DRL 等技术为实现这类自适应控制提供了工具。

总体来说，设计新型的闭环联合控制系统，应具有冗余容错功能、自主学习优化能力、对子系统变化的适应性等特点。在此基础上，实时获得各子系统的状态数据，协同调节不同的控制量，既满足 IT 计算的需求，又实现冷却能效的优化。

1.6.3　在复杂环境下实现能效全面提升

基于上述控制策略和方法，数据中心在面临动态复杂的实际环境时，仍可以实现能效的全面提升。例如，当 IT 系统的工作负载出现突发性大幅上升时，相应的计算产热量会快速增加。这时，备用传感可以快速检测热点产生，跳闸切换机制可使冷却系统随之启动降温。同时，智能算法会判断工作负载的变化趋势，并相应调整冷却力度。

当环境温度发生大变化时，自适应控制模块可以及时根据温度数据重新规划优化制冷方案，保证机房温度不超出安全区间。pid 控制器的参数也会自动微调，以减少冷却波动。

面对机房内部服务器的扩容更新，控制系统可以通过在线学习，获取新的热负载分布数据，并重新规划最优的制冷分配方案。

可见，在动态复杂环境下，这种新型的联合控制系统可以根据环境变化主动作出响应。既能满足计算任务的实时需求，又可确保冷却高效稳定，从而使数据中心以更低的能耗完成更大的工作量，全面提升能源利用效率。

综上所述，开发适应动态和不同时常的协同策略，设计新型闭环联合控制方法，是数据中心能效优化面临的核心难题和发展方向。这需要多学科综合融合，加强对数据中心子系统协同性、动态特性和耦合关系的研究。通过持续探索创新，有望在复杂动态条件下实现数据中心能效水平的整体提升，降低其对资源和环境的影响，这对推动信息化社会的可持续发展具有重要意义。

1.7　总结

本章研究了数据中心任务调度和冷却控制的联合优化问题，目的在于提高数据中心的能源效率。本章首先阐述了数据中心高能耗的现状及面临的挑战，包括系统动态性导致的配置困难、高维状态和混合动作空间带来的控制难题，以及两个系统时间常数不匹配的问题。回顾了当前独立优化单一系统的方法存在导致资源过度配置、缺乏协调的局限，联合优化方法依赖的简化模型又难以准确描述数据中心动态。其次，基于以上分析，提出了一种基于DRL 的优化框架 DeepEE，采用参数化动作空间 DQN 算法，解决了混合动作空间问题，并使用双时间尺度控制方法协调不同时间常数的两个系统。为评估所提出方法，基于商业 CFD 软件搭建了一个集成的仿真平台，结果表明，PADQN 算法相比独立和联合基准方法，在改进能效方面具有显著优势。它通过参数化动作空间实现了更稳定的性能改进，并在节能和服务质量之间取得了更好的平衡。总之，考虑子系统的动态性、协同性和耦合关系设计高效稳定的闭环联合控制方法，仍是数据中心能效优化面临的核心难题和发展方向。本章最后讨论了适应动态和时间常数、实现容错自适应的闭环控制等未来研究方向。本书为数据中心的联合能效优化提供了有价值的思路和算法框架。

第二章 DRL 在数据中心任务分配中的创新应用

通过适当的作业分配来降低数据中心服务器的能耗是可取的。现有的高级作业分配算法基于捕捉服务器复杂的功耗和热力学动态的约束优化模型，往往随着数据中心规模和优化时段的增加而效率下降。本书应用 DRL 构建了一个适用于持续时间较长且计算密集型作业的分配算法，这些作业在当今计算需求中越来越常见。具体而言，我们训练了一个 DQN 来进行作业分配，旨在较长的时间范围内最大化累积奖励。训练过程采用离线方式，基于长短期记忆网络的计算模型来捕捉服务器的功耗和热力学动态。通过这种离线训练方法，我们避免了直接与物理数据中心进行在线学习交互时慢速收敛、低能耗效率和潜在服务器过热等问题。在运行时，训练好的 Q 网络经过少量计算即可进行作业分配。通过对一个国家级超级计算数据中心的 8 个月物理状态和作业到达记录进行评估，我们的解决方案在不牺牲作业处理吞吐量的情况下，将计算功耗减少了近 10%，处理器温度降低了 3 ℃以上。

2.1 引言

在数据中心运营中，能源效率一直是一个十分重要的指标。随着计算需求的不断增长，数据中心的电力消耗成为一个备受关注的问题。据统计，2014 年美国的数据中心消耗了高达 700 亿千瓦时的电力，占全国总用电量的 1.8%。而在一些热带地区，如新加坡，这一比例甚至高达 7%。虽然在近年来，数据中心行业采取了更加环保的设计和运营改进措施，但由于超大规模数据中心的崛起，数据中心的能耗仍在持续增加。因此，提高数据中心的能源效率仍然是一项紧迫的战略任务。

在过去的十年里，PUE 作为一个关键性能指标备受关注。PUE 的平均值曾经高达 1.9，这成为一个主要问题。然而，最新的设施设计已经成功将 PUE 显著降低至 1.3，甚至在某些情况下降至 1.06。这一成就表明了数据中心行业在提高能源效率方面取得了显著成果，即在保持作业处理吞吐量的同时减少服务器的能耗。与降低 PUE（如改善冷却系统操作或提高服务器机房温度设定点）的努力相互补充，以实现这一目标。

数据中心的能源效率与任务分配密切相关。合理地将计算任务分配给服务器是提高计算基础设施能源效率的一个关键途径。随着大数据驱动的业务、科学研究和社会服务的不断发展，长时间和计算密集型的作业占据了当今计算需求的主要份额。这些作业可能包括基因组数据分析、特定领域的优化与模拟、深度学习等，它们对计算资源的要求非常高。因此，对于提供这些服务的数据中心来说，高效的计算密集型作业分配方法至关重要。已经有各种作业调度算法被提出。在云计算数据中心中，可以通过迁移和合并处理大量短作业的虚拟机来分配计算资源。然而，这些方法不适用于长时间和计算密集型的作业，因为迁移会中断作业执行，并引起数据移动的开销。基于热感知的作业分配可以基于捕捉功耗和热过程的特定模型形成约束优化问题，以最小化能源消耗。然而，由于模型的复杂性，解决这些问题的算法通常需要广泛的搜索，并且随着数据中心规模和优化时间的增加，效率也在下降。

近年来，DRL 作为传统 RL 方法的重要扩展，已经被应用于具有大解决空间的各种复杂的在线优化问题。在传统的 RL 系统中，如图 2-1 所示，代理通过反复向环境发送动作，监控环境的状态，并评估一个标量奖励来指导下一个动作，旨在最大化累积奖励。在这些交互过程中，代理建立了一个查找表，后续可以根据环境的状态选择动作。RL 是无模型的，并支持在线学习。具体而言，它不需要关于环境状态转换的先验模型，而是在与环境的迭代交互中学习奖励动态，并最终接近最优动作策略。然而，对于具有大状态和动作空间的优化问题，查找表的行数将非常庞大。此外，它不能很好地处理连续状态和在训练阶段未见过的状态，DRL 将神经网络引入强化学习中，通过 DQN 来解决这些问题。在代理-环境交互期间，Q 网络在训练过程中得到训练，以捕捉最优动作策略。在数据中心中将连续到达的作业合理分配给大量服务器是一个具有很大解决空间的优化问题，因为为每个服务器分配的每一个待处理的作业都是一个候选解。将 DRL 应用于作业分配问题具有两个主要优势。第一，在学习阶段，DRL 算法将通过与环境交互（即在不同状态下采取不同动作），不断更新奖励函数，从而优化代理的决策能力。该奖励函数可以定义为捕捉一个或多个优化目标，如减少能源消耗、降低服务器温度等。此外，在充分探索状态-动作空间之后，训练好的 Q 网络将囊括类似于训练期间最大化长期奖励的作业分配策略。第二，在学习完成后，基于 DRL 的作业分配器在进行作业分配时具有较小的计算开销。因此，与基于模型的作业分配相比，后者采用显式的约束优化公式，并且往往随着数据中心规模和优化时段的增加而效率下降，基于 DRL 的解决方案将计算轻量化且更具可扩展性。

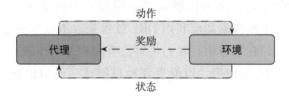

图 2-1　强化学习中的代理-环境交互

　　然而，在将 DRL 应用于作业分配过程中，我们面临两个主要挑战。首先，在训练阶段，在 DRL 收敛之前，为了充分探索状态-动作空间，可能会尝试随机和激进的动作，可能导致与最优解明显偏离和服务器过热。其次，DRL 的训练收敛时间通常与状态-动作空间的大小成正比。对于所考虑的作业分配问题，状态-动作空间的大小与服务器数量的平方成正比。因此，当服务器数量较多时，DRL 的训练收敛时间可能过长。为了解决这两个问题，我们采用了离线训练方法。具体而言，我们构建了一个基于神经网络的计算模型，以提供系统状态预测能力。该计算模型可以基于从目标数据中心收集的广泛的系统状态和作业到达跟踪数据进行训练。然后，DRL 作业分配器的训练是在离线状态下由计算模型和实际作业到达历史驱动的。因此，完成训练的真实时间不再是问题。例如，我们可以在一天内完成 NSCC 托管 1152 个处理器的训练。相比之下，我们的模拟显示，在线训练需要约 40 天才能收敛。在离线训练完成后，DRL 作业分配器将被用于在物理数据中心中实施。我们实现并评估了适用于 NSCC 的解决方案。具体而言，基于 6 个月的系统状态和作业到达跟踪数据，我们使用长短期记忆（LSTM）网络实现了用于预测系统状态（包括处理器温度和服务器功耗）的计算模型，然后使用该模型对 DRL 作业分配器进行训练。训练目标是最大化服务器功耗节约和处理器温度降低的加权和。之后，我们重新使用该模型对在 52 天的实际作业到达记录驱动下进行的模拟进行了测试。评估结果显示，与包括基本循环分配器和短期优化器在内的几种基准方法相比，通过我们的基于DRL 的作业分配器，模拟的数据中心可以节省近 10% 的计算能量，并将平均处理器温度降低 3 ℃ 以上，且不会影响作业处理吞吐量。

2.2　相关工作

DRL 在数据中心任务分配领域的应用是一个备受研究和关注的新兴领域。研究者们不断探索如何利用 DRL 技术来改进数据中心的能源效率、性能和用户体验。在本节中，我们将对已有的相关工作进行综述，包括传统方法和最新的 DRL 应用，以便更好地理解这一领域的研究动态和发展趋势。

2.2.1　传统方法

在 DRL 应用之前，数据中心任务分配领域已经存在一些传统的方法和技术。这些方法通常基于启发式算法、规则和模型的优化技术，虽然在一定程度上可以实现任务分配的性能优化，但难以适应动态和复杂的数据中心环境。以下是一些传统方法的示例。

①基于负载均衡的方法：这些方法旨在均衡服务器之间的负载，以确保资源得到有效利用。常见的技术包括 Round Robin、Least Connections 等。然而，它们通常缺乏对实际应用性能和资源利用的深入理解，因此无法满足更复杂的任务分配需求。

②基于启发式算法的方法：一些研究使用启发式算法（如遗传算法、模拟退火等）来解决任务分配问题。这些方法通常能够提供较好的性能，但它们对问题的建模和算法参数的选择非常敏感，因此需要专业领域知识和经验。

③基于数学优化的方法：线性规划、整数规划和约束优化等数学优化方法被用于任务分配问题。这些方法可以准确地针对问题建模，但在面对大规模数据中心和实时需求时，它们的计算复杂性迅速增加，导致难以应对复杂问题。

④基于机器学习的方法：传统的机器学习方法，如监督学习和强化学习，也被应用于数据中心任务分配。然而，它们通常依赖于手工特征工程和先验知识，限制了其适用性和泛化能力。

虽然这些传统方法在一些情况下能够有效解决数据中心任务分配问题，但它们难以适应不断变化的工作负载和资源状态，以及实时需求的挑战。因此，DRL 作为一种自主学习的技术，为数据中心任务分配带来了新的可能性。

2.2.2　DRL 应用

云计算数据中心的工作负载管理已经得到广泛研究。通常通过管理为大规模、频繁和短周期计算作业（如 Web 请求）服务的虚拟机（VM）来实现。在一些研究中，虚拟机被合并或迁移，以减少活动物理服务器的数量。然而，与具有迁移性为其主要优势的虚拟机不同，本章中考虑的计算密集型作业可能依赖于具有高迁移开销的大量数据。因此，虚拟机管理方法不适用于我们的问题。

相关研究者已经提出了各种计算作业分配和调度算法。早期的研究调度预先已知的作业集合。与此不同，我们考虑动态到达的作业。等待足够到达的作业以运行调度算法将导致不可接受的作业等待时间。近期的研究调度计算作业已实现各种目标。在 Padmanabhan M 等的研究中，作业被调度以在各种资源约束条件下最小化平均作业等待时间。在 Chou J 等的工作中，作业在地理分布的数据中心之间分配，以减少它们之间的通信开销。Oleksiak A 等的研究开发了各种明确考虑热效应并旨在提高能源效率的约束优化公式。Liu N 等提出的方法分配作业以最小化电费，同时满足多个约束条件，如处理时间、总电力预算和服务器数量等。在描述服务器功耗行为和热过程的某些模型的基础上，Menache I 等使用启发式算法来降低数据中心的功耗。由于热过程和服务器/设施功耗行为的复杂性，约束优化公式通常导致高复杂性求解器，在数据中心规模和优化时间上无法良好扩展。

近年来，研究者们开始探索如何应用 DRL 来改进数据中心任务分配的性能。以下是一些重要的 DRL 应用和相关研究工作。

①深度 Q 网络（DQN）的应用：PADQN 是一种经典的 DRL 算法，

已经成功应用于任务分配问题。研究者使用 PADQN 来训练智能体，使其能够根据数据中心状态和资源需求动态分配任务。通过与环境的不断交互，PADQN 智能体可以学习最优的任务分配策略，以最大化性能和效率。

②离线训练方法：为了克服 DRL 训练中的长时间和计算复杂性问题，研究者采用了离线训练方法。通过构建计算模型，可以预测系统状态和资源需求，从而减少在线训练的时间和计算成本。

③多智能体系统：一些研究探索了多智能体 DRL 系统，其中多个智能体协同执行任务分配。这种方法可以更好地应对大规模数据中心的复杂性和动态性。

④综合考虑多目标优化：在任务分配问题中，通常需要综合考虑多个优化目标，如最大化性能、最小化能源消耗和降低服务器温度等。研究者使用多目标 DRL 方法来平衡这些目标，并找到一组可行的解决方案。

这些 DRL 应用为数据中心任务分配带来了新的可能性和机会，可以更好地应对动态和复杂的环境。然而，这些方法仍然面临挑战，如训练时间、数据采集和模型建设等方面的问题。因此，未来的研究方向将包括改进算法效率、增加数据中心实验的复杂性及提高系统的稳定性和可扩展性。

最近的研究则结合 LSTM 网络和 RL 技术来分配到达的作业。具体而言，在所提出的两层框架中，全局层应用 DRL 将作业分配给集群中的服务器以减少服务器功耗，而本地层应用传统 RL 来调整服务器的单个参数（即服务器处于空闲状态进入睡眠前的超时时间），从而减少服务器状态转换的开销和由此产生的作业延迟。本地层构建了一个 LSTM 网络来预测后续作业的到达时间。使用启发式算法的全局层和本书提出的方法解决了类似的将作业分配给服务器的问题。然而，它们在以下几个方面有所不同。首先，启发式算法的全局层遵循在线学习方案，当服务器数量较多时，可能会出现不可接受的长收敛时间。因此，启发式算法中进行的评估仅限于 30 个服务器。相反，我们的方法采用了离线训练，不考虑与服务器数量相关的收敛时间。例如，本章构建了一个针对拥有 1152 个处理器的 NSCC 的基于 DRL 的作业分配器。我们还进行了模拟，以研究在线学习方案在 NSCC 上的缺点。其次，启发式算法的研究没有考虑作业分配的热效应。在线训练可能会导致由于 DRL 的随机尝试而导致服务器过热。相比之下，我们的方法进行温度预测，并将处理器温度整合到奖励函数中。我们的离线训练方案可以有效防止过热。最后，启发式算法中的服务器功耗模型是一个简单的二进制模型（即峰值和空闲功耗）。相反，我们构建了LSTM网络来捕捉复杂的热力学和功耗动态。另一项最近的研究应用在线DRL来将计算资源分配给到达的作业，从而减少作业延迟。然而，该研究未考虑计算的物理方面，即功耗和热发生，这对于数据中心的运营很重要。然而，它们通常依赖于手工特征工程和先验知识，限制了其适用性和泛化能力。

2.2.3　实际案例和应用

除了研究工作，一些实际案例和应用也展示了DRL在数据中心任务分配中的潜力。以下是一些有代表性的案例。

①谷歌的DRL应用：谷歌在其数据中心中采用了DRL来优化任务分配和资源利用。它们使用DRL算法来实现负载均衡和降低数据中心的能耗，从而提高了性能和效率。

②微软的自主数据中心管理：微软开展了自主数据中心管理项目，利用DRL来自动优化任务分配。它们的研究表明，DRL可以显著减少数据中心的能耗，并提高用户体验。

③NSCC的案例：NSCC在其数据中心中引入了DRL应用，以改进任务分配策略。它们的实验结果显示，DRL可以有效减少计算能源消耗，同时保持作业处理吞吐量。

④Facebook的自动任务分配：Facebook采用DRL来改进其数据中心中的任务分配。它们使用DRL算法来动态分配资源，以提高性能并减少能源消耗。

这些实际案例和应用为DRL在数据中心任务分配中的潜在价值提供了强有力的支持。它们不仅展示了DRL在提高能源效率和性能方面的潜力，还证明了其在实际数据中心环境中的可行性。

2.3 DRL 应用于任务分配

2.3.1 问题描述

本书将数据中心中的计算基础设施抽象为由 N 个处理器组成的集合，表示为 $\{p_1, p_2, \cdots, p_N\}$。我们假设 p_i 具有 n_i 个 $(n_i \geqslant 1)$ 处理核心。p_i 的利用率表示为 u_i，是 p_i 核心的平均利用率。用 t_i 表示 p_i 的温度，用 w_i 表示 p_i 及其关联的支持设备（如主内存、硬盘等）的功耗。注意，u_i 极大地影响 t_i 和 w_i。我们考虑计算密集且没有截止日期的作业，具有以下特点：

第一，每个作业是仅在单个处理器上执行的进程，并且可以使用处理器上的多个核心来优化多线程性能。为了满足这个要求，大规模的计算任务可以分解为多个作业，并将这些作业分配给多个处理器。第二，每个作业是计算密集型的，即作业使用的核心将被充分利用。因此，每个核心应仅由一个作业独占使用，否则多个作业之间共享核心的争用会增加开销并导致低效率。第三，作业没有截止日期。以上特征很好地模拟了许多长期计算任务，如提交给 NSCC 的任务。

我们将数据中心的系统状态定义如下：

定义 1（系统状态）：数据中心的系统状态是由所有处理器的利用率、温度、功耗和备用核心数量构成的向量。形式上，状态 $x = [u, t, w, c] \in \mathbb{R}^{4N}$，其中 $u = [u_1, \cdots, u_N]$，$t = [t_1, \cdots, t_N]$，$w = [w_1, \cdots, w_N]$，$c = [c_1, \cdots, c_N]$，其中 c_i 是 p_i 上的备用核心数量。为了简化讨论，我们考虑将前端作业队列中的单个作业分配给 N 个处理器中的一个执行的问题。在下文中，我们将介绍将多个作业分配给一个或多个处理器进行执行的扩展。我们定义分配动作如下：

定义 2（分配动作）：$a = [a_1, \cdots, a_N]$ 是分配动作，其中 $a_i = 1$ 或 $a_i = 0$ 表示作业是否分配给处理器 p_i。因此，$\sum\limits_{i=1}^{N} a_i = 1$。

作业队列中的每个作业都由作业请求的核心数描述。由于作业是计算密集型的，仅基于所请求的核心数，我们就可以预测作业对所分配处理器的利用率、温度和功耗的影响。这将在下文中详细说明。

遵循强化学习的标准公式,选择分配动作 a 是为了最大化从当前时间步骤 k 定义的期望收益 $\mathbb{E}[R(k)]$。请注意,我们将时间离散化为步骤以评估收益。具体而言,收益 $R(k)$ 定义为未来奖励的指数平均值,即 $R(k) = \sum_{\tau=0}^{\infty} \gamma^{\tau} r(k + \tau + 1)$,其中 $\gamma \in (0, 1)$ 是常数折扣因子,$r(k)$ 是系统状态 $x(k)$ 中的标量奖励。奖励函数 $r(k)$ 可以由数据中心运营商定义,以驱动 DRL 朝着期望的目标发展。下文将介绍我们评估中使用的 $r(k)$ 的详细形式。作业队列中的作业将按顺序连续地分配给处理器,直到队列为空。

2.3.2 方法概述

作业队列前端的分配动作 a 应该根据当前状态 $x(k)$ 进行选择。状态动作空间的大小为 $4N \times N$,其中 $4N$ 和 N 分别是状态和动作空间的维数。由于 N 在典型的数据中心中通常很大(高达数千个),预先计算每个可能状态的作业分配以最大化预期收益是不可行的。在本书中,我们应用 DRL 来解决这个问题。在学习阶段,我们训练一个 DQN 来捕获最大化遇到的系统状态的预期收益的分配策略。在足够多的系统状态训练的作业分配器运行时,通过基于观察到的系统状态进行 Q 网络的前向传播来给出最优分配。因此,基于 DRL 的作业分配器在运行时具有较低的开销。

在训练阶段,DRL 将通过应用大量的尝试性动作来广泛探索状态动作空间,并学习系统的响应及对奖励的影响。这些尝试性动作可能导致奖励与最优解相比的较大偏差。特别是,它们可能导致服务质量下降和服务器过热。图 2-2 展示了我们离线训练方法的工作流程。在(1)中,我们从物理数据中心收集大量的系统状态和作业分配记录,以训练一个计算模型,该模型可以在给定当前状态和作业分配时预测未来的系统状态。在(2)中,我们使用计算模型和真实作业追踪数据来驱动 DRL 的离线训练。一旦离线训练完成,作业分配器将被委托在物理数据中心中运行。本文的后续部分将详细介绍计算模型和基于 DRL 的作业分配器的设计,以及评估结果。计算模型还可以用于预测由 DRL 的作业分配器选择的作业分配动作的后果,以检测潜在的服务器过热,这可以避免不良服务器过热的作业分配动作被执行。否则,将使用不尝试最大化奖励的回退机制来分配作业。例如,作业可以分配给温度最低的处理器,也可以采用其他更高级的热感知作业分配器。

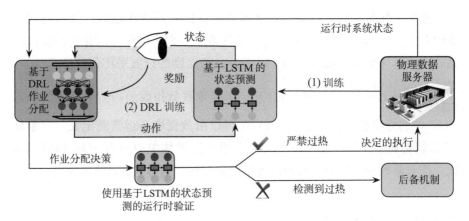

图 2-2　离线训练方法工作流程

2.4　基于 LSTM 网络的系统状态预测

本节介绍基于 LSTM 网络的系统状态预测的设计，以及使用真实数据追踪的评估。

2.4.1　预测方法

数据中心的热态预测通常使用 CFD 模型来执行。然而，CFD 模型通常需要领域专家进行广泛的校准以获得准确性。此外，CFD 引入了显著的计算开销，使其不适合驱动 DRL。在本研究中，我们构建神经网络进行预测。循环神经网络（RNNs）可以很好地捕捉时间相关性。LSTM 网络是一种 RNN 架构，它解决了传统 RNN 的梯度消失和梯度爆炸问题。在许多序列预测任务（如语音识别）中，其性能优于其他方法。门控 RNN 是一种替代方法，计算开销较低，但对于具有快速动态的序列，与 LSTM 网络相比，其预测精度较差。由于预测系统的主要目的是用于 DRL 的离线训练，因此我们选择了 LSTM 网络。

我们设计了一组基于 LSTM 网络的预测器，根据当前的作业分配 a 和最近的 l 个系统状态［即 $x(k-l+1), \cdots, x(k)$］来预测下一个系统状态 $x(k+1)$。具体来说，预测器中的第 i 个预测器预测对应于第 i 个处理器 pi

的下一个系统子状态，该子状态由 $x_i(k+1)=[u_i(k+1), t_i(k+1),$ $w_i(k+1), c_i(k+1)] \in \mathbb{R}^4$ 定义，基于 $x_i(k-l+1), \cdots, x_i(k)$。因此，基于 LSTM 网络的预测器单独预测处理器的状态。通过分析系统状态组件之间的内部因果关系，我们将预测器设计为两个 LSTM 网络的串联，分别用于预测利用率和温度功耗。该串联如图 2-3 所示，并解释如下。

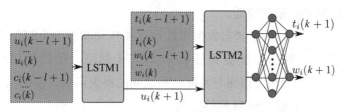

图 2-3 用于系统状态预测的 LSTM 网络串联

利用率预测：对于第 i 个处理器 pi，第一个 LSTM 网络根据过去的利用率 $u_i(k-l+1), \cdots, u_i(k)$，过去的备用核心 $c_i(k-l+1), \cdots, c_i(k)$，以及由分配的作业所需的 p_i 核心数［由 $m_i(k)$ 表示］，预测处理器的下一个利用率 $u_i(k+1)$。具体而言，如果 $a_i=0$（即作业没有分配给 p_i），则 $m_i(k)=0$；否则，$m_i(k)$ 是作业请求的核心数。因为假设在 2.2.2 中已经做出了计算密集型作业，所以可以分析得到下一个利用率为 $u_i(k+1)=u_i(k)+\dfrac{m_i(k)}{n_i}$。

LSTM 捕获了其他超出计算密集型假设范围的现实因素，如由于作业执行过程中的核心交换导致核心的非全利用及 I/O 引起的等待等情况。

温度和功耗预测：第二个 LSTM 网络基于过去的温度 $t_i(k-l+1), \cdots, t_i(k)$，过去的功耗值 $w_i(k-l+1), \cdots, w_i(k)$，以及预测的利用率 $u_i(k+1)$，预测处理器的下一个温度 $t_i(k+1)$ 和功耗 $w_i(k+1)$。请注意，LSTM 的输出层具有两个单元，用于温度和功耗。在 LSTM 之后，我们添加了一个具有 100 个单元的全连接层，然后添加另一个具有两个单元的输出层，以产生最终预测。上述串联设计的理由是，两个 LSTM 网络捕获了具有不同时间常数的两个因果过程。第一个 LSTM 网络捕获了计算域过程，具有较短的时间常数。理想情况下，处理器的利用率应该立即对作业的分配做出反应。此外，2.2.2 中做出了计算密集型作业的假设，可以分析得到下一个利用率。LSTM 捕获了其他现实因素，如作业执行期间的核心交换和 I/O 引起的等待等。与之不同的是，第二个 LSTM 网络捕获了具有较大时间常数的物理域过程。也就是说,处理器温度和功耗对利用率变化的响应可能是随时间动态变化的过程。直观地说,我们的串联设计结合了关于系统状态演变的上述知识,将优于那些基于纯黑箱方法的预测器。例如,另一个设计选项是使用一个单独的 LSTM 网络,以过去的系统状态作为输入,并以下一个系统状态作为输出。我们在 2.4.4 中的评估结果显示,这种单一 LSTM 设计的预测精度较低。

真实数据中心的系统状态数据跟踪可以用作训练基于 LSTM 的预测器的训练数据。为每个处理器训练两个 LSTM 网络。我们使用均方误差(MSE)作为训练批次上预测与实际结果之间的损失函数。使用反向传播来导出网络梯度并更新 LSTM 网络参数。

2.4.2 实际数据中心的评估

我们将上文中描述的预测方法应用于 NSCC,该数据中心托管了 1152 个处理器和 16 个机架,其中,每个处理器有 24 个核心。该数据中心同时采用空气冷却和液冷技术,向多个科研机构提供计算服务。用户提交的每个作业都包含一个可执行文件、请求的核心数及预期的执行时间。该数据中心目前使用循环调度算法。我们从数据中心收集了为期 6 个月的作业分配历史。系统状态每隔 10 分钟采样一次。因此,我们将状态预测的时间步长设置为 10 分钟。根据我们对该数据中心作业到达的结果,97% 的两个连续作业到达之间的间隔大于 10 分钟。因此,使用 10 分钟的时间步长,大多数时间步骤中只有一个或零个作业到达。

数据集概况:图 2-4 显示了作业请求的核心数的分布。我们可以看到,请求的核心数从下限(1)到上限(24)都有。由于程序员习惯于选择特定的

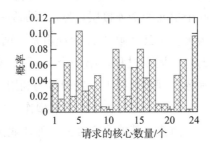

图 2-4 一个作业请求的核心数量分布

核心数（如 16 和 24），因此分布并不均匀。根据上文中讨论的假设，根据分配的作业来计算 $u_i(k+1)=u_i(k)+\dfrac{m_i(k)}{n_i}$ ，以评估该假设的有效性。如果该假设完全成立，我们应该观察到 $\varepsilon=0$ 。

图 2-5 显示了所有作业值的分布，呈现出类似高斯分布的形状。这意味着大多数作业实现了对分配核心的高利用率。然而，计算作业的核心利用行为可能是复杂的。例如，新提交的作业可能与现有作业争用低速资源（如硬盘），导致整体处理器利用率降低。这些与理想计算密集型假设的偏差将由第一个 LSTM 网络解决。

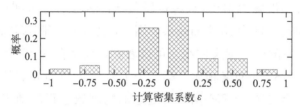

图 2-5　计算密集系数 ε 的分布

图 2-6 显示了处理器温度和服务器功耗的跟踪图，当作业分配给服务器时。我们可以看到，作业执行期间，温度和功耗都会增加。作业完成后，温度和功耗逐渐下降。此示例显示了处理器温度和功耗过程的时间动态性。这样的动态性将由第二个 LSTM 网络捕获。

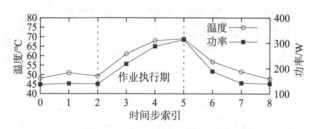

图 2-6　作业对处理器的影响

LSTM 网络训练和预测结果：我们将数据集分为训练、验证和测试数据集，分别包含 20 000、3126 和 2159 个系统状态。我们设置 $l=3$，使用 PyTorch 框架来实现 LSTM 网络。首先，我们展示了利用率预测的训练和评估结果。第一个 LSTM 网络的隐藏大小设置为 32。训练设置包括：学习率为 0.01；mini-batch 大小为 32；训练时间为 30 个 epochs。图 2-7 的实线曲线显示了处理器第一个 LSTM 网络的训练过程中的运行损失曲线。可以看到，训练在约 10 个 epochs 后收敛。图 2-7 的顶部部分显示了处理器利用率的实际和预测值。预测的均方根误差（RMSE）仅为3％。

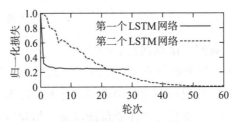

图 2-7　训练过程中的运行损失

其次，我们展示了温度和功耗预测的训练和评估结果。第二个 LSTM 网络的隐藏大小设置为 128。训练设置包括：学习率为 0.001；mini-batch 大小为 15；训练时间为 85 个 epochs。图 2-7 显示了处理器第二个 LSTM 网络的训练过程中的运行损失曲线。可以看到，训练在约 50 个 epochs 后收敛。与第一个 LSTM 网络相比，第二个 LSTM 网络需要更长时间才能收敛。这是因为第二个 LSTM 网络所处理的物理域过程的动态性比第一个 LSTM 网络所处理的作业利用过程更复杂。图 2-8 的中部和底部部分显示了由两个 LSTM 网络串联预测的处理器温度和功耗，以及相应的真实值。我们可以看到，预测值与实际值吻合。温度和功耗预测的 RMSE 分别为 1.24 ℃和 8.29 W。

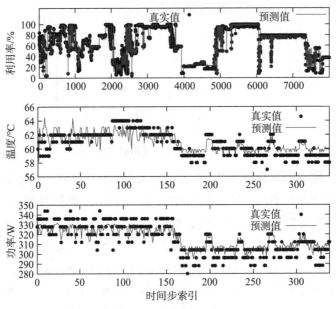

图 2-8　处理器的预测结果

2.4.3　基于 DRL 的作业分配

为了将作业分配问题形式化为强化学习问题，强化学习的状态和动作分别是数据中心的系统状态 x 和作业分配动作 a，其定义在定义 1 和定义 2 中。正如在 2.2.1 中讨论的，传统的强化学习使用查找表 $Q(x, a)$ 来评估在当前状态 x 下采取动作 a 的价值。而对于具有大量状态-动作空间的问题，DRL 则构建了一个 DQN 来近似 $Q(x, a)$。DQN 需要是"深层"的，以很好地近似由于状态、动作和值之间的复杂耦合而变得高度复杂的 $Q(x, a)$。本节介绍了基于 DRL 的作业分配器的设计，它可以一次分配一个作业或多个作业。

（1）基于 DRL 的作业分配器设计

正如在前文中讨论的，DRL 的训练阶段遵循试错的范式。因此，训练可能尝试随机和激进的动作，这将导致与最优值的显著偏离和服务器过热。因此，我们使用在前文中介绍的系统状态预测模型作为环境，在离线方式下训练作业分配器。训练可以由真实历史作业到达记录驱动。数据中心操作员可以定义奖励函数来指导 DRL 实现期望的目标。例如，我们可以通过定义奖励函数为 $r(k) = -\sum_{i=1}^{N} w_i(k)$ 来聚焦于最小化总计算功耗。我们还可以通过定义奖励函数为

$$r(k) = -\sum_{i=1}^{N} (w_i^{\mathrm{DRL}}(k) - w_i^{\mathrm{BL}}(k)) + \alpha(t_i^{\mathrm{DRL}}(k) - t_i^{\mathrm{BL}}(k)) \tag{2-1}$$

来指导 DRL 超越任何基线作业分配器，其中 α 是非负权重；上标 DRL 和 BL 分别表示 DRL 和基线控制方案下的子状态。较小的 α 值使 DRL 更加倾向于减少处理器的总功耗；较大的 α 值使 DRL 更加倾向于降低平均处理器温度。在 2.4.4 中，我们将定量评估 α 设置对基于 DRL 的作业分配器性能的影响。

现在我们讨论用于加速 DRL 训练收敛的技术。许多深度学习算法假设训练样本是独立的。然而，在 DRL 范式下，由于系统状态在响应动作时发生转变，导致在线学习的 DQN 接收到时间上相关的训练样本。因此，在线 DRL 可能不会收敛。幸运的是，由于系统状态预测模型作为环境，我们可

以计算生成训练样本，并进行离线训练。利用离线训练数据，我们使用一种称为经验回放的技术来处理之前提到的训练样本的相关性问题。具体而言，一些时间上连续的训练样本构成了一个 episode。在训练算法的内循环中，从 episode 池中随机选择一定数量的 episode 来形成一个小批次。这种技术有效地打破了训练样本的时间相关性，并改善了训练数据的使用效率，因为每个 episode 可能被多次使用。

（2）一次分配多个作业

前文介绍了在一次分配一个作业时的基于 DRL 的作业分配器。本节讨论扩展为一次分配 J 个作业的情况，其中 J 是一个固定的整数。现在，分配动作 a 变为一个 $J \times N$ 的（0，1）矩阵，其中第 (j, i) 个元素 $a_{j,i} = 1$ 或 $a_{j,i} = 0$ 表示第 j 个作业是否分配给处理器 p_i。因此，$\sum_{i=1}^{N} a_{j,i} = 1$。当作业队列中待处理的作业数（记为 J_Q）小于 J 时，我们用 $J - J_Q$ 个请求零核心的虚拟作业来补充队列。由于为每个处理器构建了单独的 LSTM 网络串联，因此系统状态预测方法也可以应用于一次分配多个作业的情况。由于分配多个作业导致动作空间的维度显著增加到 $N \times J$，一般情况下，随着动作空间的增加，DRL 将需要更多的训练数据和更长的训练时间才能收敛。例如，对于 NSCC 的一次只分配一个作业和一次分配两个作业的 DRL 作业分配器的离线训练分别需要约 1 天和 1.5 天。

2.4.4 性能评估

在本节中，我们对基于 DRL 的作业分配器进行了广泛的评估，并与几种基线方法进行了比较。

（1）实现和评估方法

本节介绍了不同方法的实现细节和评估方法。

基于 DRL 的作业分配器的实现：我们建立了一个包含 3 个密集层的 Q 网络：输入层接受系统状态，隐藏层有 24 个节点，输出层由 N 个单元组成。前 J 个作业分配给输出层单元中具有 J 个最高值的处理器。输入和隐藏层使用 ReLU，输出层使用线性激活函数。我们选择 MSE 作为损失函数，

Adam 作为优化器。Adam 优化器是一种高效的随机优化方法，只需要一阶梯度，并且对内存要求较小。DRL 的 epsilon，即 DRL 随机选择动作的概率，设置为 0.2。此外，我们将两个超参数 epsilon decay 和 epsilon minimum 分别设置为 0.999 和 0.01。在训练过程中，epsilon 每次作业分配时乘以 epsilon decay，逐渐减小直至 epsilon minimum。其他设置包括：学习率为 0.001；小批量大小为 5；折扣因子 λ 为 0.99。我们将 DRL1 和 DRL2 分别指代 J 为 1 或 2 的基于 DRL 的作业分配器，即每次分配一个或两个作业。

基线方法的实现：我们实现了几种基线作业分配器，如下所示。①循环分配（round-robin，RR）作业分配器：RR 将作业队列前端的作业按照循环方式分配给处理器。如果按顺序的处理器没有足够的空闲核心来接受作业，则 RR 跳过该处理器，并检查下一个处理器。②作业整合器：与 RR 不同，作业整合器试图减少服务作业的处理器数量。具体而言，它首先识别一组有足够核心来接受作业队列前端作业的合格处理器。然后，它将作业分配给其后分配利用率高于任何其他合格处理器的处理器。请注意，后分配的处理器利用率可以由系统状态预测模型预测。③在线优化器：对于一个优化时段为 h 个时间步长，在线优化器遵循模型预测控制的原则，以使得回报 $R(k) = \sum_{\tau=0}^{h} \gamma^{\tau} r(k+\tau+1)$ 最大化，其中折扣因子 γ 的设置与 DRL-based 作业分配器相同。我们考虑在线优化器的两个变体：

①Online-opt1 采用奖励函数 $r(k) = -\sum_{i=1}^{N} w_i^{\text{OPT}}(k) + \alpha \cdot t_i^{\text{OPT}}(k)$ ，其中 $w_i^{\text{OPT}}(k)$ 和 $t_i^{\text{OPT}}(k)$ 分别是在线优化器下的计算功耗和处理器温度。

②Online-opt2 采用与基于 DRL 的作业分配器类似的奖励函数 $r(k) = -\sum_{i=1}^{N} (w_i^{\text{OPT}}(k) - \alpha \cdot w_i^{\text{BL}}(k)) + \alpha (t_i^{\text{OPT}}(k) - t_i^{\text{BL}}(k))$ 。这两个变体的复杂度均为指数级，即 $O(N^h)$，因此它们随着 h 的增加而扩展性较差。

评估方法：我们进行基于迹的仿真来比较前文中描述的方法。在我们的评估中，我们还使用该模型来模拟作业分配器的系统状态演变。我们使用数据中心的真实作业到达记录驱动仿真。请注意，这些记录在系统状态预测模型和基于 DRL 的作业分配器的训练阶段中没有被使用。为了显示基于 DRL 的作业分配器对其训练过程中固有随机性的鲁棒性，我们运行了 10 个具有相同超参数的训练-测试过程，使用相同的训练和测试数据。我们报告 10 次运行结果的平均值和标准差。

（2）系统状态预测的评估结果

本节评估不同设置下系统状态预测的准确性。用 P_m 和 T_m 表示预测和真实值，预测准确性计算为 $1 - \dfrac{1}{M}\sum\limits_{m=1}^{M}\dfrac{P_m - T_m}{T_m}$，其中 M 是数据点的数量。表 2-1 显示了不同超参数设置下处理器温度（t_i）和功耗（w_i）的平均预测误差和预测准确性。使用 Adam 优化器和表 2-1 中加粗文本突出显示的超参数设置，最小平均温度和功耗预测误差仅为 1.09 ℃和 4.89 W。相应的预测准确性分别为 98.42％和 97.54％。这些结果表明我们的 LSTM 网络串联能够准确地预测处理器的温度和功耗。

表 2-1　超参数设置对预测精度的影响

超参数				平均误差		准确性	
学习率	输入维度	隐藏层维度	批量	t_i /℃	w_i /W	t_i	w_i
1e-3	3	32	20	1.65	5.45	97.57％	97.21％
1e-3	**3**	**128**	**20**	**1.09**	**4.89**	**98.42％**	**97.54％**
5e-3	3	128	30	2.05	6.12	96.98％	96.87％
1e-3	5	128	30	1.87	5.34	97.25％	97.26％
1e-3	3	128	40	1.92	5.63	97.17％	97.12％
1e-4	3	64	30	1.43	5.24	97.89％	97.32％

我们还将 LSTM 网络串联设计与以下几种备选设计方案进行了比较：单个 LSTM 网络，使用随机梯度下降（SGD）优化器代替 Adam 优化器进行 LSTM 网络串联，以及使用全连接线性网络代替 LSTM 网络。图 2-9 显示了不同设计在预测处理器温度和功耗方面的准确性。我们可以看到我们的设计达到了最高的精度。与我们在前文中的讨论一致，我们的 LSTM 网络串联捕获有关系统状态演化的知识优于遵循黑盒设计方法的单个 LSTM 网络。使用 SGD 优化器和线性网络的其他设计选项给出了较差的预测精度。

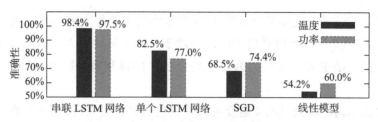

图 2-9　不同方法的温度和功耗预测准确性

（3）基于 DRL 的作业分配器的评估结果

DRL1 的训练收敛性：我们采用公式（2-1）中的奖励函数，并将 RR 和作业整合器作为基线方法进行实例化。图 2-10 显示了使用 RR 作为基线时的训练和验证奖励曲线。请注意，我们每隔 5 个训练时期进行一次验证时期。平均曲线和相应的标准差范围是由 10 次训练-验证过程的结果得到的。我们可以看到，在约 200 个训练时期后，训练和验证奖励都变得平稳。正面奖励表明 DRL1 可以训练以优于 RR 方法。图 2-11 显示了在作业整合器作

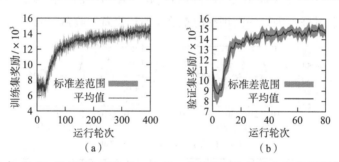

注：公式（2-1）以 RR 为基准（$\alpha = 0.5$），均值和标准差来自 10 次运行的结果。

图 2-10　DRL1 的训练和验证奖励（一）

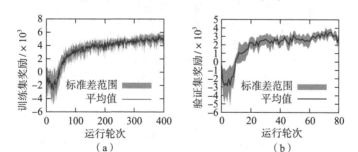

注：公式（2-1）以作业整合器作为基准（$\alpha = 0.5$），均值和标准差来自 10 次运行的结果。

图 2-11　DRL1 的训练和验证奖励（二）

为基线时的结果。正面奖励表明 DRL1 的性能优于作业整合器。通过比较图 2-10 和图 2-11，可以看出 DRL1 相对于 RR 的奖励较大，而相对于作业整合器的奖励更大。这是因为作业整合器在功耗和温度减少方面优于 RR 方法。

在线学习的收敛时间和温度尖峰：我们通过仿真来研究 DRL 在直接与物理数据中心进行在线学习时的收敛时间和处理器温度曲线。仿真使用 NSCC 52 天的真实作业到达记录驱动。在 52 天内，共有 1500 个作业到达。在每个模拟的一天中，我们根据当天和之前到达的作业进行一次训练时期或 400 次训练时期的训练。在每日更新 DRL 之后，我们通过所有作业和前文中构建的系统状态预测器驱动仿真，测试每日更新的基于 DRL 的作业分配器的性能。图 2-12（a）和图 2-12（b）分别显示了每天进行一次或 400 次训练时期时的处理器温度和服务器功耗。作为比较，我们测试了经过充分训练的 DRL1。DRL1 的离线训练需要约 1 天的时间。图 2-12（c）显示了 DRL1 的测试结果。图 2-12（a）中的处理器温度和功耗始终高于图 2-12（c）。这表明，在线学习每天进行一次训练时期在 50 天后尚未收敛。慢速在线收敛是

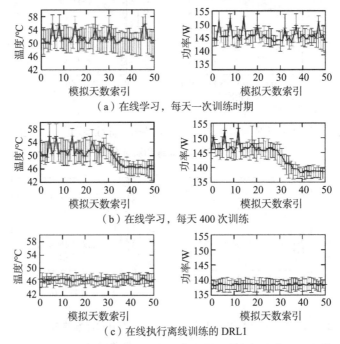

（a）在线学习，每天一次训练时期

（b）在线学习，每天 400 次训练

（c）在线执行离线训练的 DRL1

注：误差条表示在测试数据中 1152 个处理器中的最小值和最大值。

图 2-12　处理器温度和功耗

由于大的状态-动作空间和每天不足的训练引起的。另外，从图 2-12 (a) 中可以看出，服务器在测试期间经历了处理器温度和功耗的尖峰。这是由于在线学习时 DRL 的随机尝试引起的。相反，在图 2-12 (c) 中，DRL1 不会导致处理器温度和功耗的尖峰。从图 2-12 (b) 中可以看出，每天进行 400 次训练时期的在线学习需要约 40 天的时间才能收敛。在前 30 天内，它也会导致处理器温度尖峰。

运行时温度降低和功耗节约：我们进行基于迹的仿真，评估在使用 RR 作为基线和不同 α 和 J 设置下，由公式 (2-1) 中的奖励训练的基于 DRL 的作业分配器实现的温度降低和功耗节约。仿真由前文中提到的真实作业到达记录驱动，该记录跨越 52 天。图 2-13 显示了使用 DRL1 ($\alpha=0.5$) 而不是 RR 时，某个处理器的温度降低和功耗节约。我们可以看到对于该处理器，DRL1 将处理器温度降低约 4 ℃，功耗降低约 12 W。我们还研究了公式 (2-1) 中 α 对相对于 RR 的功耗节约和温度降低的影响。图 2-14 显示了某个处理器的结果。在图 2-14 (a) 中，较小的 α 可以节省更多的功耗。功耗节约的标准差随着 α 的增加而增加。这是因为，对于较大的 α，功耗节约在奖励函数中变得不重要，并且在运行时更加不确定。在图 2-14 (b) 中，较大的 α 会使 DRL1 和 DRL2 实现更多的温度降低。基于同样的原因，温度降低的标准差通常随着 α 的增加而减少。这些结果与我们在前文中讨论的关于 α 对训练目标的影响的结果一致。与 DRL1 相比，DRL2 实现了更多的功耗节约和温度降低。这是因为与顺序调度单个作业相比，同时调度两个作业每次将有更好的机会进一步增加奖励。

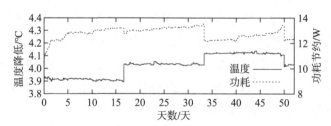

图 2-13　相对于 RR ($\alpha=0.5$)，DRL1 对一个处理器的温度降低和功耗节约

然而，DRL2 的训练时间是 DRL1 的 1.5 倍。我们还使用在线优化器 online-opt2 进行了测试，其时间跨度 $h=1$，并且奖励函数是以 RR 作为基线定义的。图 2-14 显示了在线优化器实现的功耗节约和温度降低。功耗节约和温度降低的 α 影响类似于 DRL 解决方案下的影响。与在线优化器相比，我们的 DRL 解决方案（即 DRL1 和 DRL2）节约了更多的功耗，并实现了更大的温度降低。请注意，具有 $h=2$ 的在线优化器的计算时间（40 分钟）在配备 GPU 的工作站上分配作业是不可接受的，因此该方法不现实。

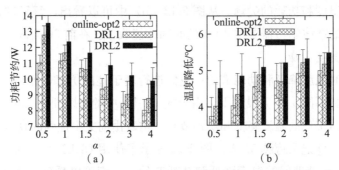

图 2-14　α 对相对于 RR 的一个处理器的温度降低和功耗节约的影响
（误差条代表标准差；$h=1$ 代表 online-opt2）

因此，我们跳过评估 $h \geqslant 2$ 的在线优化器，调查了由 DRL1 相对于不同基线实现的所有 1152 个处理器的每处理器功耗节约。图 2-15（a）显示了当 $\alpha=0.5$ 时每处理器功耗节约的累积分布函数（CDF）。我们可以看到，DRL1 节省了最大的功耗，超过 RR。它还节省了超过 10 W 的电力，超过在线优化器 online-opt1。图 2-15（b）显示了温度降低的 CDF。我们可以看到，与基线方法相比，DRL1 将处理器温度降低了 3.4～4.2 ℃。显示了相对于不同基线在不同 α 设置下的平均相对功耗节约和温度降低。平均相对功耗节约计算为 $\dfrac{1}{M}\sum\limits_{m=1}^{M}\dfrac{w_m^{\mathrm{BL}}-w_m^{\mathrm{DRL}}}{w_m^{\mathrm{BL}}}$，其中上标 DRL 和 BL 分别表示 DRL1 和基线作业分配器下的每处理器功耗（W）；M 是 52 天内所有处理器的数据点总数。我们可以看到，对于任何基线，DRL1 实现的相对功耗节约随 α 的减少而减少；相反，平均温度降低随 α 的增加而增加。这些结果与单个处理器的结果在图 2-14 中一致。与基线方法相比，DRL1 节约了超过 9% 的计算功耗，并将处理器温度降低了 3 ℃ 以上。

作业处理吞吐量：根据我们对 52 天内任意两个连续作业到达时间间隔的分布调查，只有 3% 的间隔小于 10 分钟。每个作业分配方法按 FCFS 原则运行。如果作业队列前端的作业找不到具有足够空闲核心的合格处理器，作业分配器将等待直到找到合格的处理器。

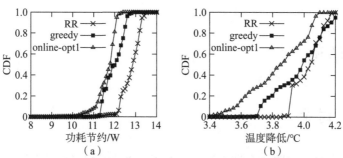

图 2-15　相对于不同基线方法的 DRL1 的功耗节约和温度降低的 CDF

(α＝0.5；h＝1 代表 online-opt1)

因此，作业的等待时间从到达到分配和所有 1500 个作业的完成时间表征了在某个作业分配方法下的作业处理吞吐量。请注意，DRL1 和 DRL2 每次分配一个作业和两个作业，而其他基线方法每次分配一个作业。为了考虑 DRL 的随机性，我们对 1500 个作业进行了 500 次分配仿真。图 2-16（a）显示了不同分配方法下每个作业的等待时间。DRL1 和 DRL2 实现了类似的作业等待时间，因为它们都持续分配作业，直到队列为空。通过基于 DRL 的作业分配器，作业可以迅速分配到处理器上执行。与 RR 相比，作业经历了最长的等待时间。我们还测量了所有作业的完成时间。图 2-16（b）显示了 DRL1 的完成时间分布。完成时间最长为 1286 小时。图中的垂直线表示其他基线方法的完成时间。我们可以看到，DRL1 的完成时间略短（即作业处理吞吐量略高）于其他基线方法。因此，我们的基于 DRL 的作业分配器实现了稍微更高的作业处理吞吐量。请注意，如果在队列前端的无法分配的作业之前可以分配一些请求较少核心的其他作业，则作业的等待时间和完成时间可以缩短。我们的未来工作将研究如何扩展 DRL 的形式来处理这种非 FCFS 方案。此外，扩展以处理指定作业优先级和作业软截止期限的方法也是未来研究的有趣主题。

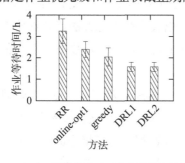

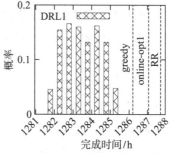

（a）不同分配方法下作业的等待时间　　（b）DRL1 的完成时间分布

图 2-16　作业等待时间和作业完成时间（误差条表示标准差）

2.5 结论

2.5.1 讨论

我们的方法需要一个训练阶段，这是一次性的开销，但带来了持续的好处，即减少计算功耗和处理器温度。训练数据可以很容易地在今天的数据中心中获取：核心利用率和温度可以由各种监控工具记录；服务器功耗可以由智能机架和服务器内置的电力计量仪记录。为了适应由于老化引起的作业模式和服务器功耗/热模型的变化，基于 DRL 的作业分配器可以定期重新进行训练。

2.5.2 总结

本章研究了 DRL 在数据中心任务分配中的应用，旨在提高数据中心的能源效率、性能和用户体验。数据中心的能源效率一直是一个备受关注的问题，随着计算需求的不断增长，数据中心的电力消耗不断上升，迫切需要寻找方法来减少这一趋势。DRL 作为传统强化学习的扩展，为解决数据中心任务分配问题提供了新的可能性。通过代理-环境交互，DRL 可以学习最优的任务分配策略，以最大化性能和效率，同时减少服务器的能耗。

传统方法中，一些启发式算法、数学优化和机器学习方法已经被应用于数据中心任务分配，但它们通常无法适应数据中心的复杂性和动态性。DRL 应用包括使用 DQN、LSTM 网络，以及离线训练方法等。这些应用充分发挥了 DRL 的优势，改善了任务分配性能，并在实际数据中心中得到了验证。

在实际案例和应用方面，谷歌、微软、NSCC 和 Facebook 等公司已经采用了 DRL 来改进其数据中心的任务分配策略。这些案例展示了 DRL 在提高能源效率和性能方面的潜力，以及在实际数据中心环境中的可行性。

然而，在将 DRL 应用于数据中心任务分配时，仍然面临一些挑战，包括训练阶段的探索和训练收敛时间的问题。为了克服这些挑战，本章提出应用 DRL 将计算密集型作业分配给数据中心中的服务器，通过构建计算模型来预测系统状态，以减少训练时间和计算成本。我们首先构建了基于 LSTM 网络的系统状态预测模型，然后使用该模型来训练基于 DRL 的作业分配器。我们的训练方法避免了潜在的计算服务质量降低和服务器过热问题。对于一个拥有 1152 个处理器的超级计算数据中心，我们构建了 LSTM 网络，并使用了 8 个月的真实作业到达记录来训练和测试基于 DRL 的作业分配器。结果显示，使用我们的分配器，模拟的数据中心节约了近 10％ 的计算功耗，并将处理器温度降低了 3 ℃ 以上，同时保持作业处理吞吐量。

2.5.3　未来研究方向

未来的研究方向包括改进算法效率和稳定性，提高数据采集和模型建设方法，研究多目标优化问题，促进跨学科合作，以及进一步推动实际部署和应用。DRL 在数据中心任务分配中的应用是一个充满潜力的领域，可以为数据中心领域的可持续发展和环境保护做出更大的贡献。

未来研究的目标是继续改进 DRL 算法，以更好地适应大规模数据中心和实时需求，同时提高训练效率。此外，跨学科合作和实际部署的推动将有助于将 DRL 应用于更多的数据中心，以验证其在不同环境下的可行性和性能。DRL 在数据中心任务分配中的应用有望持续推动数据中心行业朝着更加环保和高效的方向发展。

未来的研究还可以探索如何将 DRL 与其他新兴技术（如边缘计算和 5G 通信）相结合，以更好地满足未来数据中心的需求。此外，随着数据中心规模的不断扩大，如何有效地管理和维护大规模数据中心也是一个值得关注的问题。DRL 的应用可以为这些挑战提供新的解决方案。

总之，DRL 在数据中心任务分配中的应用是一个充满潜力的领域，可以显著提高数据中心的能源效率、性能和用户体验。随着更多的研究和实际部署，我们有望看到更多的创新和改进，以推动数据中心行业朝着更加可持续和高效的方向发展。数据中心任务分配将继续作为一个备受关注的研究领域，吸引更多研究者和企业的投入与合作。

第三章　DRL 在数据中心
冷却控制中的创新应用

　　DRL 在数据中心冷却控制中的应用是一个备受关注的领域，其目标是提高数据中心的能源效率、可持续性和安全性。数据中心是当今信息时代的核心，但由于其高度能源密集性，其能源消耗一直是一个严重的问题。DRL 作为一种先进的机器学习技术，已被引入数据中心管理，以优化冷却系统的性能和数据中心的能源效率。首先，DRL 方法已被应用于数据中心冷却控制的优化。传统的方法往往难以应对数据中心动态性和复杂性，而DRL 通过考虑 IT 系统的作业调度和冷却系统的气流调节，实现了更高效的协同优化。通过基于 DQN 等 DRL 算法，数据中心的能源效率得到显著提升，能够实现高达 15％的能耗节约。然而，现实世界中的数据中心温度分布通常是不均匀的，这引入了额外的挑战。一些研究采用了基于模型辅助的方法，将可微分的数据中心热力学模型与能源模型结合，以更准确地模拟温度分布。这种方法还引入了安全性考虑，确保 DRL 学习过程中的热力学安全性。除了能源效率的提升，DRL 方法还有助于改善数据中心的可持续性。通过使用 DRL，数据中心运营人员可以更好地控制冷却系统，降低能源消耗，减少碳排放，并提高可持续性。此外，DRL 还可以通过考虑数据中心规模和多样化的工作负载，实现更好的权衡，以满足不断变化的需求。

3.1　引言

　　随着数据量和相关应用不断增加，数据中心市场增长迅速。作为东南亚数据中心枢纽，新加坡占区域市场 60％以上，年增长率为 10％。但是新加坡等热带地区高密度数据中心的运营会加剧电力需求。2015 年，数据中心占新加坡电力销售的 9％。根据绿色数据中心技术路线图，预计到 2030年，新加坡通过显著提高数据中心能效，可累计节省高达 50 亿美元的能源成本。

　　数据中心通过许多通常称为节点的服务器为用户提供各种服务。这些网络化的节点在热力学上相互耦合，使数据中心成为一个网络物理系统。优化数据中心的能源效率是一个复杂的网络物理系统问题，需要考虑来自网络和物理方面的各种约束和要求，包括整体计算吞吐量、可服务性和热点预防。正如《路线图》中强调的，操作 IT 和设施子系统的传统隔离方法导致了数据中心设计和运营中的资源浪费。热量是将这两个子系统耦合在一起的关键因素，如图 3-1 所示。

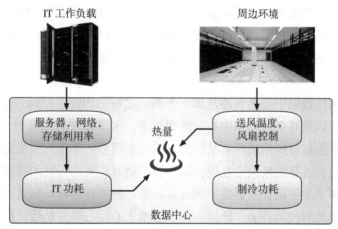

注：数据中心的 IT 子系统在计算任务中产生热量，冷却子系统耗散产生的热量。

图 3-1　热量作为 IT 和设施子系统之间的耦合因子

　　具体而言，数据中心中的 IT 子系统在计算过程中产生热量，而冷却子系统将 IT 子系统产生的热量排出数据中心建筑。然而，这两个子系统在热量产生和散热方面都有复杂的系统动态。而且，调节这两个子系统面临着一个主要挑战，即它们具有不同的时间常数。IT 子系统往往在几秒内做出响应，而冷却子系统的响应通常需要几分钟的时间。时间常数不匹配使得这两个子系统的控制具有挑战性，特别是考虑到目前的实践是它们由同一组织的两个独立部门管理，用于企业数据中心，或由两个实体管理，用于合作数据中心。如果它们分别按照自己的指标进行优化，它们的优化措施甚至可能相互产生相反的影响。例如，在注意到数据中心的热点时，IT 管理可能决定将负载转移到另一个机架，而热管理器可能决定向该行发送更多的冷空气。如果缺乏适当的 IT-设施协调，负载可能会迁移到另一个机架，而增加的冷却空气却送到了现在负载较低的原始机架。结果是，相同的热点问题未得到解决，只是在数据中心中移至另一个位置。

在引入节能设施的同时，我们考虑优化冷却控制以提高直流能源效率。优化的目的是通过定期调整机房空调机组提供的空气温度和质量流量，减少在特定热条件下的长期平均能源使用量。该问题可以建模为约束马尔可夫决策过程（MDP），并使用 DRL 技术来解决。与传统的反馈控制器〔如比例-积分-导数（PID）控制器〕只将温度维持在设定值处相比，基于 DRL 的解决方案可以优化奖励期望，同时捕获时间平均直流能源使用和温度与设定值的偏差。已有研究表明，在满足热约束的情况下，DRL 可节省 11％～15％的直流冷却成本。然而，这些研究假设数据中心环境随时间保持不变，即预先训练代理，然后将其部署到与训练相同或相似的测试环境中进行训练。不幸的是，对于环境可能发生重大变化的实际 DC 操作，这种假设可能不成立。

为了推进数据中心运营超越孤立方案，之前的研究已经探讨了联合 IT-设施优化，以提高企业数据中心的能源效率。大多数现有的联合 IT-设施优化方法通常假设目标系统具有某种静态或动态模型。基于约束优化公式，已经提出了启发式算法来决定在线控制行为。随着机器学习技术的发展，最近开始使用基于学习的技术提前预测计算资源、温度和功耗，以通过启发式算法获得更主动的控制行为。然而，由于数据中心动态的复杂性，约束优化问题一般来说是困难的，而启发式算法往往导致非最优解决方案。此外，由于现代数据中心配备了大量异构设备，在线优化方法通常需要广泛的搜索，并且随着数据中心规模和优化的时间范围增加，效果较差。Google 已宣布，他们试验了将机器学习用于数据中心管理，并取得了降低冷却成本的效果。他们还实现了基于机器学习的自动化管理。但并未提及他们的具体方法细节。

在这一背景下，本章将探讨 DRL 在数据中心冷却控制中的应用。数据中心的能源效率问题是一个复杂而重要的挑战，其中冷却系统起着至关重要的作用。数据中心冷却系统的目标是确保服务器等 IT 设备的稳定运行温度，同时最小化能源消耗。传统的冷却控制方法，如反馈控制和模型预测控制，虽然在一定程度上有效，但难以充分优化能源利用。因此，DRL 作为一种强大的控制方法，近年来引起了广泛的关注。

在本章中，我们介绍了应用 DRL 进行联合 IT-设施优化的研究，以解决现代数据中心所面临的可扩展性挑战。与在线优化方法不同，我们基于

DRL 的方法通过迭代与目标系统（即实际数据中心）进行交互，观察其实时状态并对系统施加控制行为。全局最优的控制策略是通过这种迭代交互导出的，它生成数据中心运营的控制行为，包括任务分配给服务器、调整空调的气流等。与在线优化方法不同，经过训练的基于 DRL 的控制器在运行时无需解决任何计算密集的优化问题。

然而，应用 DRL 确定的控制策略可能会导致各种风险，包括违反服务要求甚至导致热安全问题。为了解决这一挑战，我们的方法基于从数据中心收集的真实数据构建了数据驱动的深度模型、能源模型和 CFD 模型，以导出 DRL 控制器的训练和验证控制策略。具体而言，我们应用 DRL 来开发：

①负载感知目标冷却：根据动态的 IT 负载主动调整冷却能力和分派，以应对不断变化的 IT 负载。

②热感知任务调度：在热力学动态存在的情况下，优化 IT 负载分配。

③迭代式 IT-设施控制优化：在 IT 和设施之间进行迭代，以应对它们不同的时间常数，并在满足各种运营要求的同时实现全局最优解。

根据初步实验结果，我们提出的负载感知目标冷却方法在空气冷却系统和水冷却系统方面分别实现了高达 15％和 30％的功耗节约。

3.2 相关工作

3.2.1 冷却控制的传统方法与挑战

在数据中心的配置中，IT 和冷却系统的动态交互带来了复杂性。这种复杂性不仅影响能源效率，表现为低效的 PUE 和 OPEX 的提升，也给优化策略带来了挑战。具体而言，数据中心由大量服务器构成的高维状态空间及 IT 系统的离散任务分配与冷却设施的连续参数调节形成了一个复杂的复合动作空间。此外，IT 系统和冷却系统的响应时间差异可能导致效率下降，如热点形成和冷却波动等问题，这些问题共同影响数据中心的整体性能和经济效益。

3.2.2　DRL 作为新兴解决方案

DRL 技术作为新兴的控制方法，已经引起了数据中心研究领域的广泛关注。6SigmaDCX 的在线资源和 Tang X 等讨论了将数据中心冷却控制视为马尔可夫决策过程（MDP）并采用 DRL 方法来寻找最优控制策略的工作。这些研究表明，DRL 在数据中心冷却控制中的应用代表了一项创新性的方法，可以在最小化能源消耗的同时，确保数据中心的热安全性，取得了显著的能源节约。它的核心思想是通过智能体与环境的互动学习来获得最佳的冷却控制策略。这种方法结合了深度学习和强化学习的原理，具有处理大规模、复杂和非线性控制问题的能力，同时无需依赖预先建立的模型，这使得它在数据中心冷却控制领域具有广泛的应用潜力。

与传统的反馈控制方法相比，DRL 提供了显著的优势。传统方法通常依赖于预先建立的物理模型和规则，用于维持某些控制参数（如温度）在特定范围内。然而，这种方法通常难以适应数据中心负载和环境条件的不断变化，导致能源利用效率低下。相反，DRL 通过与实际数据中心环境的互动学习，能够实时地调整控制策略，以满足变化的需求，从而更好地提高能源效率。DRL 的目标是寻找全局最优的控制策略，而不仅仅是满足局部性能指标。通过连续的试验和学习，DRL 智能体逐渐改进其行为，以最大程度地减少能源消耗并满足数据中心的性能要求。这种全局优化的能力在复杂和动态的数据中心环境中尤为有用。

与传统的基于模型的方法不同，DRL 不需要依赖复杂的物理模型或规则。它直接从实际观测和互动中学习，因此更具通用性，适用于各种不同类型的数据中心和冷却系统。

数据中心的负载和环境条件经常发生变化，因此需要具备动态适应性的控制方法。DRL 具有自适应性，能够快速响应变化，并重新学习最佳策略，以维持高效的冷却控制。总之，DRL 为数据中心冷却控制带来了一种新的范式，通过实时互动和学习，它能够提高能源利用效率，同时维持稳定的运行温度，降低了能源成本，改善了数据中心的可持续性。这一领域的研究持续发展，预计会带来更多的创新和改进，为未来的数据中心管理提供更多可能性。

3.2.3　数据驱动模型

在 DRL 应用于数据中心冷却控制的背景下,数据驱动模型崭露头角,成为一项关键技术,以解决 DRL 控制策略可能引发的潜在风险,并同时确保数据中心运营要求的满足及运行的安全性。这些数据驱动模型的核心概念包括深度模型、能源模型和 CFD 模型,它们是基于实际数据中心观测数据构建的模型,为数据中心管理者提供了强大的工具。

首先,深度模型,通常采用神经网络或深度学习模型,具备理解数据中心状态和特性的能力。通过分析历史数据,这些模型能够预测未来的负载和温度趋势,为 DRL 控制器提供更精确的信息。例如,深度模型可协助控制器更好地了解服务器工作负载,提前预测热点的可能出现,并优化冷却策略的规划。

其次,能源模型被设计用于估算数据中心的能源消耗,根据实际观测数据中心的电力和冷却消耗情况,这些模型帮助 DRL 控制器优化能源的使用,从而降低整体能源成本。通过考虑不同冷却策略的实际效果,能源模型为控制器提供了预测和指导,有助于更有效地管理数据中心的能源利用。

再次,CFD 模型用于模拟数据中心内部的空气流动和温度分布。借助 CFD 模型,研究人员能更深入地理解数据中心的热力学特性,包括热量如何在数据中心内传播和散热。这有助于 DRL 控制器更精确地调整冷却策略,以维持适当的温度并避免过热问题。最重要的是,这些数据驱动模型可用于训练和验证 DRL 控制策略。通过将这些模型与 DRL 控制器融合,可以进行仿真实验,以评估控制策略在不同情况下的性能。这有助于识别潜在的风险和问题,确保控制策略能够满足数据中心的运营需求和安全标准。

最后,这些数据驱动模型具备动态自适应性,能够在运行时持续更新,以反映实际数据中心的变化。这种动态性允许 DRL 控制器快速响应变化,确保控制策略的有效性,以适应不断变化的数据中心条件。

综合而言,数据驱动模型在 DRL 应用于数据中心冷却控制方面发挥着至关重要的作用。它们不仅提供更准确的信息,帮助 DRL 控制器做出更明智的决策,还能提高系统的稳定性和安全性。通过将实际观测数据与深度学习、能源模型和 CFD 模型相结合,数据中心管理者能更好地优化能源利用,降低成本，并确保数据中心的可持续性。这一领域的不断发展将为未来的数据中心管理带来更多的创新和改进。

3.2.4 冷却控制

（1）IT 子系统控制优化

IT 子系统的能量效率主要从具有不同约束的任务调度/迁移的角度来提高，如温度、完成时间和任务排队延迟等。

Tang 等提出了一种基于预测工作负载的启发式作业调度算法来提高能量效率。该算法利用线性回归和小波神经网络技术来预测云数据中心的短期工作负载。Wu 等提供了一种通过温度预测的作业调度算法，其中通过基于分布式和神经网络的方法来估计温度。Sobhanayak 等开发了一种热感知任务调度方法，这种方法不仅可以最大限度地降低计算成本，还可以降低冷却能耗。波尔维里尼等开发了"GreFar"，它不仅满足最大服务器入口温度约束，而且优化了受排队延迟约束的分布式数据中心之间的能量消耗和公平性。Chavan 等提出了一种文件分配算法"TIGER"来减少冷却数据中心的能源需求，将文件分配给利用率低于计算阈值的磁盘。Meng 等提供了一种通过任务分配实现冷却和通信成本的联合优化算法，同时考虑了通信受限的HPC 应用。Yi 等通过使用 DRL 开发了一种用于计算密集型任务的分配算法。DRL 网络的训练是通过一个长的短期记忆网络离线进行的，可以捕捉服务器功率和热量的动态。Zhou 等提出了"Goldilocks"，它将任务分组分配给服务器，以便同时优化功耗和任务完成时间。利用图分割算法将任务分组到容器中，如果它们彼此频繁通信，则可将它们放在一起以减少任务完成时间。以前大多数控制 IT 子系统是基于模型的（例如，使用排队模型的任务分派），通常不考虑冷却动态。在这种情况下，为了安全运行，通常会过度提供冷却能力来冷却 IT 设备，这将导致能源效率低下。特别是，如果平均 IT 工作负载长时间保持在相对较低的值，我们可以通过降低冷却能力来避免过度配置，这无法通过单独安排任务来实现。

（2）冷却子系统控制优化

提高数据中心冷却子系统的能效通常可以通过配置风扇速度和 CRAC 单元来实现。调节服务器的风扇速度是降低冷却功耗同时保持数据中心温度的有效方法。然而，更多的努力是致力于规范 CRAC 股。Beghi 等提出了一种基于模型的算法，用于推导 CRAC 系统的有效控制策略，其中非线性约束优化问题被公式化，并通过粒子群优化来解决。Garcia-Gabin W、Mishchenko K、Berglund E 在他们的研究中开发了一个基于 MPC 的统一框架来最小化冷却功率，其目的是在满足热要求的同时调节瓷砖利用率、变频驱动和送风温度。温斯顿等通过自动控制冷却装置的容量实现了冷却系统的节能。控制器通过调节空气处理机组的出口温度和风量来调节制冷功率，并将服务器的最高温度和平均温度作为反馈控制变量。拉济奇等应用强化学习来调节温度和大规模数据中心内的气流。具体来说，数据中心动态的线性模型是通过采用安全、随机的探索来学习的，从很少或没有先验知识开始。李等提出了一种端到端冷却控制策略，采用离线版本的 DDPG 算法，通过评估网络估算能源成本和冷却效果，同时通过策略网络优化冷却控制设置。

这些孤立的方法通常忽略了 IT 子系统的动态性，仅考虑机架温度或室内温度冷却子系统控制优化的空气温度。由于缺乏 IT-冷却协调和追求安全运行，这些流行的孤岛式方法通常会导致冷却容量的过度调配，从而造成浪费。

（3）IT 和冷却系统的联合优化

如上所述，单一的孤立方法具有明显的缺陷，因此采用联合 IT-冷却优化方法是非常期望的，并且更有前途，其中任务/工作负载调度和冷却调节（如供应温度、气流速率）被同时优化。

为了最小化数据中心中服务器和冷却单元的功耗，Pakbaznia 等制定了整数线性规划，该规划为供应的冷空气选择最佳温度以降低冷却功耗，并将到达任务分派给具有适当电压频率水平的适当服务器，以降低服务器功耗。Van Damme T、De Persis C、Tesi P 在其研究中考虑到 QoS 和能源效率，从信息物理系统的角度提出了一种协调控制策略，以最小化数据中心的总功耗。Wan 等制定了一个混合整数非线性规划来最小化数据中心的整体功耗，该规划可以根据当前的工作负载动态配置系统参数，并在不同的控制层协调不同的系统组件。Van 等建立了一个基于热力学模型的优化问题，通过该模型可以同时描述和分析冷却设施的供应温度和工作负荷分配的最佳设定点。MirhoseiniNejad 等利用低复杂性的整体数据中心模型来实现联合冷却和工作负载管理，通过联合优化冷却单元的运行参数和工作负载调度，能够节省大量能源。在我们之前的工作中，为了联合优化 IT 子系统的任务调度和冷却子系统的气流速度调节，我们将参数化的动作空间引入原始的 DQN 算法中，然而，该算法未能处理 IT 和冷却子系统存在的不同时间常数的棘手问题。

3.2.5　基于 DRL 的冷却控制的相关研究

本部分综述了基于 DRL 的冷却控制的相关研究。

（1）基于 DRL 的直流冷却控制

直流冷却控制可以看作一个 MDP，并适合于 DRL 框架。早期的研究采用无模型范式，允许智能体通过与系统交互来学习。尽管这些研究表明，与传统控制器相比，它们节省了大量能源，但它们存在勘探风险高、采样效率低的问题。例如，无模型智能体需要大约 20 万个交互步骤才能收敛。执行这么多步骤的相应时间为 5.7 年，使得该方法不现实。此外，在长时间的相互作用中，这些研究中的热约束通过遵循奖励形成来放松，这只是一种姑息性解决方案。

在直流作业中部署 DRL 时，解决热安全性和样品成本问题至关重要。另一组研究采用基于模型的范式来提高学习效率。然而，这些研究中使用的模型要么过于简化，要么数据密集。最近的研究提出利用控制物理来辅助学习和纠正不安全行为。物理定律的引入减少了建模所需的数据。然而，模型以微分方程的形式表示，因此模型是不可微的。因此，修正后的动作只能通过启发式搜索来确定。当系统变量维数较高时，搜索过程可能在控制周期内无法收敛。相反，我们的目标是开发一个物理信息可微模型来有效地解决动作搜索问题。这种模式要保证及时整改，方便网上使用。综上所述，尽管现有的研究已经证明了基于 DRL 的直流冷却控制的卓越性能，但很少有人关注如何解决将该策略部署到非固定直流环境时所面临的挑战。

（2）DRL 中的迁移学习

将 DRL 代理转移到不断变化的 MDP 与终身或持续强化学习密切相关。以往关于这一课题的研究旨在解决遗忘问题。在本书中，我们将重点关注与直流操作更相关的自适应安全性和速度考虑的前向传输性能优化。为了加速迁移，以往的研究采用预训练的值或策略网络进行微调。例如，Yang 等提出在新环境下对子网的参数进行微调。虽然与从头开始训练相比，参数传递可以减少收敛时间，但再学习过程仍然需要数周的时间才能收敛，并且在学习过程中没有明确地解决系统约束。与参数空间迁移不同，我们的目标是学习系统动力学模型并利用它们来辅助智能体的迁移。

最近的一项研究表明，通过使用从历史数据中学习到的系统模型离线预训练智能体，可以加速在线学习。然而，在传统的反馈控制下，从稳定工作点运行的直流收集的历史数据通常是非探索性的，并且以目标设定值为中心。用这些数据学习的模型可能会被过度拟合，并且很难外推到看不见的状态。为了捕捉系统变化，动力学模型随着传入的在线数据不断更新。然而，数据驱动的模型需要积累足够的数据来达到令人满意的精度，这可能需要不安全的探索。为了解决这个问题，我们开发了一种捕获物理约束和在线数据分布的方法来建模系统动力学。

3.3　系统概述

本节概述了我们基于 DRL 的联合 IT-设施控制方法。图 3-2 概述了我们的方法，包括 4 个主要模块：数据收集、物理建模、运营管理和试验平台验证。

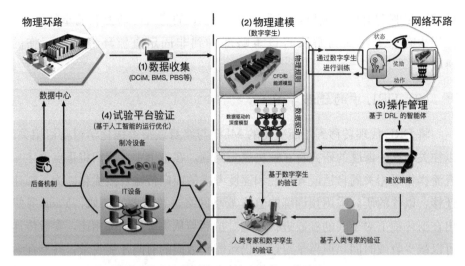

图 3-2　基于 DRL 的方法的工作流程

3.3.1　数据收集

数据收集模块从实际数据中心收集实时运营信息，包括与 IT 相关的性能计数器（如 CPU、I/O 等）和环境条件测量（如温度、湿度、气流等），还会收集包括数据中心的位置、布局、设备配置和结构在内的静态信息。

3.3.2　物理建模

物理建模模块提取实际系统的基本行为构建数字孪生模型，该模型呈现了物理系统的数字化模型，并根据一定的输入模拟系统动态。这些模型被用作 DRL 中的环境。DRL 通过不断地探索和与环境交互，逐渐学习控制策略。在控制策略收敛之前，生成的控制动作是不可预测的，同时可能是不安全的。如果将不可预测的控制动作应用于物理数据中心，有可能导致大规模服务要求违规，甚至导致数据中心的物理损坏。在我们的方法中，DRL 控制器的训练基于 3 种类型的计算模型。第一种类型是深度模型，它捕捉了数据中心中 IT 和设施子系统之间的复杂相互作用。深度模型是基于从物理系统收集的大量运营数据进行训练的。第二种类型是用于数据大厅的三维 CFD 模型，用于进行热分析，该模型仅使用基础设施的标准信息构建（如数据中心的布局、服务器规格表、空调配置等）。第三种类型是用于数据大厅和冷水机组的功耗分析的能源模型。这些模型用于：

①在实际数据中心收集的真实数据无法涵盖的极端条件下生成训练数据。

②在将训练的基于 DRL 的控制器确定的控制策略应用于实际数据中心之前进行验证。

此外，在数据不足的情况下，基于物理规则的 CFD 和能源模型可以替代数据驱动的深度模型，对基于 DRL 的控制器进行训练。

3.3.3　运营管理

运营管理模块将基于 DRL 的控制器应用于解决联合优化问题，并得出 IT 和设施子系统的最优控制策略。它在确保热安全和业务连续性的同时降低能源成本。具体而言，我们提出了 3 种技术，包括热感知任务调度、负载感知目标冷却和迭代式 IT-设施优化，这三者共同协作，优化数据中心的能源效率。

3.3.4　验证模块

测试验证阶段在 NSCC 对控制策略进行测试，以验证我们提出的方法，同时所有生成的控制动作将提前由专业人员和物理模型进行验证。如图 3-2 所示，我们从物理数据中心收集大量数据，构建深度模型、能源模型和 CFD 模型等计算模型，并应用 DRL 寻求全局最优控制策略。随后，生成的控制策略被应用于数据中心以实现能源节约。这个循环可以进行迭代，以在管理风险的情况下提高数据中心的能源效率。

3.4　数据分析和建模

3.4.1　现有方法与我们的 DRL 方法比较

数据中心中的 IT 和设施子系统在热量产生和散热方面具有复杂的系统

动态。此外，对计算能力的不断增加导致了数据中心的扩容（即升级现有服务器）和扩展（即添加更多服务器）。现有方法通常将约束优化问题制定为最大化数据中心利润或最小化能源成本。图 3-3 说明了这些现有方法的工作流程。然而，由于系统动态的复杂性，现有方法甚至无法找到目标函数或解决极其复杂的约束优化问题。故而，大多数现有方法只能达到局部最优，如果在在线方式下求解约束优化问题，这些方法无法随着数据中心规模的增加而良好扩展。为了解决这些挑战，我们应用 DRL 进行联合 IT-设施优化。在基于 DRL 的方法中，将约束引入奖励函数，以指导训练过程。约束的违反导致惩罚减少奖励。因此，违反将最终降低再次违反的概率，以获得更多的奖励。在这些约束的指导下，控制策略将在试错的方式下自动优化，无需显式地解决复杂的约束优化公式。我们基于 DRL 的方法的工作流程如图 3-4所示。由于基于 DRL 的方法需要全面探索动作空间，在训练完成之前控制策略是不可预测的。因此，在训练完成之前应用 DRL 确定的控制策略会导致各种风险，包括违反服务要求甚至物理损害。为了避免这种风险，我们的方法根据从数据中心收集的实际数据构建了数据驱动的深度模型、能源模型和 CFD 模型，以驱动基于 DRL 的控制器的训练，并在运行时验证由控制器确定的控制策略。

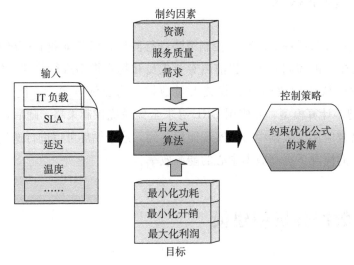

图 3-3　现有方法（ΩA：服务水平协议）

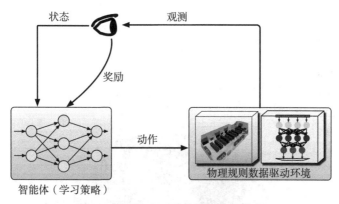

图 3-4　基于 DRL 的方法的工作流程

3.4.2　基于数据的深度模型

　　根据从物理数据中心收集的数据，我们构建了一个深度模型，以捕捉 IT 和设施子系统之间复杂的关系。在我们的研究中，我们采用了长短期记忆（LSTM）模型，这是一种专为能够持续较长时间的短期记忆而设计的神经网络架构。因此，LSTM 网络非常适用于处理时间序列预测问题。在我们的方法中，我们根据收集的数据对 LSTM 网络进行训练，构建一个可以根据历史状态预测数据中心未来状态（如 CPU 利用率、环境温度、IT 和设施功耗等）的模型。由于物理数据中心提供了大量的运营数据，该模型通过迭代校准，直至提供准确的结果。在校准后的模型的驱动下，DRL 代理探索动作空间，以找到全局最优的控制策略。与现有方法采用的基于第一原理和分析模型相比，我们的数据驱动深度模型可以很好地适应数据中心的规模。

3.4.3　基于物理规则的模型

　　除了数据驱动的深度模型，还根据基础设施的基本信息（如布局、服务器规格表、冷却设施配置等）构建了数据大厅和冷水机组的 CFD 模型和能源模型。我们使用商业 CFD 软件和开源平台 EnergyPlus 构建和校准这两个模型，并将其用于模拟数据中心的热动力学和功耗。例如，图 3-5 显示了基于构建的 CFD 模型的模拟结果。

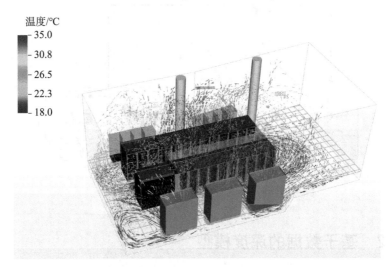

温度/℃

35.0
30.8
26.5
22.3
18.0

图 3-5　NSCC 的 CFD 模型和模拟结果（用 6Sigma 绘制）

基于物理规则的模型可以模拟数据中心在长时间范围内的运营情况，并具有精细的时间粒度。以下是几个详细的例子。

首先，我们使用物理模型生成模拟训练数据，主要涵盖实际数据中心收集的真实数据所不包含的极端条件。然后，使用生成的数据对深度模型进行校准，以在 DRL 过程中覆盖极端条件。通过这些模拟训练数据，我们可以实现更高的预测准确性和更好的风险管理。

然后，在将训练的基于 DRL 的控制器确定的控制策略应用于实际数据中心之前，我们使用物理模型来验证这些控制策略。有时，即使经过训练的基于 DRL 的控制器也无法覆盖数据中心复杂动态或缺乏真实运营数据中可能出现的所有情况。这导致在将控制策略直接应用于数据中心时存在安全隐患。为了解决这个问题，我们将控制策略应用于物理模型，通过观察这些模型的模拟结果来验证生成的控制动作。

最后，我们使用物理模型来生成未采集变量的训练数据。具体而言，由于资源限制和保密要求，往往很难从数据中心收集一些运营数据（如工作负载跟踪、功耗等）。将物理模型应用于补充收集到的真实数据轨迹可以改善基于 DRL 的控制器的训练。

3.5　基于 DRL 的操作优化

本节介绍了数据中心的基于 DRL 的方法的设计及其应用，以解决联合 IT-设施优化问题。我们的基于 DRL 的方法通过与环境（即数据驱动深度模型、能源模型和 CFD 模型）进行迭代交互，取代了直接与物理数据中心交互的方式，以避免潜在的热安全风险。一旦 DRL 训练完成，我们将训练过的基于 DRL 的控制器应用于以下问题的解决：

①负载感知目标冷却；

②热感知任务调度；

③迭代式 IT-设施优化。

在实践中，操作优化不仅对于设计数据中心至关重要，对于运营数据中心也非常重要。对于前者，我们的迭代式 IT-设施优化方法，可以在数据中心的规划阶段轻松应用，它联合控制 IT 和设施子系统。在规划阶段，可以轻松安装物理传感器和数据中心基础设施管理（DCIM）软件包，从而方便进行数据收集。此外，与旧设施子系统的手动控制机制相比，大多数最新的设施子系统提供了自动控制机制。这些特点使得我们的迭代式 IT-设施优化方法成为一种可用的方法，可以统一地控制 IT 和设施子系统。对于后者，在运营数据中心中，由于 IT 子系统的物理传感器短缺和设施子系统的自动控制机制，应用迭代式 IT-设施优化方法变得困难。对数据中心经理来说，数据中心的升级是必要的，但是也具有挑战性和高昂的费用。然而，我们的负载感知目标冷却和热感知任务调度对于运营数据中心仍然是可行的。只控制 IT 子系统的热感知任务调度适用于设施子系统没有自动控制机制的运营数据中心。相比之下，只控制设施子系统的负载感知目标冷却可以用于对 IT 子系统有较强保密要求的数据中心（如支持银行的数据中心）。

3.5.1　DRL 在数据中心中的操作优化

传统的强化学习算法，如 Q-learning，评估在采取某个动作的状态中的值。这个值可以通过采取该状态下动作的有效性来评估。在具有足够的状态-动作对值的情况下，采取具有最大有效性的动作通常会导致最优策略和高效率。因此，在强化学习中，用于存储状态-动作对值的查找表起着至关重要的作用。然而，在数据中心运营的背景下，大量可能的状态-动作对将导致一个巨大的 Q 表，这使得存储和查询变得非常困难。因此，基于查找表的 Q-learning 方法不适用于复杂的环境。

为了解决上述挑战，DQN 方法采用神经网络来替代 Q 表，这个网络经过训练可以逼近 Q 表，并能够处理大量的状态-动作对。在 DQN 中，状态通过线性变换进一步映射到不同动作的 Q 值。由于这个特性，DQN 适用于具有离散动作空间的控制问题。因此，我们使用 DQN 来解决计算任务调度问题，将任务分配给有限数量的服务器，其中分配即为动作，是离散的。

然而，原始的 DQN 不能处理冷却控制问题，因为冷却控制的输入是连续值。为了解决这个问题，我们应用了 DDPG，它是对 DQN 算法的扩展。具体而言，我们使用两个神经网络：actor 网络和 critic 网络，其中，actor 网络计算当前状态的动作预测（例如，代表冷却设施控制因素的连续值），而 critic 网络评估由 actor 给出的当前状态和动作的值。这个特性使 DDPG 成为负载感知目标冷却的合适解决方案，因为 DDPG 可以直接计算和评估连续的动作。

3.5.2 DRL 在特定任务中的应用

在大多数数据中心中，IT 管理员通常专注于任务调度，以满足服务级别协议并确保用户体验质量，较少或没有考虑设施的温度和能耗，这可能导致热点和能源浪费。相比之下，设施管理员根据温度情况适应性地调整冷却设施，较少或没有考虑工作负载，这可能导致冷却过度配置。为了共同解决这些问题，我们提出了 3 种先进的运营优化技术。

负载感知目标冷却：主要针对设施管理员开发的这项技术，根据 IT 工作负载来调配冷却能力。我们采用 DDPG 算法，并考虑 IT 子系统的工作负载和功耗，用于冷却优化。值得注意的是，IT 系统的功耗与工作负载密切相关。此外，工作负载的变化会在几秒内引起功耗的波动，然后在几分钟内导致温度随功耗的变化而变化。我们的方法根据工作负载主动调配冷却能力，这与大多数现有方法不同，后者通常根据温度被动调整冷却设施。

本研究的目标系统（即 NSCC）具有独立运行的空气冷却和水冷却系统。空气冷却系统通过走廊和机架中吹送冷气来移除热量，而水冷却系统将水直接泵入 CPU 的散热器以降低核心温度。我们专注于优化空气流量和泵流量的调整，这些是我们提出的基于 DRL 的方法中的动作。同时，我们使用 IT 子系统的工作负载和功耗、设施子系统的功耗及环境温度来表示状态，因为它们都影响着冷却负荷。通过设置适当的奖励函数，该奖励函数由目标冷却设施的功耗和环境温度构成，我们的基于 DRL 的方法从特定的状态出发，并根据奖励逐步调整动作。这种迭代式训练自动地学习了一个全局最优控制策略，实现了 IT 子系统的工作负载、环境温度和设施子系统的能源成本之间的理想权衡。

热感知任务调度： DRL 还可以用于根据数据中心的热动态来调度 IT 子系统中的计算任务，受到各种约束条件的限制，如 IT 子系统的温度及 IT 子系统和设施子系统的功耗。作为我们联合优化的一个场景，我们在本节介绍了热感知任务调度。

传统的任务调度方法主要专注于优化资源利用率和减少任务等待时间，很少考虑温度或功耗。因此，它们往往导致过度配置和冷却能源的浪费。热感知不足的调度可能会将计算任务分配到已经存在高温区域的服务器上，形成热点。在现有的冷却方案下，一旦某个服务器超过指定的温度上限，设施管理员只能通过增加整体冷却设施的功率来消除热点，从而导致能源浪费。我们的方法采用基于 DQN 的任务调度方法，以热感知的方式分配计算任务，旨在在保持服务器温度不显著降低计算吞吐量的同时，减少 IT 和设施子系统的总体功耗。

迭代式 IT-设施优化： 提出的负载感知目标冷却和热感知任务调度方法分别控制设施和 IT 子系统。为了共同优化 IT 和设施子系统，存在几个挑战。首先，两个子系统具有两个时间常数，IT 子系统在几秒内响应，而设施子系统在几分钟内响应。当它们优化自己的指标时，它们的优化措施可能相互影响。其次，为了共同控制两个子系统，必须同时观察两个子系统的状态并生成两种控制动作。因此，与一个子系统的调节相比，基于 DRL 的两个子系统的调节导致了更大的状态和动作空间。最后，将传统的 DRL 算法（如 DQN 和 DDPG）应用于学习一个生成分别在离散空间和连续空间中的两种控制动作的全局最优控制策略是困难的。

为了应对这些挑战，我们开发了 PADQN 算法的双时间尺度 IT-设施优化方法。迭代式 IT-设施优化方法推导出了优化策略，以共同控制 IT 和设施子系统，使它们达到理想的平衡状态，从而降低能源消耗，提高能源效率。

3.6 评估

我们已经在 NSCC 对所提出的基于 DRL 的操作优化方法进行了评估。我们从目标数据中心收集了广泛的运营数据，包括 IT 和冷却设施的温度和功耗、服务器规格、冷却配置等。基于这些数据，我们应用基于深度学习的方法、CFD 软件和能源平台来建模 IT 和冷却设施之间的复杂关系，分别构建了数据驱动模型、CFD 模型和能源模型。随后，我们在物理规则模型和数据驱动数字模型上对负载感知目标冷却、热感知任务调度和迭代式 IT-设施优化算法进行了训练。评估结果如图 3-6 所示。

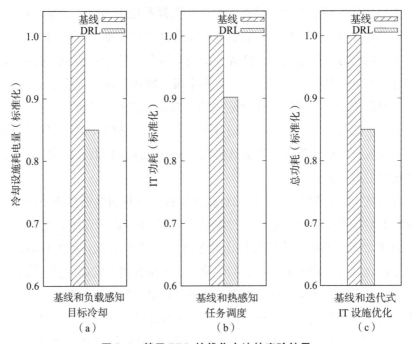

图 3-6 基于 DRL 的优化方法的实验结果

与基于专家领域知识手动设计控制设置的基准方法相比，负载感知目标冷却动态且主动地根据 IT 负载的变化来调节冷却设施，节约了约 15％的数据中心冷却功耗，同时保证了机架入口温度不超过预定阈值。相比之下，热感知任务调度根据数据大厅内的环境温度观测来控制 IT 子系统的作业分配，与使用启发式算法的基准方法相比，节约了超过 9％的 IT 子系统功耗。此外，这种方法显著降低了处理器温度。与分别控制 IT 和冷却设施的孤立基准方法不同，迭代式 IT-设施优化方法同时运营 IT 和冷却子系统，并节约了高达 15％的数据中心总功耗。在现实世界的数据中心中，控制优化通常有特定的目标或受到特殊条件的限制，如出租其空间和冷却能力给客户，并确保系统在服务级别协议范围内运行的共置数据中心。共置数据中心提供者只能优化冷却设施的控制以节约能源，因为他无法访问 IT 系统。相比之下，租户希望优化密集任务和计算资源的调度，以提高效率并减少任务等待时间，而他们不关心冷却系统的运作。只有在同时访问 IT 和冷却系统的情况下才能进行联合控制优化。因此，我们提出了这 3 种基于 DRL 的方法，因为它们可以灵活地应用于不同的场景，以改进数据中心的系统运行和管理，实现更好的业务连续性和能源效率。

3.7 结论

DRL 在数据中心冷却控制中的应用已经成为备受关注的领域，旨在提高数据中心的能源效率、可持续性和安全性。数据中心是现代信息时代的核心，但由于其高度能源密集性，能源消耗一直是一个严重的问题。DRL 作为一种先进的机器学习技术，已经引入数据中心管理，以优化冷却系统的性能和数据中心的能源效率。以下是对本章内容的总结：

首先，DRL 方法已经成功应用于数据中心冷却控制的优化。传统方法常常难以应对数据中心的动态性和复杂性，而 DRL 通过协同优化 IT 系统的作业调度和冷却系统的气流调节，实现了更高效的数据中心运营。采用基于 DQN 等的 DRL 算法，可以显著提高数据中心的能源效率，实现高达15％的能耗节约。这为数据中心管理带来了巨大的潜力，使其能够更好地适应不断变化的需求。

　　然而，实际数据中心中的温度分布通常是不均匀的，这引入了额外的挑战。一些研究采用了基于模型辅助的方法，将可微分的数据中心热力学模型与能源模型结合，以更准确地模拟温度分布。这种方法还引入了安全性考虑，确保 DRL 学习过程中的热力学安全性。这是确保数据中心正常运行的关键因素，特别是在高负荷情况下。

　　除了提高能源效率，DRL 方法还有助于改善数据中心的可持续性。通过使用 DRL，数据中心运营人员可以更好地控制冷却系统，降低能源消耗，减少碳排放，并提高可持续性。这对于满足不断增长的可持续性标准和环保法规至关重要。因此，DRL 方法不仅有助于节约能源和成本，还有助于保护环境，促进可持续发展。

　　综上所述，DRL 在数据中心冷却控制中的应用为数据中心管理带来了新的可能性。通过优化能源效率、提高可持续性和确保安全性，DRL 方法有望在未来进一步改善数据中心的运营和性能，为 IT 的持续发展提供可靠支持。随着技术的不断进步和研究的深入，我们可以期待看到更多创新的 DRL 解决方案，以满足不断演化的数据中心需求。这将在数据中心管理领域带来积极的影响，同时也将对全球能源消耗和环境保护产生积极的影响。

第四章　数据中心数字孪生技术的基本原理及其广泛应用

　　数据中心是现代 IT 基础设施的核心，对于可持续发展至关重要。在这一背景下，CFD 模型和数字孪生技术已成为数据中心领域的关键工具。CFD 模型被广泛应用于数据中心的原型设计，但其精度不高且计算开销大。为了实现更高保真度和实时性的数据中心管理，数字孪生技术的引入变得不可或缺。针对 CFD 模型的局限性，研究人员提出了一系列创新性方法。其中，Kalibre 方法是一种基于知识的神经代理方法，通过迭代训练神经代理模型，找到最佳参数配置，将参数配置应用于 CFD 模型，并利用传感器测量数据验证模型，从而实现了对 CFD 模型的校准。这种方法将烦琐的手动校准转移到轻量级的神经代理中，大大加速了模型的收敛速度。在校准两个生产数据大厅的 CFD 模型时，实现了平均绝对误差（MAE）分别为 0.57 ℃和 0.88 ℃的精度。然而，数字孪生技术不仅仅限于对 CFD 模型的改进，还在多个方面展现了其广泛应用前景。数字孪生可以用于故障管理，通过建立面向故障管理的数字孪生系统，预测并定位系统故障，提高数据中心的稳定性。此外，数字孪生还可以用于节能管理，通过模拟不同的节能方案，评估其效果，指导能源管理策略的制定。另外，数字孪生在规划设计方面也具有巨大潜力，可以用于数据中心的选型和方案评估，从而避免过度配置，实现设计优化。

　　综合而言，数字孪生技术与 CFD 模型相互结合，为数据中心管理提供了强大工具。通过校准 CFD 模型、优化能源效率、实现故障管理和规划设计等方面的应用，数字孪生技术在数据中心领域的应用前景更加广阔。这些方法的发展有望进一步提升数据中心的性能、可靠性和可持续性，为 IT 的未来发展提供坚实的支持。

4.1 引言

为了满足不断增长的云计算和存储需求，现代数据中心的规模不断扩大。根据思科的白皮书，超大规模数据中心的数量将从 2016 年底的 338 个增长至 2021 年的 628 个。数据中心规模和复杂性的增加给支持基础设施的有效高效管理带来了重大挑战，以避免操作风险并降低能源成本。

目前，DCIM 系统是一种常用工具，它根据部署传感器收集的测量值来可视化和监控基础设施状态。DCIM 系统为操作员提供有用的关键信息，以便在出现异常和故障时能够做出正确的响应。然而，随着系统规模和复杂性的增加，将 DCIM 扩展为具有准确的预测能力变得至关重要。有了这种预测能力，操作员可以进行各种假设分析，如他们可以评估增加某些温度设定点是否能够提高能源效率，且不会导致服务器过热。

我们考虑采用数字孪生技术来实现所需的功能扩展。数字孪生是构建系统的集成多物理、多尺度和概率建模和仿真技术的集合。其主要目标是在基于来自多种数据来源的信息（传感器数据、先前模型和领域知识）上构建高精度的模型，以便更好地理解和管理复杂系统。数字孪生最早应用于航空航天工业，但现在已经引起了在智能制造、网络物理系统和智能城市建设等领域的广泛关注。在构建数字孪生系统以支持数据中心的功能扩展时，各学科提供了多种用于建模从建筑级到芯片级的网络物理过程的基本技术。例如，CFD 建模是主要用于描述数据中心热力学的技术，它已经成功用于离线分析，旨在减少能源成本和管理风险。然而，通常情况下，CFD 模型的精确度尚未达到数字孪生所需的级别，尤其是在线操作的需求。这是因为在 CFD 模型的制作过程中，可能涉及对原型的一些假设或简化，这可能会导致结果的失真。因此，数字孪生技术旨在克服这些限制，通过整合更多的数据和多领域信息来提高模型的精度。这意味着数字孪生可以更准确地反映数据中心的实际运行情况，允许更好的在线操作和决策。这对于优化能源效率、预测问题并管理风险都是非常重要的。

要将 CFD 模型演变为数字孪生形式，必须对模型进行充分完整的物理基础设施配置，以减少模型与实际情况之间的偏差。配置不完整的模型可能会偏离实际情况，如根据 Amir 等的报告，手动构建的 CFD 模型可能会产生高达 5 ℃的温度预测误差。然而，获取完整的系统配置通常面临着巨大的挑战，主要原因包括：

①参数数量庞大：数据中心配置涉及众多参数，包括服务器、空调系统、风扇、通道设计等多个方面。确保所有参数的准确性和完整性是一项复杂的任务。

②手动校准烦琐且容易出错：配置中的参数可能需要经过烦琐的手动校准过程。例如，每个服务器的内部风扇控制逻辑可能因型号不同而异，导致通过的气流率各不相同。然而，这些信息通常未包含在服务器硬件规格中，只能通过现场测量、经验估计或手动数据收集获得。

为了实现孪生级精度，需要对难以获取的系统配置参数进行自动校准。然而，这事实上是一项具有挑战性的任务，主要是因为执行 CFD 模型以评估任何候选参数配置的超高计算开销。现有的启发式方法（如进化策略、遗传算法、模拟退火等）可以应用于自动的 CFD 校准。这些方法通常需要进行大量搜索迭代，可能达到数百次才能找到系统配置参数的合适设置。在每次迭代中，将使用候选配置执行 CFD 模型求解。当为细粒度网格的大规模数据大厅构建 CFD 时，迭代搜索过程会导致不可接受的计算时间，因为单个 CFD 模型求解本身就涉及使用有限元法解决纳维尔-斯托克斯方程，且可能需要长达数小时，甚至数天的计算时间。因此，现有的搜索方法在应对较大规模和细粒度的 CFD 模型时缺乏扩展性。这意味着在处理复杂系统时，这些方法可能变得效率低下。为了克服这一挑战，需要寻求更高效的校准方法，结合近似建模、机器学习或并行计算等先进技术，或许可以减少计算时间，提高校准过程的效率。

4.2 相关工作

4.2.1 数据中心建模

对于数据中心的热管理，已经提出了各种建模技术，这些技术大致分为基于物理定律、数据驱动和混合模型。其中，CFD 模型代表了基于物理定律的模型，因为它们能够捕捉热力学定律等物理过程。然而，CFD 模型因其递归求解而具有高昂的计算成本。随着大规模数据中心的网格复杂性增加，CFD 模型的求解时间可能从几小时增加到几天，这给模型校准带来了巨大挑战。

另一种方法是采用数据驱动模型，它们是黑盒模型，通过学习数据中心的热特性来做出预测。例如，Weatherman 系统采用了神经网络，由两个隐藏层组成，用于预测特定服务器块的稳态温度。另一项研究使用 LSTM 网络来预测服务器 CPU 温度。尽管这些数据驱动模型速度较快且适用于实时应用，但它们在未被训练数据覆盖的情况下通常表现不佳。例如，这些模型难以捕捉在冷却系统发生故障时的热处理过程，因为通常缺乏这类故障情况的训练数据。

除了上述两种方法外，还提出了将 CFD 模型和数据驱动模型相结合的混合方法。例如，在一项研究中，1 个湿度模型与 3 个多层感知机相结合，用于预测系统的稳态状态。在另一项研究中，实际数据集与 CFD 生成的数据一同用于处理稀有情景；增强数据集则用于训练线性回归模型以进行温度预测。为确保模型的准确性，该研究中使用的 CFD 模型经过人工专家的手动精细校准。然而，这种方法只在小型测试平台上进行了评估，难以很好地适应大规模数据中心的需求。

总之，针对数据中心热管理的模型技术多种多样，每种方法都有其优势和局限性，根据实际需求和可用数据进行选择。然而，随着数据中心规模的不断扩大，热管理技术需要不断创新，以更好地适应现代数据中心的复杂性和性能要求。

4.2.2 代理辅助优化

代理辅助优化加速了那些计算密集且不可微分的模型的参数优化过程。它建立了原始模型的轻量级代理，然后使用代理指导参数搜索。这种技术已经应用于建筑能源、水文和空气动力学模型的优化。代理的设计是应用特定的。例如，采用积极的空间映射构建了用于微波工程中完整模型的低保真基于物理定律的代理模型。基于神经网络的数据驱动代理被设计用于高维非线性共面波导模型。基于径向基函数的响应曲面方法用于 CFD 模型。在这些研究中，数据驱动的代理在快速前进方面表现出优势。然而，代理辅助优化的设计面临一个普遍的挑战，即在执行原始的计算密集模型以生成代理训练数据的计算开销与代理保真度之间取得良好平衡。解决这个挑战的一个有效方法是通过代理的架构设计来提高数据驱动代理的学习效率。然而，在数据中心 CFD 的背景下，很少有研究专门致力于追求代理的学习效率。

4.2.3 基于知识的神经网络

基于知识的建模方法将经验方法或第一原理引入以提高模型的泛化性能。对于神经网络而言，知识可以是关于所建模函数的额外信息，超越了函数的输入/输出，这些信息被用作训练样本。一些研究表明，基于知识的神经网络在外推能力方面表现更好，且与纯粹的神经网络相比，其需要的训练数据更少。Huning A 在 1976 年发表的研究中，指出神经网络通过学习一个损失函数来进行训练，该损失函数捕捉了一个用封闭形式表示的物理约束。这种方法还应用于流体流动的神经代理建模，而不使用任何模拟生成的数据。

本书旨在开发一种基于代理的校准方法，用于具有高计算成本的数据中心 CFD 模型。我们将推进代理设计方法，通过引入建模数据大厅的第一原理和先验知识，提高其学习效率。因此，我们可以通过较少的 CFD 生成训练数据来实现高校准性能的代理。此外，据我们所知，我们是首次展示了使用神经代理来校准面向大规模数据大厅的工业级 CFD 模型。

4.2.4 CFD 模型校准

针对数据中心热管理，存在各种建模技术，可广义地分为白盒、黑盒和灰盒模型。CFD 模型代表了白盒模型，因为它捕捉了物理过程中遵循的热力学定律。为了保证准确性，CFD 模型通常通过人工专家通过反复试验的方式手动校准。例如，在 Healey C M 等的研究（2015 年）中，CFD 模型由人工专家手动调整。因此，手动方法需要大量的人力，仅适用于小型测试。启发式搜索方法可用于自动校准，但通常需要多次迭代。随着建模数据中心的网格复杂性增加，CFD 模型的求解时间可能从几小时增加到几天。辅助校准可以加速这些计算密集型和不可微分模型的参数搜索。它构建了原始模型的轻量级替代模型，然后使用该替代模型来指导参数搜索。替代模型的设计是应用特定的。例如，基于径向基函数的响应曲面方法用于 CFD 模型。在这些研究中，数据驱动的替代模型在快速推进方面具有优势。然而，辅助优化的替代模型设计在平衡替代模型的准确性和通过执行原始的计算密集型模型生成训练数据的计算负担方面面临一般性挑战。可能的解决方案是通过合适的训练数据选择提高数据驱动替代模型的局部逼近度。不幸的是，在大规模数据中心 CFD 建模方面，几乎没有研究专门致力于调查这一点。

4.2.5 CFD 模型简化

为加速数据中心的热仿真，提出了几种降低 CFD 模型计算复杂性的方法。这些方法可分为部分保留和完全保留两种。部分保留方法仅在某些离散点（如服务器进出口或冷热通道）上模拟某些参数对温度的影响。为了保持空间分辨率，希望采用完全保留的方法来实现完整的温度场近似。正交分解（proper orthogonal decomposition，POD）方法是典型的完全保留方法，它使用一组正交基函数和相应的系数来近似温度场。现有研究表明，基于 POD 的方法在小规模数据中心的原始 CFD 模型上表现出良好的近似性能。然而，它们假设 CFD 模型的边界条件已经校准，并且仅评估 POD 与 CFD 模拟结果的匹配程度。因此，对 POD 与实际传感器测量数据的性能评估尚未进行系统研究。

4.3 问题陈述

（1）背景

CFD 模型可以通过求解 Navier-Stokes 方程的简化形式来估计给定空间内的温度和空气速度分布。对于空气冷却的数据中心，在原型设计阶段广泛使用 CFD 进行热和气流分析，以避免操作风险。为了在不影响计算和网络设备的热安全性的前提下追求冷却系统的更高效率，有必要在数据中心的运行阶段将 CFD 模型的准确性提升到数字孪生的范式水平。

图 4-1 展示了一个典型的数据大厅的布局，其中存放服务器的机柜被分配到多行之间形成通道。这些通道交替为冷通道和热通道。CRAC 通过冷通道向服务器供应冷空气，并从热通道吸取热空气。为避免空气再循环，热通道通常采用防护装置。为评估数据大厅的热状况，服务器的进气口和出气口温度通常被用作关键的热变量。因此，温度传感器被部署在冷热通道中以监测这些热变量。进气口温度通常需要在 15～27 ℃。出气口温度则反映服务器产生的热量。尽管 CFD 模型可以预测任何位置的温度，我们关注部署了温度传感器并因此具有地面真值温度测量以进行准确性评估的位置。

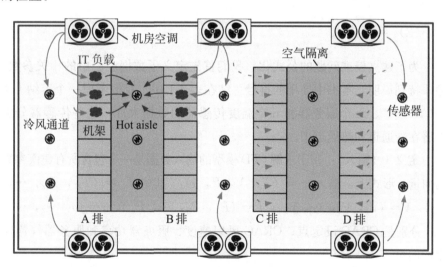

图 4-1　典型数据厅的布局

一般情况下，服务器在冷却空气通过其内部时具有不同的特性。这些特性高度取决于服务器的形式因素及服务器内部风扇的控制逻辑。由于这些明显不同的特性，服务器将具有不同的 cfm/W（立方英尺/分钟/瓦）的通过风量，其中立方英尺表示气体体积，分钟表示时间，瓦特表示服务器功率。服务器气流率的集合是系统配置的一部分，极大地影响了数据大厅的热力学。

因此，为了实现高 CFD 精度，服务器气流率应在 CFD 模型中进行配置。不幸的是，它们通常是未知的且难以获得的。使用气流量计对每个服务器进行手动现场测量非常劳动密集，特别是对于承载许多类型服务器的大规模数据大厅。因此，服务器气流率通常由人工专家进行经验估计。对于含有许多（如数千个）服务器的 CFD 模型，粗略设置服务器气流率可能会显著降低 CFD 模型的温度预测能力。这种低精度将阻碍利用 CFD 模型进行期望的细粒度运营调整以追求能效而不会造成热风险。

在本书中，我们专注于设计一种自动方法，以校准数据中心 CFD 模型在稳态系统状态下的服务器气流率配置。该方法也可以将其他参数（如旁路气流率和再循环气流率）纳入校准过程。系统状态由以下测量组成：CRAC 单元的设定点和风扇转速、服务器的功率及热通道和冷通道的温度测量。通过校准的服务器气流率，CFD 模型可以给出更准确的温度分布预测。

（2）问题定义

为了建立校准问题的公式化，我们首先定义了数据中心中的相关参数。除非特别说明，本书中使用的符号总结在表 4-1 中。我们考虑一个容纳 1 个 CRAC 装置、m 个服务器和 n 个温度传感器的数据大厅，这些传感器分别部署在冷通道和热通道中。

定义 1 （输入）：用于求解 CFD 模型的输入数据是一个包含所有建模参数的向量。形式上，输入 $x = (T_c, V, P, \alpha)$，其中 $T_c = (T_{c1}, T_{c2}, \cdots, T_{cl})$，$V = (V_1, V_2, \cdots, V_l)$，$P = (P_1, P_2, \cdots, P_m)$，$\alpha = (\alpha_1, \alpha_2, \cdots, \alpha_m)$ 分别是 CRAC 设定点、CRAC 风扇速度、服务器功率和服务器气流速率的向量。

定义 2 （输出）：CFD 的输出是一个稳态温度和气流速度分布图。对于 CFD 模型的校准，我们关注地图中安装有温度传感器的位置处的一组结果，这些位置用 $\tilde{T}_s = (\tilde{T}_{s1}, \tilde{T}_{s2}, \cdots, \tilde{T}_{sn})$. 表示。

表 4-1　符号总结

符号	定义	符号	定义
$\| \cdot \|_2$	$\ell2$-范数	e	传感器 one-hot 向量
$\otimes$	元素乘积	T_c	设定点矢量

符号	定义	符号	定义
l	CRAC 计数	V	风扇速度矢量
m	服务器计数	P	功率矢量
n	传感器计数	α	流速矢量
α	α 下限和上限	T_s	测量矢量
L_1	第一个损失函数	$\hat{T}_s$	CFD 结果矢量
L_2	第二个损失函数	$\hat{T}_s$	代理结果向量
W^{cs}	CRAC 到传感器矩阵	W^{ss}	服务器到传感器矩阵

定义 3（测量）：测量是由物理传感器记录的一组实际温度值的向量，用 $T_s = (T_{s1}, T_{s2}, \cdots, T_{sn})$ 表示。

用 $\| \cdot \|_2$ 表示向量的 $\ell 2$ 范数。根据上述定义，CFD 模型校准的目标是找到使模型输出：

$$\alpha^* \triangleq \operatorname*{argmin}_{\alpha} \| \hat{T}_s(x) - T_s \|_2^2, \quad s.\ t.\ \ \alpha_l \leqslant \alpha_i \leqslant \alpha_u, \quad i = 1, \cdots, m。$$

$$(4\text{-}1)$$

与测量之间的误差向量的 $\ell 2$ 范数最小化的服务器气流速率配置：

其中 α^* 是校准后的气流速率向量。α^* 中的每个元素应在经验估计的范围 $[\alpha_l, \alpha_u]$ 内。同类型的服务器通常具有相同的气流速率。

现在我们以一个实际的生产数据中心示例来说明未校准的 CFD 模型与实际传感器测量之间的差异。我们首先展示数据中心的工作条件概要。图 4-2 显示了一个时间点上服务器功耗比例的样本分布。我们可以看到大多数服务器的工作功率约为其最大功率的 60%。图 4-3 显示了 CRAC 设定点和相应的风扇速度比例。图 4-3 显示了由多个传感器测量的温度值及这些传感器位置上未校准的 CFD 预测。对于传感器测量，冷通道温度在 20～24 ℃，这与 CRAC 设定点和风扇速度比例有关。热通道温度在 30～36 ℃，受服务器产生的热量影响。每个服务器的气流速率是基于经验确定的原始 CFD 模型。在这些初始配置下，CFD 模型的温度预测误差在 2～10 ℃。这种较大的误差使得原始 CFD 模型不适合作为数据中心数字孪生。

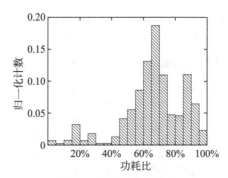

图4-2　服务器功耗分布

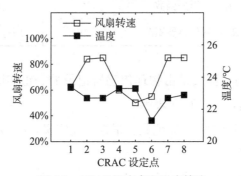

图4-3　CRAC设定点和风扇转速

（3）方法概述

由于CFD模型求解的计算成本较高，直接使用搜索算法求解公式（4-1）中的优化问题将导致不可接受的计算开销。为了解决这个问题，我们设计了CFD模型的代理模型。设 $\widehat{T}_s \in \mathbb{R}^{1 \times n}$ 表示代理模型的温度输出向量。然后，公式（4-1）中的问题被转化为一个代理辅助优化问题，可以通过进行4个连续步骤的迭代来求解。首先，通过最小化代理模型的输出与CFD模型输出之间的差异，来训练代理模型，使其与CFD模型在局部上保持一致：

$$W^* \triangleq \underset{W}{\mathrm{argmin}} \parallel \widehat{T}_S(x) - \widehat{T}_s(W, x) \parallel_2^2 。 \tag{4-2}$$

其中，W 是代理模型的可训练权重集合，而 W^* 是代理模型训练的结果。第二步，利用 W^*，通过重新训练来重新优化代理模型，以最小化代理输出与测量之间的差异：

$$\alpha^* \triangleq \underset{\alpha}{\mathrm{argmin}} \parallel \widehat{T}_s(W^*, x) - T_s \parallel_2^2 。 \tag{4-3}$$

第三步，将 α^* 配置到 CFD 模型中。最后，基于传感器测量对 CFD 进行验证。如果代理模型接近于 CFD 模型，则在四步迭代收敛后的 α^* 将接近于由公式（4-1）给出的 α^*。

如在上文中所讨论的，为了解决代理的复杂性与所需的 CFD 生成的训练数据量之间的挑战，我们构建了一个基于知识的神经代理，它可以捕捉所考虑数据大厅中一些关键变量之间的物理布局和热关系。具体而言，我们将所考虑大厅中一组设施（即 CRAC、服务器和传感器）建模为节点，它们之间的连接建模为有向图中的边。边的方向表征了边的两个端点之间的热因果关系。例如，边从 CRAC 节点指向传感器节点，因为 CRAC 的送风温度会影响传感器测量的温度。归一化的反距离将作为连接相应两个节点的边的权重。此建模方法遵循一个事实，即传感器测量的温度主要受其附近设施的影响。

4.4　通过代理进行 CFD 校准

为了推进自动校准，我们提出了 Kalibre 方法，这是一种神经代理辅助方法，用于校准不断扩大规模和复杂性的数据中心 CFD 模型。Kalibre 方法在配置搜索中避免直接求解 CFD 模型，而是利用可训练的神经网络。图 4-4 说明了 Kalibre 方法的工作流程，其中代理模型通过 4 个关键步骤迭代更新系统配置，以最小化 CFD 模型的预测误差。①通过根据 CFD 生成的数据更新其内部权重，训练"粗粒度"代理与当前系统状态局部性中的"细粒度"CFD 模型对齐；②通过更新系统配置（也是神经网络可训练变量的一部分）来重新优化训练好的代理，以最大限度地提高代理的预测与实际传感器测量之间的一致性；③将更新后的系统配置重新应用于 CFD 模型进行细化；④使用实际传感器测量数据验证经过改进的 CFD 模型。因此，Kalibre 方法将细粒度的参数配置搜索卸载到代理中。与现有的启发式方法每次配置搜索步骤都需要求解 CFD 模型相比，Kalibre 方法仅在提供反馈给代理时较少地求解 CFD 模型。

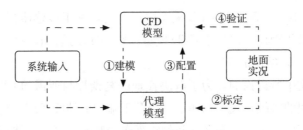

图 4-4　Kalibre 方法通过迭代

Kalibre 方法的实现面临两个挑战。首先，设计一个代理来捕捉 CFD 模型中所包含的复杂热物理学是具有挑战性的。其次，神经代理的训练数据是有限的，因为使用 CFD 模型生成此类数据是计算密集型的。分别解决上述两个挑战的分段解决方案是矛盾的，即更深的神经代理很好地捕捉复杂的热力学需要更多的 CFD 生成的训练数据。为了应对这些挑战，我们设计了一种神经代理架构，该架构集成了孪生数据大厅中许多关键变量之间的热关系的先验知识。与将 CFD 模型近似为黑盒的普通神经网络相比，先验知识的引入调节可训练变量的数量，显著提高了小数据的学习效率。

4.4.1　基于知识的神经代理

神经代理旨在近似涵盖在 CFD 模型中的复杂热物理过程。特别是，由于数据生成需要密集计算，使用少量由 CFD 模型生成的数据来高效训练神经代理是可取的。图 4-5 显示了所提出的神经代理架构。它由一个冷却模块和一个加热模块组成。冷却模块模拟 CRAC 对所有传感器位置的温度的影响；加热模块模拟服务器对热通道传感器位置的温度的影响。因此，这两个模块的总和捕获了 CRAC 和服务器的影响效果。模型的输入包括数据大厅稳态的自由变量，包括 CRAC 温度设定点和风扇速度，以及服务器功率，服务器气流速率被指定为神经代理的可训练变量，并用粗略估计进行初始化。需要注意的是，由于神经代理是可微分的，服务器气流速率可以通过反向传播的神经网络训练算法进行高效更新，以进行校准。神经代理的输出是传感器位置的 n 个预测温度的向量。接下来，我们将介绍神经代理的冷却模块和加热模块的设计，以捕获关键变量之间的热关系的先验知识。最后，我们将介绍神经代理使用的常数设置，这些设置也基于对建模数据大厅布局的先验知识。

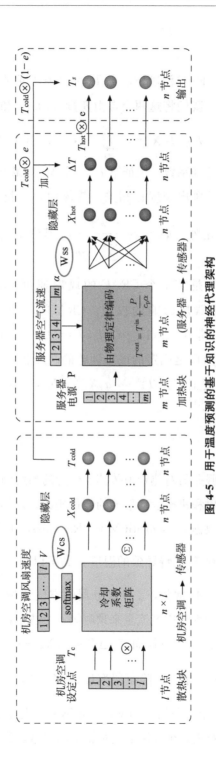

图 4-5　用于温度预测的基于知识的神经代理架构

（1）冷却模块

冷却模块模拟了 CRAC 温度设定点 T_c 和风扇速度 V 对所有传感器位置的温度的影响。首先，我们将这两个自由变量（即 T_c 和 V）编码成第 k 个传感器的隐藏层变量，表示为 $X_k^{\text{cold}} = \sum_{i=1}^{l} T_{ci} \cdot c_{ik}$，其中 T_{ci} 是第 i 个 CRAC 的设定点，c_{ik} 是一个冷却系数，表征第 i 个 CRAC 对第 k 个传感器的影响。我们设计 c_{ik} 与 CRAC 风扇速度正相关。具体而言，我们使用 softmax 激活函数计算冷却系数矩阵，如 $c_{ik} = \dfrac{e^{z_{ik}}}{\sum_{a=1}^{l} e^z ak}$，其中 z_{ik} 是中间变量，定义为 $z_{ik} = V_i \cdot W_{ik}^{\text{cs}}$，$V_i$ 是第 i 个 CRAC 的风扇速度，W_{ik}^{cs} 是表征第 i 个 CRAC 对第 k 个传感器热影响的权重。CRAC 到传感器的矩阵 $W^{\text{cs}} \in \mathbb{R}^{n \times l}$，由 W_{ik}^{cs} 构成，其中 $i = 1, \cdots, l$，$k = 1, \cdots, n$，是一个邻接矩阵。该矩阵中的权重可以是固定的或可训练的。最后，我们使用线性层将隐藏层变量投影到温度上，如 $T_k^{\text{cold}} = a_k X_k^{\text{cold}} + b_k$，其中 a_k 和 b_k 是两个可训练的权重。

（2）加热模块

加热模块模拟了服务器对热走道传感器位置的温度的影响。我们假设与服务器产生的电磁辐射和机械运动形式的能量相比，以热形式散发的能量可以忽略不计。因此，根据 Deisenroth M P、Rasmussen C E、Fox D 的研究，服务器在其出口处消耗 P 瓦特导致的温度升高可以由 $\dfrac{P}{c_p \alpha}$ 建模，其中 c_p 是代表空气热容量的加热常数，α 是服务器的空气流量。基于这个第一原则，我们使用服务器功率和空气流量来预测第 k 个热走道传感器位置上由服务器引起的温度升高 ΔT_k。具体而言，$\Delta T_k = c_k X_k^{\text{hot}} + d_k$，其中 c_k 和 d_k 是两个可训练的权重，X_k^{hot} 是一个隐藏层变量。X_k^{hot} 的定义为 $X_k^{\text{hot}} = \sum_{j=1}^{m} \dfrac{P_j}{\alpha_j} \cdot W_{jk}^{\text{ss}}$，其中 P_j 是第 j 个服务器的功率，α_j 是第 j 个服务器的空气流量，W_{jk}^{ss} 是表征第 j 个服务器对第 k 个传感器的热影响的权重。我们定义了服务器到

传感器的邻接矩阵 W^{ss} ，由 W^{ss}_{jk} 构成，其中 $j=1$ ，$\cdots$ ，m 且 $k=1$ ，$\cdots$ ，n 。
与 W^{cs} 类似，W^{ss} 可以是固定的或可训练的。需要注意的是，加热模块输出
了所有传感器位置的 ΔT_k（用 ΔT 表示）；但是，只有热走道传感器位置的
输出将在整合冷却和加热模块的结果时使用。这种设计简化了使用 Tensor-
Flow 实现神经代理的矢量化实现。

（3）结合两个模块和邻接矩阵的设置

通过热走道隔离和毯子，热再循环可以忽略不计。因此，冷走道传感器
位置的温度主要受到 CRAC 的影响；热走道传感器位置的温度受到 CRAC
和服务器的共同影响。为了组合冷却和加热模块的输出，我们定义了一个一
位热向量 $e \in \{0, 1\}^n$ ，其中它的元素 $e_k = 1$ 或 0 表示第 k 个传感器位置位
于热走道或冷走道中。因此，神经代理的最终输出，即所有传感器位置的温
度，可以用 $\hat{T}_s = T_{cold} \bigotimes (1-e) + T_{cold} \bigotimes e + \Delta T \bigotimes (1-e)$ ，表示，其中
$\bigotimes$ 表示逐元素乘积，$T_{cold} \bigotimes (1-e)$ 给出冷走道传感器位置的温度，而 T_{cold}
$\bigotimes e + \Delta T \bigotimes (1-e)$ 给出热走道传感器位置的温度。如果 W^{cs} 和 W^{ss} 是固定
的，神经代理的权重为 $W = \{a_k, b_k, c_k, d_k | k = 1, \cdots, n\}$ ；否则，W 还
包括 W^{cs} 和 W^{ss} 。我们现在讨论一下如果它们不可训练，那么如何设置 W^{cs}
和 W^{ss} 。它们的每个元素表示设施（CRAC 或服务器）对传感器位置的热影
响。由于热影响随着空间距离的增加而减小，在本书中，我们将其设置为设
施和传感器位置之间空间距离的标准化倒数。当其低于一个阈值时，它被强
制设置为零，表示相应的热影响可以忽略不计。因此，为了设置这两个矩
阵，将需要数据大厅的布局和传感器位置，这通常是数据中心操作员所拥有
的信息。

4.4.2　CFD 校准的四步迭代

当其低于一个阈值时，它被强制设置为零，表示相应的热影响可以忽略
不计。因此，为了设置这两个矩阵，将需要数据大厅的布局和传感器位置，
这通常是数据中心操作员所拥有的信息。

设 $\hat{T}_{sk}$，$\tilde{T}_{sk}$，T_{sk} 分别表示第 k 个传感器位置处的替代预测温度、CFD 预测温度和测量温度。**算法 1** 显示了四步迭代的伪代码。现在我们将对此进行详细解释。

神经代理训练（第 4 至 6 行）：训练数据是通过解决包括 CRAC 温度设定和风扇速度、服务器功耗在内的收集到的系统输入数据（输入数据中还包括通过前一步骤③迭代中的初始 α 或校准后的 α）来得到在传感器位置的预测温度。详细的训练数据生成在下文中进行了描述。需要注意的是，α 的每个元素都应该在 $[\alpha_l，\alpha_u]$ 的范围内。系统输入、α 及预测温度组成了一个新的训练数据样本，这个样本被添加到从第一次迭代开始累积的训练数据集中。利用训练数据集，神经代理被更新以最小化其预测温度与训练样本的 CFD 预测温度之间的误差。因此，神经代理的权重使用 $L_1 = \frac{1}{n}\sum_{k=1}^{n}(\hat{T}_{sk}(W，x) - \tilde{T}_{sk}(x))^2$ 的最小二乘损失函数的梯度进行更新。结果是，神经代理被训练以与 CFD 模型保持一致。在这一步骤结束时，W 被冻结。

代理辅助校准（第 7 至 8 行）：代理模型被重新优化，通过更新 α 来最小化其预测温度与实际测量温度之间的误差。在这一步中，α 被设置为可训练。为了惩罚损失函数，如果热走廊与冷走廊之间的温度差，即 ΔT，超出了经验范围 $[\Delta T_l，\Delta T_u]$，我们添加了一个经验正则化项。该惩罚项使用 ReLU 表示为 $h(T) = \sum_{j=1}^{m}(\text{ReLU}(\Delta T_l - \Delta T) + \text{ReLU}(\Delta T - \Delta T_u)) \times P_j$，其中 P_j 是第 j 个服务器的功率。该项的含义是，如果服务器功率更高，则惩罚应该更显著。因此，带有正则化的第二个损失函数为 $L_2 = \frac{1}{n}\sum_{k=1}^{n}(\hat{T}_{sk}(\alpha) - T_{sk})^2 + \frac{\lambda}{n}\sum_{k=1}^{n}h(T)$，其中 λ 是正则化系数。在我们的实验中，基于数据中心运营商的经验，我们将 ΔT_l 和 ΔT_u 设置为 5 ℃和 15 ℃。为了加速重新优化，我们采用混合方法，将差分进化算法与梯度反向传播相结合，以最小化损失函数 L_2。这种混合方法已被证明在加速神经网络训练中是有效的。我们还将在下文中评估其在我们的特定问题上的有效性。

CFD 配置（第 9 行）：更新后的 α 被配置回 CFD 模型。然后，经过精细调整的 CFD 模型用于下一次迭代的步骤①。

CFD 验证（第 10 至 12 行）：针对实际传感器测量数据验证 CFD 模型的准确性。只有更好的 α 被记录为最终输出候选。通过迭代优化两个损失函数 L_1 和 L_2，α 将被校准以提高 CFD 模型的准确性（图 4-6）。

Algorithm 1 Kalibre's CFD model calibration procedure.

Input: Measurements collected from a data hall at a time instant, including CRAC setpoints $\mathbf{T_c}$, CRAC fan speed ratios $\mathbf{V}$, server powers $\mathbf{P}$, and sensor measurements $\mathbf{T_s}$. Initial server air flow rates $\boldsymbol{\alpha}$. Cooling and heating coefficient matrix $\mathbf{W^{cs}}$ and $\mathbf{W^{ss}}$.

Output: Calibrated $\boldsymbol{\alpha}$.

1: Initialize each α within $[\alpha_l, \alpha_u]$ and CFD error ϵ;
2: Assign initial configurations to the surrogate graph $\mathcal{G}$;
3: **for** $i = 1 :$ Max iteration **do**
4: 　Solve CFD model to obtain $\bar{\mathbf{T}}_s$;
5: 　Aggregate CFD solving results as training data;
6: 　Train surrogate by performing gradient descent on $\mathcal{L}_1$;
7: 　Search α by performing differential evolution;
8: 　Search α by performing gradient descent on $\mathcal{L}_2$;
9: 　Configure α to the CFD model;
10: 　**if** $\frac{1}{n} \sum_i^n |\bar{T}_{si} - T_{si}| < \epsilon$ **then**
11: 　　$\epsilon \leftarrow \frac{1}{n} \sum_i^n |\bar{T}_{si} - T_{si}|$; 　$\boldsymbol{\alpha}^* \leftarrow \boldsymbol{\alpha}$;
12: 　**end if**
13: **end for**
14: **return** Calibrated server air flow rate configurations $\boldsymbol{\alpha}^*$;

图 4-6　Kalibre 的 CFD 模型校准流程算法

4.4.3　Kalibre 方法的实施

我们使用 Python 3.5 和 Google TensorFlow 1.15.0 来实现 Kalibre 方法，其中后者是一个广泛用于构建机器学习应用的库。当我们使用 TensorFlow 来构建神经代理的计算图时，服务器的气流速率 α 被设置为可训练变量的向量，而不是 TensorFlow 的占位符。这使我们能够通过选择是否冻结梯度来控制它们的更新。我们选择 Adam105 作为优化器，这是一种高效的随机优化方法，只需要一阶梯度和很少的内存空间。CFD 模型的求解由 6SigmaDCX 12 执行，这是一个商业 CFD 软件包。6SigmaDCX 可以从配置文件中加载 α。在四步迭代过程中，我们的 Python 程序将候选的 α 写入文件，调用 6SigmaDCX 会话来求解 CFD 模型，并通过解析 6SigmaDCX 的输出来收集结果。

4.5 绩效评估

在本节中，我们将 Kalibre 方法应用于两个生产数据大厅构建的 CFD 模型的校准，并展示与其他基准方法的评估结果。

4.5.1 实验方法和设置

（1）数据大厅与 CFD 模型

我们的目标是两个用于电子商务应用的生产数据大厅（分别称为 A 大厅和 B 大厅），它们的尺寸都在数百平方米，分别托管着数千台服务器（由于保密要求，这两个数据大厅的详细信息在此省略）。这两个数据大厅的 CFD 模型由领域专家使用 6SigmaDCX 构建并网格化，包含了 1000 万个网格单元。这两个 CFD 模型的准确性将在下文中进行评估。在这里，我们呈现它们的计算开销。表 4-2 显示了解决其中一个 CFD 模型时，使用的 CPU 核心数量不同的计算时间。需要注意的是，提供给我们的 6SigmaDCX 软件包支持在同一台计算机上使用多达 32 个 CPU 核心进行并行计算。评估结果显示，单个 CFD 模型的求解需要花费几个小时，求解时间随着使用的 CPU 核心数量的增加而减少。然而，模型求解速度（即求解时间的倒数）与所使用的 CPU 核心数量之间的关系是次线性的。这表明 CFD 计算并不完全可分割，且并行单元之间的通信也很重要。因此，即使解除 32 个 CPU 核心的限制，尝试在多台计算机上使用更多的 CPU 核心，可能会由于跨计算机通信开销而面临性能瓶颈。在使用 32 个 CPU 核心的情况下，CFD 模型求解时间约为半小时。这个求解时间仍然使得启发式搜索型的模型校准方法变得不实际，因为它们通常需要大量的迭代次数（如后面所示的数百次）。需要注意的是，另一个商业 CFD 软件包引入了 GPU 加速。然而，这只能带来 3.7

倍的加速，并不能改变启发式搜索型的模型校准方法的不实际性。

表 4-2 CFD 模型求解时间

CPU 核心	1	2	4	8	16	32
求解时间/h	5.95	3.72	2.54	0.99	0.6	0.44

（2）误差度量和设置

我们使用 MAE 来衡量 CFD 模型在温度预测方面的误差。具体而言，$MAE = \frac{1}{N} \sum_{i=1}^{N} |y_i - \hat{y_i}|$，其中 N 是部署的传感器数量，$y_i$ 和 $\hat{y_i}$ 分别是第 i 个传感器的测量值和 CFD 模型的预测值。表 4-3 显示了 Kalibre 方法的超参数设置。这些设置包括经验界限及代表了神经网络训练和微分进化搜索的超参数。它们是根据领域专家的建议或广泛的实验测试选择的。

表 4-3 Kalibre 方法的超参数设置

超参数	设置	超参数	设置
$[\alpha_1, \alpha_u]$ (cfm/W)	$[0.01, 3]$	$[\Delta T_1, \Delta T_u]$ (℃)	$[5, 15]$
增加批量大小	16	训练时期	150
初始学习率	0.1	正则化项	1
衰变系数	0.8	最大搜索迭代	100
规模大小	10	交叉率	0.6

4.5.2 评价结果

（1）神经网络代理性能

由于神经网络代理从小规模数据中学习的效率是一个关键优点，我们进行了实验，研究训练数据量对神经网络代理准确性的影响。我们考虑了 3 种神经网络代理的设计：Kalibre 方法的神经网络代理，其中 W^{cs} 和 W^{ss} 分别为固定和可训练，以及普通的神经网络代理。普通的神经网络代理有 3 个完全连接的层，分别包含 518、128 和 32 个神经元。在进行实验之前，我们解决了 Hall A 的 CFD 模型，生成了 213 个训练数据样本。每个模型求解基于 α，其中每个元素从 $[\alpha_l, \alpha_u]$ 中随机均匀抽取。然后，我们按照 8∶2 的比例将生成的数据样本划分为训练和测试数据集。当使用训练数据集的 5%、15%、30% 和 50% 样本时，在测试数据集上测量的 MAE。首先，我们比较了固定和可训练的 W^{cs} 和 W^{ss} 的 Kalibre 方法神经网络代理。我们可以看到，对于所有使用的训练数据量，具有固定 W^{cs} 和 W^{ss} 并初始化为空间距离倒数的神经网络代理表现出色。这是因为当给定了这两个邻接矩阵时，a、b、c 和 d 是我们需要学习的唯一参数集，即 $W = \{a, b, c, d\} \in \mathbb{R}^{4n}$。相比之下，具有可训练 W^{cs} 和 W^{ss} 的神经网络代理需要学习更多的权重，即（$1 \times n + m \times n$）个权重，需要更多的训练样本来避免过拟合。因此，在本书的其余部分，我们将 W^{cs} 和 W^{ss} 固定在其基于空间距离倒数的初始设置上。其次，我们检查普通神经网络代理的结果。当使用 5% 的训练样本时，普通神经网络代理产生了 2.11 ℃ 的 MAE，而 Kalibre 方法神经网络代理产生了 0.69 ℃ 的 MAE。尽管普通神经网络代理的 MAE 随着使用的训练数据量增加而减小，最终在使用 50% 的训练样本时实现了与 Kalibre 方法神经网络代理相当的 MAE，但结果明确表明，普通神经网络代理在小数据上的学习效率较低。这与我们的理解一致，因为普通神经网络代理有成千上万个可训练的权重，因此需要更多的训练数据来避免过拟合。

（2）收敛性和 Kalibre 方法的有效性

在这组实验中，我们评估了 Kalibre 方法的收敛速度及其校准的有效性。为了启动 Kalibre 方法的四步迭代过程，我们解决了 CFD 模型，通过将 α 的每个元素设置为上下界及两者之间的中点，生成了 3 个训练数据样本。为了减轻初始的过拟合，我们通过添加高斯噪声来增强 3 个样本数据集。每个样本的增强批次大小为 16。因此，对于初始训练过程，我们总共有 48 个样本。在每个四步迭代中，将通过解决配置有神经网络代理找到的 α^* 的 CFD 模型生成一个新的训练数据样本。这个新的训练数据样本被合并到训练数据集中。在这组实验中，Kalibre 方法在进行了 10 次迭代后终止。如前文中所述，Kalibre 方法采用了一种混合方法，将用于神经网络训练的梯度反向传播和用于找到 α^* 的差分进化相结合。在我们的实验中，梯度反向传播是由 Adam 优化器实现的。图 4-7（a）和图 4-7（b）显示了四步迭代过程中的平均损失和梯度。在第一次迭代中，平均损失和梯度都非常大，分别达到了约 10^5 和 180。进一步的检查显示，损失函数 L_2 的正则化惩罚在初始迭代中非常大。然而，在随后的迭代中，平均损失急剧下降，并在第 10 次迭代中收敛为零。平均梯度也趋近于零。为了比较，我们采用了仅使用 Adam 优化器找到 α^* 的基线方法。图 4-7（c）和图 4-7（d）显示了这个基线方法的结果。我们可以看到，收敛速度较慢，平均损失在 10 次迭代后仍然较大（约为 0.5×10^5）。结果表明，差分进化有效地加速了 Kalibre 方法的收敛过程。

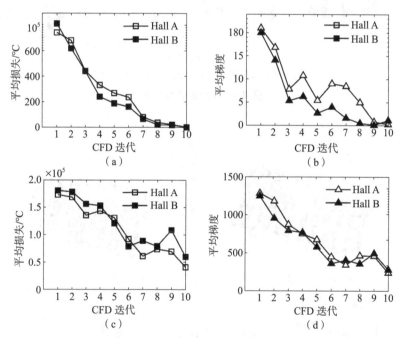

注：（a）—（b）：具有差分进化；请注意，y 轴尺度不均匀；（c）—（d）：没有差分进化。

图 4-7　Kalibre 方法次迭代的平均损失和梯度

接下来，我们展示模型校准的有效性。图 4-8（a）和图 4-9（a）展示了基于前文中提到的原始 CFD 模型计算得出的两个数据大厅的热平面图。我们可以看到，无论在冷通道还是热通道，温度分布都是不均匀的。图 4-8（c）和图 4-9（c）显示了两个数据大厅的原始 CFD 模型在传感器位

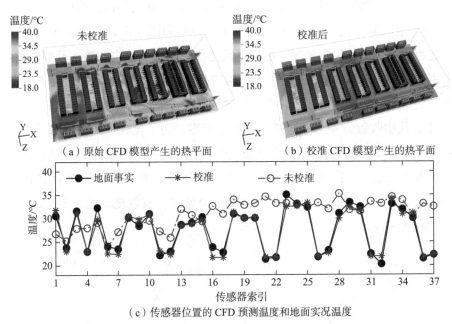

（a）原始 CFD 模型产生的热平面　　　　（b）校准 CFD 模型产生的热平面

（c）传感器位置的 CFD 预测温度和地面实况温度

图 4-8　A 厅的温度分布

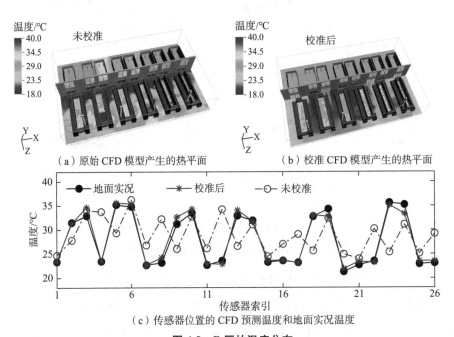

（a）原始 CFD 模型产生的热平面　　　　（b）校准 CFD 模型产生的热平面

（c）传感器位置的 CFD 预测温度和地面实况温度

图 4-9　B 厅的温度分布

置预测的温度及传感器测量得到的地面真实值。原始 CFD 模型的预测误差在 3～6 ℃。这样大的误差是由于对服务器气流速率的不准确估计造成的。图 4-8（b）和图 4-9（b）展示了在经过 Kalibre 方法 10 次校准迭代后，基于 CFD 模型计算得出的热平面图。与图 4-8（a）和图 4-8（b）所示的结果相比，我们可以看到温度分布变得更加均匀。从图 4-8（c）和图 4-9（c）中可以看出，经过校准的 CFD 模型预测的温度与地面真实值非常匹配，两个数据大厅的 MAE 分别为 0.81 ℃和 0.75 ℃。以上结果显示了 Kalibre 方法在大规模数据大厅中的有效性。

（3）与基准方法的比较

我们将 Kalibre 方法与在前文中讨论的 3 种基准方法进行比较：

手动校准涉及由具有多年经验的 CFD 专家对服务器风流速率进行广泛调整。具体而言，如果在传感器位置的 CFD 预测温度高于实际温度，专家会经验性地增加附近服务器的风流速率，反之亦然。

启发式参数搜索使用协方差矩阵适应演化策略（CMA-ES）来搜索优化的 α 值。它在每次搜索迭代中解决 CFD 模型。CMA-ES 是一种无梯度数值优化方法。它采用（1+1）策略，每次迭代生成一个候选解。如果新后代的 MAE 较小，则它成为父代。变异率设置为 $\sigma=5$，并且通过遵循 1/5 成功进化规则来更新每个迭代的变异率。

香草神经代理使用在前文中介绍的神经网络，该网络由 3 个全连接层组成。它也遵循 Kalibre 方法的四步迭代，执行模型校准。

表 4-4 显示了不同方法在 10 次校准迭代中实现的 MAE，以及实现最低 MAE 所需的迭代次数。在 10 次校准迭代中，Kalibre 方法在两个数据大厅中均实现了比基准方法更低的 MAE。经过大约 15 次校准迭代，Kalibre 方法的 MAE 在两个数据大厅中收敛到 0.76 ℃和 0.59 ℃。正如在前文中所示，香草神经代理需要更多的训练数据样本来很好地表示 CFD 模型。因此，在 10 次校准迭代中，其校准的 CFD 仍然产生比手动校准更高的 MAE。启发式参数搜索无法在相同的 CFD 迭代次数下找到良好的配置。其 MAE 在经过 120 次 CFD 模型求解后仍然饱和在较高水平，分别为 3.49 ℃和 2.61 ℃。因此，我们可以看出，启发式参数搜索和香草神经代理在相同的计算时间内找到最优配置是低效的。虽然手动校准将 MAE 降低到了 1.1～1.32 ℃，但它是劳动密集型的。此外，它的 MAE 高于 Kalibre 方法。Kalibre

方法实现的较低 MAE 进一步提高了 CFD 结果的准确性。如果将这些结果用于指导数据中心运营，可以进一步降低由误差引起的风险。总之，系统化的方法来提高数据中心数字孪生的准确性总是值得的。

表 4-4　10 次校准迭代实现的 MAE，以及达到的最低 MAE 和所需的迭代

	方法	MAE/℃ 10 个迭代	最低 MAE /℃	所需迭代	自动与否
包间 A	Manual	1.32	N/A	N/A	✕
	Heuristic	4.75	3.49	127	√
	Vanilla	1.44	1.09	50	√
	Kalibre	**0.81**	**0.76**	**14**	√
包间 B	Manual	1.1	N/A	N/A	✕
	Heuristic	3.80	2.61	130	√
	Vanilla	1.33	0.80	28	√
	Kalibre	**0.75**	**0.59**	**15**	√

4.6　结论

数字孪生技术是实现数据中心智能化管理的重要手段之一。本章通过梳理数字孪生技术在数据中心领域的发展历程和应用情况，系统阐述了其在推动数据中心智能化方面的独特作用和广阔前景。

数字孪生源于 NASA 的"电子影子"概念，其核心思想是在虚拟空间建立复杂系统的高保真数字镜像。数字孪生以多源数据为基础，通过先进的建模与仿真技术，实现对物理系统运行规律的精确再现。早期实践证明，数字孪生可以指导数据中心的规划设计、节能管理、故障预测等，帮助管理者进行无风险的情景预测和决策优化。

当前，数字孪生技术在数据中心领域得到了积极探索，典型应用包括面向故障管理、节能管理和规划设计的数字孪生系统。这些系统可以辅助管理者对应急预案、节能方案和扩容方案进行评估，指导风险管控和资源优化。尽管取得了一定进展，但当前数字孪生技术仍处于概念验证和原型开发阶段，距离产业化应用还存在一定差距，其关键技术亟待加强。

　　构建精准、可靠的数字孪生面临的数据异构性融合、系统随机性描述等科学问题，是亟待攻克的技术难点。为实现从海量监测数据中快速识别数字模型，需要深入研究概率图模型等理论方法。同时，不同子系统的时间常数差异也增加了 model of models 建模的复杂性。此外，保证数字模型与不断演化的物理系统一致同步，处理数字孪生的不确定性，也是重点需要解决的问题。

　　展望未来，数字孪生技术与云计算、大数据、人工智能等前沿技术的深度融合，必将持续推动数据中心系统向智能化演进。一方面，云计算平台为构建大规模数字孪生系统提供了基础支撑。另一方面，大数据分析和人工智能可以强化数字孪生的自动学习与决策能力。在新技术的激发下，数字孪生必将发挥更大潜力，成为领先数据中心实现自主运维和高效管理的动力之源。

　　综上所述，数字孪生技术为数据中心的智能化管理提供了崭新视角。本章通过全面梳理，深入分析了数字孪生技术在推动数据中心智能化方面的独特作用、当前应用状况和面临的科学问题。基于这一系统回顾，我们相信数字孪生必将通过技术和理论创新发挥更大价值，加速数据中心的智慧化进程。未来数字孪生与新技术的深度融合，也必将持续推动数据中心系统的智能化演进。

第五章　机器学习在绿色数据中心冷却控制中的安全强化

DRL 在解决马尔可夫决策过程（MDP）问题方面表现出良好的性能。DRL 优化了长期回报，是提高数据中心冷却能效的一种很有前途的方法。然而，DRL 状态探测过程中热安全约束的实施是一个主要挑战。当探索行为导致不安全时，广泛采用的奖励塑造方法会增加负面奖励。因此，在学会如何防止不安全之前，它需要经历足够的不安全状态。在本章中，我们提出了一个用于单大厅数据中心冷却控制的安全感知 DRL 框架。它采用离线模仿学习和在线事后纠正，全面防止在线 DRL 过程中的热不安全。特别是，事后整改寻求对 DRL 建议行动的最小修改，以使整改后的行动不会导致不安全。整流是基于热状态转换模型设计的，该模型使用历史安全运行轨迹拟合，并能够推断 DRL 探索的向不安全状态的转换。对两种气候条件下的冷冻水和直接膨胀冷却数据中心的广泛评估表明，与传统控制相比，我们的方法节省了 22.7%～26.6%的数据中心总功率，与奖励成形相比，减少了 94.5%～99%的安全违规行为。

5.1　介绍

数据中心作为数字化世界的基础，在过去的几十年中不断扩张，其相应的环境足迹也对数据中心行业的可持续发展提出了重大挑战。根据 Uptime Institute 的最新调查，数据中心贡献了全球 2%～3%的电力消耗和 0.4%～0.75%的碳排放。面对这些可持续发展的挑战，主要的云提供商如谷歌、亚马逊等，已经投入了相当大的努力，以脱碳其云数据中心。正如 Hu H 等所建议的，数据中心的脱碳可以多管齐下，综合考虑能源消耗最小化、可再生能源利用最大化、废弃能源回收利用。

在本章中，我们通过智能冷却控制，从能效最大化的角度考虑数据中心脱碳。数据中心是典型的网络物理系统，由 IT 设备（服务器、存储和网络设备）和物理设施（冷却和电力输送设施）组成。IT 设备消耗电力并产生热量，这需要冷却系统将其移出数据大厅以保持所需的室温。除 IT 设备外，冷却系统消耗的能源最多，约占电力消耗的 40%。然而，许多传统数据中心在操作冷却设施时采用了过于保守的策略，将数据中心维持在不必要的冷却环境中。因此，对冷却设施的适当控制对数据中心能效优化和脱碳具有巨大潜力。

在数据中心冷却控制中，反馈控制器和 MPC 等传统控制器已被广泛采用。目前，大多数数据中心采用反馈控制器将室温保持在一个固定的设定点，该设定点明显低于 IT 设备的最大允许进气温度，这在能量最小化方面可能不是最佳的。为了减少冷却能耗，一些研究人员采用 MPC 来实现最优控制，在一定的约束条件下最大限度地减少冷却能耗。然而，这些 MPC 控制器需要冷却设施的能量建模，这由于冷却系统的复杂热力学和能量动力学而变得困难。

近年来，随着分布式传感技术的发展，基于学习的控制器引起了人们的极大关注。最近的一些工作探索了将数据驱动的能源建模和 MPC 相结合以实现数据中心冷却控制的潜力，其中冷却设施能源模型是通过系统识别获得的。尽管这些方法避开了冷却设施能源建模的问题，但它们需要长期收集探索性数据，以准确拟合能源模型，这在实践中可能会令人望而却步，因为数据中心是严格遵守热安全规定的关键基础设施。数据中心的冷却控制也可以看作一个马尔可夫决策过程（MDP）。DRL 在解决各种 MDP 问题方面表现出了良好的性能。最近的研究也应用 DRL 来学习运行以人为中心的建筑物 HVAC 系统的节能策略。学习过程由奖励函数指导，该函数共同捕获过程偏差与设定点的累积惩罚和暖通空调系统的长期平均能量效率。因此，与传统的仅关注保持设定点温度的反馈控制相比，DRL 还允许能源效率优化的目标。现有结果表明，经过充分训练的 DRL 代理在长时间运行上实现了高达 16.7% 的暖通空调节能。暖通空调控制实现的这种能源效率提高促使我们开发 DRL 进行直流冷却控制。然而，直流冷却控制在热负荷中面临更多的动态，对热安全的要求更为严格。与 MPC 方案相比，基于 DRL 的控制器不需要复杂的系统识别和探索性数据的收集。此外，它可以通过与模拟器交互或模仿专家行为进行离线训练，使其成为数据中心冷却控制的竞争对手。然而，要在实践中部署基于 DRL 的控制器，需要解决以下几个挑战。

第一个挑战是实现安全的强化学习，以确保热安全性，同时最大限度地减少冷却能量。为降低冷却能耗，建议数据中心提高送风温度。然而，在不违反热安全合规性的情况下提高送风温度将是具有挑战性的。为了实现安全学习，大多数现有的工作利用了奖励成形技术，该技术将热安全约束编码在奖励信号中。然而，奖励成形技术不能保证所学习的策略将满足热安全约束。最近的一项工作在数据中心冷却控制中引入了约束 MDP（CMDP）的公式，以确保学习到的策略将遵守室温上限。然而，CMDP 公式仅考虑了室温上限约束。此外，他们在评估中使用了简化的室温动力学模型。因此，它不能直接扩展到使用机器进风温度指数（RCI）指标来评估是否符合 ASHRAE 散热指南的情况。

第二个挑战是安全评估。用于数据中心冷却控制的现有基于 DRL 的方法依赖于能量模拟器，如 EnergyPlus，智能代理与其交互。然而，这样的能量模拟器假设数据大厅内的均匀温度分布，这在实践中是无效的，因为典型数据中心中的温度分布是分层的。为了确保所学习的代理可以被部署在真实世界环境中，代理应该在学习过程期间知道机架进气温度，使得策略可以遵守热安全合规性。因此，有必要建立一个耦合的仿真模型，以计算室温分布和冷却设施的能耗。在这方面，一些研究人员考虑将 CFD 模拟模型或快速流体动力学（FFD）模拟模型与简化的能量模型耦合，而无需冷却器设备能量建模。然而，CFD 和 FFD 模拟都不能实现实时计算，使得 DRL 训练受到影响。此外，这些模型在控制动作方面是不可微的，使得它们不适合于模型辅助的最优控制。

为了弥补这些差距，我们提出了一种用于单厅直流冷却控制的安全软件强制学习框架（Safari）。企业 DC 通常采用单厅方案。Safari 采用了整体设计，使 DRL 能够实现直流节能，并有效防止过热不安全。Safari 包括离线阶段和在线阶段。首先，Safari 采用离线模仿学习来初始化 DRL 代理。当 CRAC 由经验上确保热安全的传统控制器操作时，模仿学习基于历史轨迹。这种数据跟踪通常在 DCIM 系统中可用。模仿学习可以减少 DRL 代理在在线阶段的不安全尝试。其次，对于在线阶段，我们基于捕获数据大厅热力学的状态转换模型设计了一种新的事后校正方法。与由安全传统控制器生成的历史轨迹相拟合的模型可以准确地推断出在历史轨迹中看不见的、由 DRL 代理探索的状态转换。因此，Safari 的一个显著优势在于，在拟合状态转换模型时，开销低，对数据的需求低（即只需要安全的数据）。相反，如本章所示，使用神经网络对状态转换进行建模的领域不可知方法需要不安全的训练数据，这通常是不可用的，并且与确保安全的原始目标相矛盾。

5.2　相关工作

本节回顾了基于机器学习的冷却控制和安全强化学习的相关研究。表5-1 对现有方法进行了分类，总结了它们的要求和实施特性，以供安全考虑。在下文中，我们将讨论这些现有研究的细节。

表 5-1　与基于机器学习的数据中心冷却控制相关的现有研究的分类和摘要

策略学习类别	方法	应用	安全要求		安全实施	
			探索性数据	过渡模型	时机	明确性
无模型	DRL（单工）	负载平衡等	需要	不需要	反应性	显式
	DRL（奖励塑造）	直流冷却等				半显式
	DRL（事后整改）	HVAC 控制等	不需要	线性模型	积极性	显式
		直流冷却控制	不需要	热力学		
基于模型	DRL（奖励塑造）	直流冷却控制	需要	神经网络	反应性	半显式
	MPC		需要	线性模型	—	隐式
		楼宇	需要	线性模型	—	隐式

5.2.1　数据中心冷却控制

数据中心冷却控制的现有工作可以分为模型预测控制和基于 DRL 的控制。

由于具有主动控制的能力，MPC 在过去的几十年中成为数据中心冷却控制的流行范例。然而，基于 MPC 的控制器需要冷却系统的校准模型，这在实践中是难以获得的。为了解决这一挑战，一些研究人员利用数据驱动的方法来获得动态模型，然后将 MPC 与学习的模型应用。然而，学习具有足够准确度的数据驱动的动态模型需要探索性数据，这是不切实际的，因为热安全合规性十分严格。

与 MPC 相比，DRL 方法通过与冷却系统交互直接学习控制策略，这通常遵循无模型范式。数据中心冷却控制是一个 CMDP 问题。现有的基于机器学习的解决方案可以分为无模型方法和基于模型的方法。无模型方法通过直接与控制系统交互来学习控制策略，该系统通常遵循在线 DRL。Chan L S 的研究应用 DDPG 来学习两个区域 DC 的冷却控制策略。Sevilla T A 等的研究分别采用参数化 DQN 和 DDPG 来学习冷却和 IT 联合控制的策略（例如，通过计算作业分配）。IEA（国际能源署）的研究应用 DQN 学习空气自由冷却控制策略。经过充分的学习，基于无模型方法中的 DRL 代理实现了节能。在学习过程中，它们都遵循奖励塑造策略，将约束优化问题放松为无约束优化问题。因此，他们只以半显式的方式解决热安全约束。不同的是，我们提出的方法直接明确地通过事后校正来解决热安全约束。如表 5-1 所示，奖励塑造方法需要探索性数据，涵盖不安全区域以响应方式从惩罚中学习。因此，奖励塑造在一般经历不安全状态中的学习阶段。

基于模型的方法旨在通过允许基于机器学习的控制器与系统的计算模型交互来降低采样复杂度（即与控制系统的交互次数）。Dawson S T M 等的研究提出了基于线性化热力学模型的直流冷却模型预测控制。然而，MPC 公式没有明确解决热约束。

最近，在基于 DRL 的数据中心冷却控制中已经报道了显著的节能潜力。DRL 方法的主要优点是它不需要良好校准的模型。然而，类似于数据驱动的 MPC 方法，训练 DRL 代理需要探索性数据，这可能违反热安全合规性。为了考虑 DRL 的热安全性，大多数研究人员采用奖励成形技术，该技术在奖励函数中添加具有适当权重的惩罚项。然而，简单的奖励形成有两个缺点。首先，在随机初始化策略下，即使惩罚项被适当加权，违反热安全仍然是不可避免的，因为 DRL 代理应该探索一些不安全的动作以学习如何避免它们，这遵循反应式学习方式。其次，奖励形成不提供满足约束的保证。为了明确考虑热安全合规性，最近的一项工作引入了后整流技术，该技术将 DRL 代理所做的动作投射到用热力学模型定义的安全集。通过这种方法，作者表明，在整个 DRL 学习过程中，将确保接近零的热安全违规。尽管如此，这种方法没有考虑数据大厅内的详细温度分布，它只能处理状态相关的约束。

5.2.2　安全强化学习

近年来，安全强化学习取得了重大进展，并开发了许多方法来解决一般情况下的 CMDP。这些方法一般可分为安全策略优化和安全探索两类。

对于安全策略优化，其基本思想是在策略优化过程中同时考虑奖励最大化方向和约束满足方向。这些方法通常考虑累积贴现成本约束。在这种设置中，DRL 代理将从受控系统接收即时成本，并且该成本通过类似于奖励函数的某种因素进行贴现。为了解决优化问题，一些研究人员采用了原始对偶方法，该方法引入了可学习的对偶惩罚变量。其他研究人员在每个策略优化步骤中构造一个近似凸程序，并通过求解凸程序确定策略更新方向。尽管这些方法从理论上证明可以获得可行的政策，但它们有两个主要缺点。首先，为了使策略保持在安全集内，需要一个初始可行的策略，这对于随机初始化的策略网络来说是不切实际的。其次，即使初始可行策略可用，这些方法也只考虑累积折扣成本约束，并且不能确保满足任何状态约束或时间平均约束。

在一般情况下，已经提出了各种安全强化学习技术来解决 CMDP 问题，可分为单纯形法、奖励成形法和事后纠正法。由于之前已经在直流冷却控制的背景下对奖励成形方法进行了审查，我们将重点关注其余两种方法。Phan D T 的研究遵循单纯形体系结构，该体系结构将 DRL 作为高性能学习器来执行，以最大限度地提高奖励，并在系统进入不安全区域后回到安全控制器。对于每个回退，单纯形方法需要对至少一个不安全状态作出反应。尽管安全控制器的使用使安全实现变得明确，但 DRL 的频繁中断可能会对其学习效率产生不利影响。

事后校正方法搜索基于机器学习的控制器生成的控制动作的最小修改，以主动防止系统进入不安全区域。在 Dalal G 的研究中，基于线性状态转换模型，通过求解凸约束优化问题来找到封闭形式的校正。Chen B 等的工作通过使用投影层来增强 DRL 策略网络来扩展上述方法，该层将动作投影到预定义的安全集上，并将扩展方法应用于 HVAC 和电网逆变器控制。然而，上述方法的有效性取决于控制系统的线性。在本章中，我们将解析地展示数据中心中热力学的非线性特性。本章通过适应控制直流热力学的非线性模型来加强热安全，进一步推进事后校正方法。该模型可以与安全控制器控制下产生的历史非探索性数据拟合。由于所拟合的模型在不安全区域的预测保持准确，我们的方法无需依赖于可能带来风险的探索性数据。

虽然这些方法可以在理论上证明获得一个可行的政策，但他们有两个主要的缺点。首先，为了使策略停留在安全集内，初始可行策略是必要的，这对于随机初始化的策略网络是不切实际的。其次，即使一个初始可行的政策是可用的，这些方法只考虑累计贴现成本约束，不能确保任何状态明智的约束或时间平均的约束将得到满足。

对于安全探索，现有工作只考虑状态安全约束，确保永远不会访问不安全状态。它可以通过投影来实现，这意味着 DRL 代理产生的动作被投影到安全集合中。安全集的特征要么是物理模型，要么是数据驱动模型。然而，这些方法的一个主要缺点是它们不能处理时间平均约束，这就导致它们对于我们考虑的场景而言是不可行的。在本章中，我们证明了通过合理设计控制律，我们还通过进行动作投影来确保时间平均约束的满足。

5.2.3　直流冷却控制模型

本章同时考虑了寒水和直接膨胀冷却系统。图 5-1 说明了一个典型的寒水冷却数据中心，它由一个冷却塔、一个冷水机组、两个水泵（即冷冻水泵和浓缩水泵）和一个承载多个机房空调单元和许多服务器的数据厅组成。本章重点关注企业数据中心通常采用的单 hall 方案。在之后的章节中，我们将讨论如何扩展 Safari 以解决多霍尔方案。IT 设备产生的热量通过 3 个周期从直流移出。在室内空气循环中，机房空调单元向冷水道的数据大厅提供冷空气，从区域中提取热空气，并通过内部空气水热交换器冷却热空气。在寒水循环中，寒水泵向机房空调单元提供寒水。机房空调的返回暖水通过蒸汽压缩制冷过程由冷水机组冷却。在冷凝器水循环中，冷水机组通过冷凝器将热量转移到冷却塔。冷却塔将热量消散到室外环境中。冷却系统的总功率使用量，用水槽表示，包括机房空调单元、冷水机组、冷却塔和水泵的功率使用情况。组件的电源使用取决于其工作状态。EnergyPlus 模拟器包含冷却组件的真实功率使用模型。

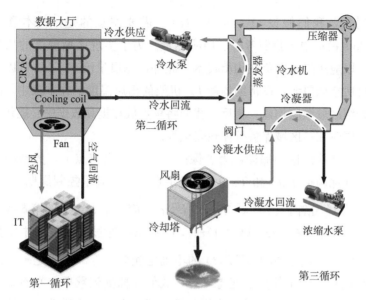

图 5-1　典型的冷却水冷却的数据中心系统

IT 用电量（记为 P_{IT}）包括计算使用功率和 IT 设备内部风扇的功率，前者主要取决于 IT 设备的使用（记为 U_{IT}），后者主要取决于数据厅的冷通道温度（记为 T_{in}）。因此，我们建模了 $P_{IT} = p(U_{IT}, T_{in})$。在本章进行的模拟中，我们配置 EnergyPlus 使用来自 Moriyama T 等人研究中的模型 $p(U_{IT}, T_{in})$。由于 Safari 的设计不需要上面讨论的功率使用模型，我们省略了它们的细节介绍。与寒水相比，直接膨胀冷却系统更简单——它仅由两个循环组成。请注意，Safari 与冷却系统的类型无关。在之后的章节中，我们将评估 Safari 在寒水和直接膨胀冷却方面的性能。然后，我们描述数据大厅中的热过程。我们考虑以下情况：①机房空调单元采用相同的送风温度设定值；②区域温度具有均匀的空间分布。区域温度，表示为 T_z，由以下热力学模型控制，该模型由能量守恒定律导出。

$$\frac{dT_Z(t)}{dt} = \frac{f(t)}{\rho V_s}(T_{in}(t) - T_Z(t)) + \frac{1}{\alpha V_S}Q(t)。 \tag{5-1}$$

其中，t 表示时间，$f(t)$ 表示所有机房空调单元供应风的瞬时总质量流率，ρ 是空气密度，V_S 是数据大厅的体积，α 是一个与空气的热容有关的系统相关参数，$Q(t)$ 表示瞬时的感热负荷。在实践中，Q 包括部分被转化为热的 P_{IT}，从照明和暂时在数据大厅内的人员散发出的热量，以及通过墙壁传入数据大厅的外部热量。由于 $Q(t)$ 通常由 IT 产生的热量主导，为了简化本章中的讨论,我们假设 $Q(t) = P_{IT}(t)$。需要注意的是,在本章进行的 EnergyPlus 模拟中,我们考虑了照明热量。为了实现区域温度的均匀空间分布,可以应用热感知负载均衡技术。此外,总质量流率 $f(t)$ 可以适当地归因于机房空调单元,以帮助均衡 IT 机架的出风温度。在本章中,我们不会详细介绍区域温度均衡。相反,我们将重点放在提高数据中心能效的主要挑战上,同时在热区域保持整体热安全性。

正如在之前讨论的那样,为了保持 $T_Z(t)$ 在设定点上,数据中心冷却控制周期性地调整 $f(t)$ 和 $T_{in}(t)$ 的设定点。让 τ 表示控制周期。τ 的一个典型设置是 15 分钟。让 $\hat{f}[k]$ 和 $\hat{T}_{in}[k]$ 表示应用于 $t = k\tau$ 的第 k 控制周期的设定点,其中 $t \in (k\tau, (k+1)\tau)$。冷却系统通过其组件的主要控制实施 $\hat{f}[k]$ 和 $\hat{T}_{in}[k]$。由于 $PIT(t)$ 的不确定演变,冷却过程是一个连续时间的随机过程。为了使分析变得可行,我们在捕捉到数据中心冷却控制的主要挑战的同时,进行了以下简化假设。请注意,这些假设将在性能评估中放宽。

假设 1:$P_{IT}(t)$ 仅在每个控制周期的开始时发生变化 $P_{IT}[k] \triangleq P_{IT}(t) \mid t \in ((k-1)\tau, k\tau)$ 是马尔可夫的。

假设 2:在每个控制周期结束时,数据中心系统已经收敛到稳态,并且冷却组件的主要控制具有零稳态控制误差。

假设 1 源自广泛采用的时间分槽处理方式,该方式将连续时间问题转换为其离散时间对应问题。根据假设 2,在 $t \to k\tau^-$ 时实施设定点 $\hat{f}[k-1]$ 和 $\hat{T}_{in}[k-1]$ 形式上,$f(t) \mid_{t \to k\tau^-} = \hat{f}[k-1]$,$T_{in}(t) \mid_{t \to k\tau^-} = \hat{T}_{in}[k-1]$,$\frac{dT_Z(t)}{dt} \mid_{t \to k\tau^-} = 0$。

将上述基于简化的结果代入公式 (5-1),并定义 $T_Z[k] = \hat{T}_{in}[k-1] + \frac{\rho P_{IT}[k]}{\alpha \hat{f}[k-1]}$,我们得到以下稳态转移模型:

$$T_Z[k] = \hat{T}_{in}[k-1] + \frac{\rho P_{IT}[k]}{\alpha \hat{f}[k-1]} \text{。} \tag{5-2}$$

5.2.4　深度强化学习（deep reinforcement learning，DRL）

DRL 是一种采用深度学习来解决 MDP 问题的技术。MDP 由元组定义 $\{S，A，R，P，\gamma\}$，其中 S 是状态空间，A 是行动空间，R 是奖励函数，P：$S \times A \times S \rightarrow [0，1]$ 是转换内核，γ 是奖励折扣因子。在 DRL 中，我们要学习一个参数随机策略 π_θ 将系统状态 $s[k]$ 映射到控制动作 $a[k]$，其中，$a[k] \sim \pi_\theta(s[k])$，通过与环境的互动和试错学习。

DRL 是一种基于深度学习的方法，它学习一个参数为 θ 的策略函数 μ_θ 来解决 MDP 问题。DRL 代理根据当前系统状态 $s[k]$ 使用策略选择行动 $\mu[k]$，即 $\mu[k] = \mu_\theta(s[k])$。该行动将系统推进到下一个状态 $s[k+1]$，同时代理接收即时奖励 $r[k]$。γ 表示折现因子。代理使用算法学习最优策略 θ^*，解决以下无约束优化问题：$\theta^* = \arg\max_\theta \mathbb{E}_S\left[\sum\limits_{k=0}^{\infty} \gamma^k r[K] | \mu_\theta\right]$。在本章中，我们使用 DDPG 学习算法来处理数据中心冷却控制中的连续行动空间。它同时学习 $\mu_\theta(s)$ 和一个 Q 函数 $Q_\phi(s，\mu)$，该 Q 函数由参数 ϕ 参数化，并对行动 μ 可微分。为了学习 Q 函数，代理通过与受控系统交互，采样了一批 N 个转换数据样本 $\{s_i，\mu_i，s_{i+1}，r_i | i=1，\cdots，N\}$。然后，通过最小化损失函数 $\mathcal{L}(\phi) = \frac{1}{N}\sum\limits_{i=1}^{N}(Q_\varphi(s_i，\mu_i) - y_i)^2$ 来更新 θ，其中 y_i 是由 $y_i = r_i + \gamma Q'_\theta(s_{i+1}，\mu'_\theta(s_{i+1}))$ 给出的目标 Q 值。Q'_θ 和 μ'_θ 是从原始网络复制而来的两个目标网络，每次主网络更新后更新一次。为了学习策略函数，它通过最大化 $\mathcal{J}(\theta) = \frac{1}{N}\sum\limits_{i=1}^{N}Q_\phi(s_i，\mu_\theta(s_i))$ 来更新 θ。

在本章中，我们采用最先进的软 Actor-Critic（SAC）学习算法来学习最优控制策略。SAC 可以处理连续的动作空间，使其适用于数据中心的冷却控制。SAC 同时学习随机策略 $\pi_\theta(. | s)$ 具有参数 θ 和两个 Q 函数 $Q_{\phi_1}(s，a)$ 和 $Q_{\phi_2}(s，a)$ 参数 ϕ_1 和 ϕ_2。学习 Q 函数，代理对一批转换元组进行采样 $B = \{(s_i，a_i，r_i，s_{i+1})，i=1，2，\cdots，|B|\}$ 从重播缓冲区。然后，利用梯度下降法更新第 ξ 阶 Q 函数，以最小化熵正则化均方贝尔曼误差（MSBE）$L(\varphi_j) = \frac{1}{|B|}\sum\limits_{i=1}^{|B|}\left[Q_{\varphi_j}(s_i，a_i) - y_i\right]^2$，其中 y_i 是回归目标。

为了减轻 Q 函数学习中的过估计问题，SAC 采用了限幅双 Q 技术，该技术使得 y_i 如 $y_i = r_i + \gamma[\min_{j=1,2} Q_{\phi'_j}(s'_i, a'_i) - \alpha \log \pi_\theta(. \mid s_i)]$。这里，$\phi'_j$ 表示第 j 个 Q 函数的目标网络，并且 α 是一个权衡系数，平衡了开发和勘探。动作 a' 给定下一个状态 s' 是从当前随机策略 $a' \sim \pi_\theta(. \mid s)$。为了学习策略 π_θ，代理使用梯度上升更新参数 θ 以最大化目标函数 $L(\theta) = \frac{1}{|B|} \sum_{i=1}^{|B|} [\min_{j=1,2} Q_{\phi'_j}(s'_i, \tilde{a}) - \alpha \log \pi_\theta(\tilde{a} \mid s_i)]$，其中 $\tilde{a}$ 是通过重参数化技巧获得的。目标网络通过旧参数和更新参数的凸组合进行更新，即 $\phi'_i \leftarrow \eta \phi'_i + (1-\eta)\phi_i$，$i=1, 2$。

5.3 奖励塑造绩效

本节将直流冷却控制表述为 MDP 问题，并考虑到热安全性的奖励成形。然后，我们测量了 DDPG 解决方案相对于传统控制器的节能效果及其在防止热不安全方面的有效性。这些结果促使人们在下节中寻求更好的解决方案。

5.3.1 奖励塑造的 MDP 公式

IT 工作负载和室外环境条件是直流冷却控制的两个外生因素。令 $T_。[k]$ 表示 $t = k\tau$ 处的室外空气温度。我们假设 $P_{IT}[k]$ 和 $T_。[k]$ 都是马尔可夫的。数据霍尔区温度 Tz 应保持在由 $\overline{T}z$ 表示的热安全上限内，即 $Tz[k] \leqslant \overline{T}_z$，$\forall k$。在本章进行的模拟中，我们设置 $T_z = 32\ ℃$，这是 ASHRAE A1 服务器的温度上限。

我们定义奖励塑造的 MDP 公式的动作、状态和奖励如下。

动作：在第 k 个控制周期中应用的动作，用 $\mu[k]$ 表示，包括机房空调的送风温度和质量流率的设定值，即 $\mu[k] = (\hat{T}_{in}[k], \hat{f}[k])$。

状态：除了在前文中定义的符号，我们还定义 $T_{in}[k] \triangleq T_{in}(t)|_{t \to k\tau^-}$ 和 $P_c[k] \triangleq P_c(t)|_{t \to k\tau^-}$。状态 $s[k]$ 定义为 $s[k] \triangleq (T_z[k], T_{in}[k], P_c[k], P_{IT}[k], T_。[k])$。当动作 $\mu[k]$ 在 $t = k\tau$ 时被选择时，状态 $s[k]$ 是完全可观测的。根据公式（5-2）和假设两个外生状态分量 $P_{IT}[k]$

和 $T_o[k]$ 是马尔可夫的，从状态 $s[k]$ 到状态 $s[k+1]$ 在动作 $\mu[k]$ 下的转移的概率分布仅取决于状态 $s[k]$ 和动作 $\mu[k]$ 的概率分布。因此，控制过程是一个马尔可夫决策过程（MDP）。

奖励（reward）：一个良好的数据中心冷却控制器应该将数据大厅的空气温度保持在一个特定的设定点 T_C，并降低整个数据中心的能源使用。我们采用以下奖励函数，结合了上述两个目标，并且还包括一个形状项，以考虑热安全性：

$$
\begin{aligned}
r[k]= \quad &\lambda_T \exp(-\lambda_1(T_z[k]-T_C)^2)-\lambda_P P_{DC}[k] \quad\cdots\cdots\text{goals}\\
&-\lambda_2((T_z[k]-T_U)^+ + (T_L-T_z[k])^+), \quad \cdots\text{shaping}.
\end{aligned}
$$

$$(5\text{-}3)$$

其中，λ_1、λ_2、λ_T 和 λ_P 是若干个超参数，$P_{DC}[k]$ 是数据中心的总功耗（即，$P_{DC}[k]=P_{IT}[k]+P_C[k]$），$[T_L, T_U]$ 指定了 $T_z[k]$ 的理想范围，$(x)^+=\max\{0, x\}$。当 T_z 超出 $[T_L, T_U]$ 范围时，形状项会增加惩罚。T_U 可以设定得比 $\overline{T}_z$ 更低，以更好地考虑热安全性。MDP 问题的目标是找到策略参数，以最大化长期累积奖励，即 $\theta^*=\arg\max\limits_{\theta}$ $\mathbb{E}_{P_{IT}, T_o}\left[\sum\limits_{k=0}^{\infty}\gamma^k r[k]\,\big|\,\mu_\theta\right]$ 其中 P_{IT} 和 T_o 是两个随机过程。

5.3.2　性能测量

我们进行了一系列模拟来评估 DDPG 解决方案的性能。我们在 PyTorch 中实现了 DDPG，并将 EnergyPlus 8.8.0 模拟器与 OpenAI Gym 接口集成。因此，DDPG 代理可以学习由 EnergyPlus 模拟的寒水冷却的数据中心的控制策略。控制周期 τ 为 15 分钟。DDPG 的其他超参数设置可以在表 5-2 中找到。为了驱动模拟，我们使用 EnergyPlus 提供的新加坡历史天气数据。我们采用简单的 IT 利用率变化模式来模拟每一天：00:00 到 06:00 为 $U_{IT}=0.5$；06:00 到 08:00 为 $U_{IT}=0.75$；08:00 到 18:00 为 $U_{IT}=1.0$；18:00 到 24:00 为 $U_{IT}=0.8$。我们将前 50 天设置为学习阶段。之后，我们禁用策略更新，系统进入为期 1 年的测试阶段。我们将 DDPG 在测试阶段的性能与 EnergyPlus 内置控制器（称为基线控制器）进行比较，后者仅旨在维持 $T_z[k]$ 在 T_C 处。

表 5-2　DDPG 的超参数设置

超参数	设置	超参数	设置
训练批量大小	1024	每一步更新	96
演员学习率	0.001	评论家学习率	0.001
演员隐藏层	[32，32]	评论家隐藏层	[32，32]
回放缓冲区大小	1×10^7	折扣因子（γ）	0.99

（1）λ_T 和 λ_P 的影响

在公式（5-3）中，超参数 λ_T 和 λ_P 是将维持温度和减少总能耗目标结合的权重。我们固定其他超参数（即 $\lambda_1 = 0.5$，$\lambda_2 = 0.1$，$T_C = 21\ ℃$，$T_L = T_C -$ 1.5 ℃，$T_U = T_C + 1.5\ ℃$），并变化 λ_T 和 λ_P。图 5-2（a）显示了在 $\lambda_P = 10^{-5}$ 时，T_z 与 λ_T 的分布。我们为每个 λ_T 设置训练了一个独立的 DDPG 代理。每个误差条显示了测试期间 T_z 的分布。当 $\lambda_T \neq 0$ 时，T_z 在 T_C 周围波动，并且随着 λ_T 的增加，T_z 的变化减小。当 $\lambda_T = 0$ 时，T_z 变化较大。接下来，我们将 λ_T 设置为固定值，并变化 λ_P。对于每个 λ_P，我们训练了多个 DDPG 代理。对于每个代理，我们获得了测试期间的平均 P_{DC}。图 5-2（b）中的每个误差条显示了多个代理的平均 P_{DC} 的标准偏差。当 λ_P 增加时，数据中心的功耗呈下降趋势。此外，在相同的 λ_P 设置下，与设置 $\lambda_T = 1$ 相比，$\lambda_T = 0$ 的设置导致较低的 P_{DC}。这是因为具有 $\lambda_T = 0$ 的 DDPG 代理可以专注于降低 P_{DC}。图 5-2（b）中的水平虚线显示了使用基线控制器时测试期间的平均 P_{DC}。我们可以看到 DDPG 控制器带来了数据中心的功耗节约。图 5-2 中的结果显示了 λ_T 和 λ_P 在数据中心温度稳定性和功耗效率之间的权衡。在本节的其余部分，我们设置 $\lambda_T = 1$ 和 $\lambda_P = 10^{-5}$。

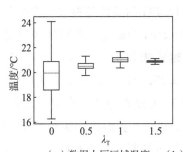 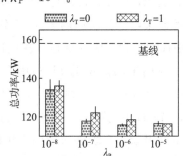

（a）数据大厅区域温度　（b）DC 总功率（带误差条表示多个 DDPG 代理的标准偏差）

图 5-2　λ_T 和 λ_P 对于 DDPG 的性能的影响

（2）在不同 T_C 设置下，DDPG 与基线控制器的比较

区域温度设定点是一个重要的操作设置。我们将 T_C 从 20 ℃ 变化到 24 ℃，步长为 1 ℃。对于每个设定点，我们训练了多个 DDPG 代理，并测量了每个代理在测试期间的 P_{IT}、P_c 和 P_{DC} 的平均值。图 5-3 显示了功耗测量与 T_C 的关系。误差条显示了多个代理的标准偏差。图中还显示了采用基线控制器时的功耗测量，以及 DDPG 实现的相对节能。我们可以看到，采用基线控制器时，IT 功率随着 T_C 的增加而增加。使用 DDPG 时，IT 功率也呈轻微增加趋势。然而，DDPG 节省了超过 20% 的 IT 功率。尽管两种控制器都能将 T_z 保持在设定点，并且偏差较小，如图 5-3（d）所示，我们的研究表明，与基线控制器相比，DDPG 建议较低的 $\hat{T}_{in}$ 和 $\hat{f}$，从而根据公式（5-2）可以将 T_{in} 保持较低。因此，服务器风扇转速较慢，IT 功率较低。

从图 5-3（b）可以看出，在基线控制器下，冷却功率随着 T_C 的增加而减小。一个关键原因是，由于回风空气温度较高，热风和冷却水之间的温差增大，这使得机房空调风扇在交换相同热量的同时可以转速较慢。然而，在 DDPG 的情况下，冷却功率在 T_C 增加时变化较小。这是因为在 DDPG 控制下优化的系统几乎已经达到了移动 IT 设备产生的一定热量所需的最小冷却功率。图 5-3（c）显示了图 5-3（a）和 5-3（b）结果的总和。与基线控制器相比，DDPG 代理可以节省 20%～25% 的总功耗。特别是在 T_C 为 21 ℃ 时，相对节能达到了峰值。需要注意的是，21 ℃ 是数据中心的典型区域温度设定点之一。上述结果表明，在一定的 T_C 设置下，DDPG 代理与基线控制器相比，可以实现大幅度的功耗节省。此外，在将 T_z 保持在 T_C 的传统控制下，运行温度较高的数据中心（即设置较高的 T_C）可以有利于能源效率，主要原因是冷却功率的节省。然而，从图 5-3（c）可以看出，在 DDPG 控制下，这种理解可能并不成立，因为所提出的 DDPG 代理共同考虑了 $\hat{T}_{in}$ 和 $\hat{f}$ 对 IT/冷却功率的影响，并最小化了数据中心的总功耗。

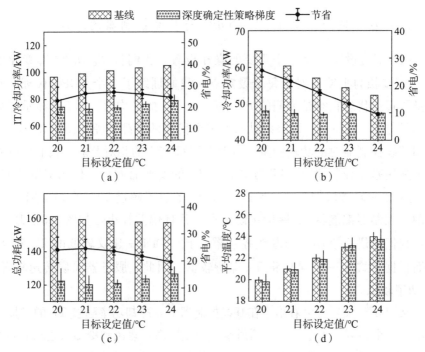

图 5-3　EnergyPlus 内置控制器（基线）和融合 DDPG 在一年测试中的比较

（3）DDPG 的热安全合规性

我们通过违反约束条件 $T_z[k] \leqslant \overline{T_z}$ 的累积次数和幅度来评估热安全合规性。具体而言，在第 k 个控制周期中，累积次数为 $\sum\limits_{i=0}^{k} H(T_z[i] - T_z)$，其中 $H(\cdot)$ 是单位阶跃函数；违反幅度为 $(T_z - \overline{T_z})^{\pm}$。对于每个温度设定点 T_C，我们进行多次独立实验，并记录这两个度量随时间的变化。在图 5-4（a）中，曲线显示了在学习阶段下，在特定的 T_C 设置下，多个 DDPG 代理产生的累积次数的平均值；相同颜色的阴影区域显示了相应的标准差。我们可以看到累积违反次数显著增加，甚至超过 1000 次。特别是在前 10 天内，出现了急剧增加。图 5-4（b）显示了在 3 个 T_C 设置下的 50 天内违反幅度的箱线图。我们可以看到，即使在 T_C 为 21 ℃（比 T_z 低 11 ℃）的情况下，违反幅度可能超过 15 ℃。这些结果表明，带有奖励塑形的 DDPG 产生了过多严重的安全违规行为。此外，仅仅调整温度设定点 T_C 并不能解决这个问题。

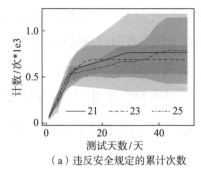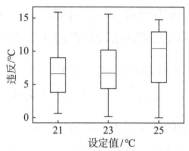

（a）违反安全规定的累计次数　　（b）违规幅度（中线、方框和须状表示中位数、
四分位间距和分散程度）

图 5-4　DDPG 在各种温度设定点下的训练阶段

5.4　方法

（1）CMDP 问题的形式化和方法概述

从上述结果来看，DDPG 实现了能源节约。然而，由于奖励塑形隐含地处理了热约束，它在预防热不安全方面较为薄弱。学习阶段中的过多严重安全违规行为将阻碍强化学习用于数据中心的采用。在本研究中，我们旨在明确执行以下 CMDP 问题的热安全约束：

$$\theta^* = \mathrm{argmax}_\theta\, \mathbb{E}_{P_{IT}}, T_o \left[\sum_{k=0}^{\infty} \gamma^k r[k] \,\middle|\, \mu_\theta \right],$$

$$\mathrm{s.\,t.}\ \mathrm{Pr}(T_Z[k] \leqslant \overline{T}_Z) > 1 - \grave{o},\ \forall k. \tag{5-4}$$

其中，$\grave{o}$ 是一个足够小的数字，以确保对热安全要求的高度信心。需要注意的是，公式（5-4）中的约束以概率形式表示，因为 $T_Z[k]$ 是随机的，由于 $P_{IT}[k-1]$ 的随机性。旨在解决公式（5-4）中的 CMDP 问题的 Safari 方法包括以下两个阶段。

离线模仿学习：在应用 DDPG 代理之前，将其在离线状态下训练，以模仿现有的传统安全控制器，使用由安全控制器生成的历史数据追踪。同时，这些轨迹也用于拟合一个状态转换模型，该模型将在在线阶段使用。通过模仿学习，DDPG 代理在与数据中心交互时产生的安全违规要少得多。

在线事后修正：应用 DDPG 代理后，它通过与数据中心交互学习最优策略。为确保公式（5-4）中的约束，在 DDPG 代理在 $t = k\tau$ 推荐动作 $\mu[k]$ 后，我们使用离线阶段获得的状态转换模型来预测控制周期结束时由 $\mu[k]$ 引起的区域温度。用 $\tilde{T}_Z[k+1]$ 表示预测的温度，用 $\tilde{T}_Z[k+1] = h(\mu[k], P_{IT}[k], \cdots)$ 表示状态转换模型，其中我们使用"$\cdots$"表示预测需要考虑的其他因素。如果 $\tilde{T}_Z[k+1]$ 超过 $\overline{T}_Z$，我们解以下问题，以找到矫正后的动作 $\mu^*[k]$：

$$\mu^*[k] = \mathrm{argmin}_{\mu'} \|\mu' - \mu\|_2^2 / 2, \ s.t. \ h(\mu', P_{IT}[k], \cdots) \leqslant \overline{T}_Z.$$

$$(5\text{-}5)$$

公式（5-5）中的 l_2 范数最小化旨在保留由 DDPG 学习的策略。状态转换模型 $h(\mu[k], P_{IT}[k], \cdots)$ 的准确性对于事后矫正的安全合规性至关重要。现有的关于事后矫正的研究采用线性状态转换模型，使得公式（5-5）成为一个可处理的凸优化问题。然而，数据中心的热状态转换是非线性的。

（2）离线模仿学习

模仿学习使用在 M 个连续控制周期上的训练数据集：$\{s_{\mathrm{safe}}[m], a_{\mathrm{safe}}[m] | m = 1, \cdots, M\}$，其中 $a_{\mathrm{safe}}[m]$ 是传统安全控制器在第 m 个控制周期中对状态 $s_{\mathrm{safe}}[m]$ 执行的动作。这样的数据集可以从 DCIM 系统中检索。DDPG 代理的参数 θ 使用该数据集进行训练，以最小化以下损失函数 $\mathcal{L}_{\mathrm{imit}}(\theta) = \frac{1}{M} \sum_{m=0}^{M} \|\mu_\theta(s_{\mathrm{safe}}[m]) - a_{\mathrm{safe}}[m]\|_2^2$。完成离线模仿学习后，DDPG 代理捕获了传统安全控制器的控制策略。现在，我们进行一个实验来调查离线模仿学习的有效性。在这个实验中，分别使用带有模仿学习和不带有模仿学习的两组 DDPG 代理与数据中心进行交互，并根据奖励函数使用在线数据进行进一步更新。图 5-5（a）和图 5-5（b）分别显示了这两组 DDPG 代理的奖励和累积安全违规计数的轨迹。从图 5-5（a）和图 5-5（b）可以看出，具有模仿学习的代理在前三天内具有高奖励并且没有安全违规。然而，从第 4 天到第 20 天，这些代理开始在探索更好策略时产生安全违规。尽管如此，从图 5-5（b）中可以看出，模仿学习可以减少累积违规计数。总之，模仿学习加速了 DRL 的收敛，并减轻了 DRL 的安全问题。

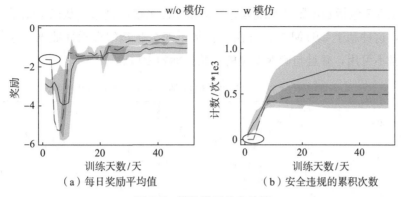

（a）每日奖励平均值　　　　　　（b）安全违规的累积次数

图 5-5　模仿学习的有效性

（3）在线事后纠正

正如前文中所讨论的，状态转移模型 $h(\mu[k]$，$P_{IT}[k]$，…）的准确性对事后纠正的安全合规性至关重要。在本节中，我们首先讨论了一种可能的设计，使用 LSTM 网络来模拟转移。我们的实验表明，这需要探索性数据。然后，我们介绍了 3 种 Safari 设计，即 Safari-1、Safari-2 和 Safari-3，采用不同的转移模型，逐步融合更多的先前知识和运行时信息。基于 Safari-2，Safari-3 则将历史上观察到的 P_{IT} 最大爬升轨迹应用为下一个控制周期内的预测轨迹，并进一步解除了假设 1。

1）基于 LSTM 的纠正可能的设计

LSTM 网络可以对复杂非线性时间相关性进行建模。然而，由传统安全控制器生成的非探索性数据可能不支持拟合 LSTM 以捕捉 DDPG 探索的不安全状态的转换。为了调查这个问题，我们构建了一个三层 LSTM，根据候选动作和过去 20 个控制周期内的状态、动作轨迹来预测下一个状态。我们进行了实验，以研究 LSTM 对训练数据的需求。图 5-6 显示了非探索性数据（由基线控制器生成）、随机探索性数据（由执行随机动作的控制器生成）和边缘安全探索性数据（由执行截断随机动作的控制器生成）的分布，这些数据在状态和动作空间中的覆盖范围逐渐增加。图 5-7 中标有"LSTM"的直方图显示了使用这些数据集训练的 LSTM 进行预测的 MAEs。使用随机探索性数据训练的 LSTM 实现的 MAE 低于 0.5 ℃，表明 LSTM 设计是令人满意的。使用非探索性和边缘安全探索性数据训练的 LSTM 具有较高的 MAE，因为它们在表征到不安全状态的转换方面表现不佳。图 5-7 包括寒水制冷系统和直接膨胀制冷系统的结果。从以上结果可以看出，这种基于 LSTM 的设计需要包括不安全状态的探索性数据，这些数据通常不可用，并且与确保安全的原始目标相矛盾。

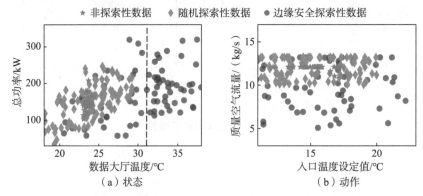

（a）状态　　（b）动作

图 5-6　非探索性数据、随机探索性数据和边缘安全探索性数据

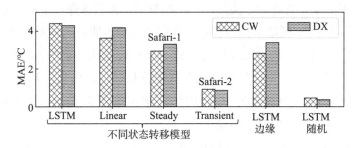

图 5-7　不同状态转移模型的测试 MAE（测试数据是随机抽样的，包括不安全的状态）

2）Safari-1

基于稳态转换的纠正 Safari-1 使用由传统安全控制器生成的非探索性数据来拟合方程中的参数 α。然后，Safari-1 使用方程作为预测模型 $\tilde{T}_z[k+1]=h(\mu[k], P_{IT}[k], \cdots)$。如果 $\tilde{T}_z[k+1]$ 超过 $\overline{T}_z$，Safari-1 使用其 Karush-Kuhn-Tucker（KKT）条件解决方程的凸优化问题：

$$\begin{cases} \hat{T}_{in}^*[k] - \hat{T}_{in}[k] + \lambda = 0, \\ \hat{f}^*[k] - \hat{f}[k] - \lambda \dfrac{P_{IT}[k+1]}{\alpha(\hat{f}^*[k])^2} = 0, \\ \lambda \left(\hat{T}_{in}^*[k] + \dfrac{P_{IT}[k+1]}{\alpha \hat{f}^*[k]} - \overline{T}_z \right) = 0. \end{cases} \quad (5\text{-}6)$$

其中，λ 是拉格朗日乘子，$\mu^*[k] = (\hat{T}_{in}^*[k], \hat{f}^*[k])$ 是修正后的行动。根据定义 $P_{IT}[k+1] \triangleq P_{IT}(t)|t \in (k\tau, (k+1)\tau)$，当 DDPG 代理在 $t=k\tau$ 选择动作时，$P_{IT}[k+1]$ 是未知的。然而，实际上，控制器可以等待片刻，直到 $P_{IT}[k+1]$ 可观测，然后解决公式（5-6）。然而，在实践中，数据中心冷却系统组件的主要控制可能具有比控制周期更长的收敛过程。这个问题可能会削弱公式（5-6）给出的解的安全保证，这促使我们采用原始瞬态模型来指导纠正。

3) Safari-2

Safari-2 是基于瞬态的纠正方法。为了更准确地预测 $T_z[k+1]$，我们需要进一步考虑控制周期内 T_{in} 的瞬态，这取决于机房空调单元的主要控制和后端循环（即冷却水循环和冷凝水循环）。因此，准确预测 T_{in} 的瞬态需要整个冷却系统的精确模型，这样的建模开销是不可取的。在本节中，$T_z(t)$ 的轨迹取决于 $Q(t)$、$T_{in}(t)$ 和 $f(t)$ 的轨迹。根据假设 1，$Q(t)|_{t \in [k\tau, (k+1)\tau)}$ 在 $P_{IT}[k+1]$ 处保持恒定。对于 $T_{in}(t)$ 和 $f(t)$，我们采用它们的设定点作为其近似值。具体来说，我们设置 $T_{in}(t)|_{t \in [k\tau, (k+1)\tau)} = \hat{T}_{in}[k]$ 和 $f(t)|_{t \in [k\tau, (k+1)\tau)} = \hat{f}[k]$。然后，利用初始条件 $T_z(k\tau) = T_z[k]$，我们可以求解 $T_z(t)$，得到 $T_z(t) = W[k] + (T_z[k] - W[k])e^{-\hat{f}[k](t-k\tau)/V_s}$，$t \in [k\tau, (k+1)\tau)$，其中 $W[k] = \hat{T}_{in}[k] + \dfrac{P_{IT}[k+1]}{\alpha \hat{f}[k]}$ 是第 k 控制周期内的常数。然后，通过采用 $T_z(t)$ 的平均值作为预测，我们减轻了对 $T_{in}(t)$ 和 $f(t)$ 进行近似的影响，即 $\tilde{T}_z[k+1] = \dfrac{1}{\tau} \int_{k\tau}^{(k+1)\tau} T_z(t)dt$。Safari-2 使用上述启发式预测方法来预测 DDPG 推荐的动作 μ 产生的 $\tilde{T}_z[k+1]$。如果 $\tilde{T}_z[k+1]$ 超过 T_z，它将在二维动作空间中进行网格搜索，其中 $h(\mu'[k], P_{IT}[k], \cdots)$ 在给定任何候选修正动作 μ' 的情况下，也通过上述启发式预测方法进行计算。由于搜索空间的维数较低（即两个），网格搜索的计算开销是可以接受的。例如，我们的 Safari-2 实现只需最多 0.2 s 即可完成搜索。

4) Safari-3

整合预测的 IT 功率轨迹。Safari-2 和 Safari-3 仅在预测轨迹 $T_z(t)$ 的算法上有所不同。Safari-3 的预测算法如下。首先，在离线阶段，Safari-3 根据 IT 功率的历史跟踪构建了最大升功率函数 $P^{\nearrow}(\Delta t \mid P_{IT}^{start})$，其中 Δt 表示相对时间。具体而言，它是所有具有长度 τ 分钟的 IT 功率跟踪的上包络，前提是起始 IT 功率为 P_{IT}^{start}。然后，在 $t = k\tau$ 时，Safari-3 采用 $T_{in}(t) = \hat{T}_{in}[k]$，$f(t) = \hat{f}[k]$ 和 $Q(t) = P^{\nearrow}(t - k\tau \mid P_{IT}[k])$ 来从公式（5-1）求解 $T_Z(t)$，其中 $t \in (k\tau, (k+1)\tau]$。由于 Safari-3 使用了历史观察到的最大升功率，预测的 $Q(t)$ 值保守较高，有利于防止不安全情况。在图 5-8（a）中，灰色曲线显示了在真实数据中收集的历史跟踪中聚合的 IT 利用率升功率，当起始 IT 利用率为 40% 时。这些曲线的上包络是最大升功率。图 5-8（b）显示了当起始 IT 利用率为 40%、45% 和 50% 时的最大升功率。

5）比较 Safari-1、Safari-2 的状态预测模型

图 5-8 还显示了 Safari-1 和 Safari-2 使用的状态预测模型及使用线性模型的 MAE 值，当 $P_{IT}(t)$ 遵循假设 1 时。结果分别标注为 "Steady" "Transient" 和 "Linear"。线性转移模型，通过 $\tilde{T}_Z[k+1] = g_w(s[k])^T \mu[k] + T_Z[k]$ 来预测下一个状态温度，其中 g_w 是使用一个三层 MLP 来建模的，以预测线性相关系数，每层有 32 个神经元。如果仅使用由基准控制器产生的非探索性训练数据，Safari-2 的 MAE 最低，小于 0.9 ℃。此外，Safari-1 使用的基于稳态转移的预测模型在防止线性预测模型方面表现出色。

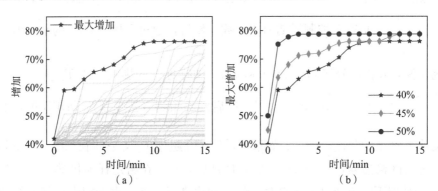

图 5-8　（a）起始利用率为 40% 时的 IT 利用率增加（灰色曲线）和最大增加（红色曲线）；（b）起始 IT 利用率分别为 40%、45% 和 50% 时的最大增加

（4）性能评估

1）评估方法和设置

我们使用 EnergyPlus 来模拟寒水制冷的数据中心和直接膨胀制冷的数据中心的物理过程。我们使用新加坡和芝加哥的 1 年气象数据，分别代表热带和温带气候区。默认情况下，我们考虑热带条件。DDPG 代理和模拟环境的其他默认设置，如室外条件和 IT 工作负载，在之前已经描述过。我们已经实现了上节中提出的 3 种 Safari 设计及之前章节中讨论的以下基准方法：

①基准控制器是 EnergyPlus 中的内置控制器。

②奖励塑形是指 DDPG 代理，其使用公式（5-3）作为塑形奖励函数。

③具体来说，当观察到系统状态是安全的时候，应用 DDPG 代理。一旦观察到不安全状态，下一个动作被设置为最小允许的进口温度设定值（即 10 ℃）和最大允许的送风流量（即 15 kg/s）。

④Projection 通过使用线性转移模型解决公式（5-5）来实现事后修正。

2）冷却式数据中心性能评估结果

我们基于简单 IT 利用模式进行了仿真，满足假设 1。图 5-9（a）显示了不同方法在前 50 天内的每日奖励平均值。前几天的高奖励是由于模仿学习。约 20 天后，奖励稳定下来。图 5-9（b）和图 5-9（c）显示了 DRL 期间违规次数的累积计数和分布情况。在违规次数或幅度方面，奖励塑形表现最差。在图 5-9（b）中，simplex、投影和 Safari-1 在 50 天内产生了数百次违规。相比之下，Safari-2 只产生了 5 次违规。从图 5-9（c）中可以看出，相比奖励塑形和 simplex，投影、Safari-1 和 Safari-2 产生了更小的违规幅度。这表明主动的不安全预防措施比被动的措施更好。与投影相比，Safari-1 的违规幅度较低。这表明公式（5-2）中的稳态转换模型比线性模型更好。Safari-2 实现了最低的违规次数和幅度。具体而言，在第 50 天，Safari-2 的违规次数分别仅为奖励塑形、simplex、投影和 Safari-1 的 1.0％、1.4％、1.0％和 1.1％。Safari-2 的温度违规幅度的第 3 个四分位数仅为 0.81 ℃，低于奖励塑形、simplex、投影和 Safari-1 的 14.5 ℃、7.6 ℃、2.3 ℃和 1.48 ℃。图 5-9（d）和图 5-9（e）显示了在测试期间不同控制器下的数据中心总功率和温区温度。Safari-1 和 Safari-2 实现了类似的功耗节约，并优于其他基线方法。总之，Safari-2 在热带和温带气候中分别比基线控制器节约了 26.4％和 22.7％的功耗。它还在学习过程中有效地防止了不安全情况，并在测试期间保持了小的温度偏差。

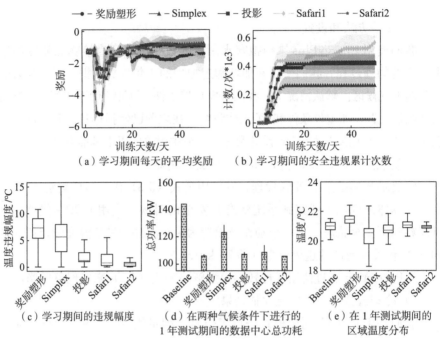

（a）学习期间每天的平均奖励　　（b）学习期间的安全违规累计次数

（c）学习期间的违规幅度　　（d）在两种气候条件下进行的　　（e）在1年测试期间的
　　　　　　　　　　　　　　　　1年测试期间的数据中心总功耗　　区域温度分布

图 5-9　不同方法在寒水冷却的数据中心上的性能

接下来，我们使用一组来自数据中心的 4000 台服务器的 6 天实际 IT 利用率跟踪进行一系列的仿真。该跟踪以一分钟为间隔进行重新采样，这是 EnergyPlus 最细的区域时间粒度设置。因此，在每个 15 分钟的控制周期内，P_{IT} 会发生变化。我们选择了前四天来构建最大的增长函数，然后将剩下的两天的数据重复用于驱动仿真。这组仿真主要评估了在不严格遵循假设 1 的情况下 Safari-2 和 Safari-3 的性能。Safari-3 相比基线控制器节省了 25.7% 的功耗，将热违规降低了 99%，并保持了低于 1 ℃ 的第 3 个四分位数的违规情况。

3）直接膨胀、制冷直流电机的评估结果

我们进行了模拟，其中模拟的 IT 功率满足假设 1。图 5-10 显示了评估结果。寒水和直接膨胀系统对假设 2 的有效性产生了不同的影响，因为它们具有不同的冷却组件和相关的主要控制。从图 5-10（b）可以看出，Safari-1 在直接膨胀冷却直流电中比在寒水、冷却直流电中产生更多的干扰。这意味着稳态转换假设（即假设 2）的有效性在直接膨胀、冷却直流中被削弱了。

尽管如此，Safari-2 的表现仍然令人满意。在第 50 天，Safari-2 的违规次数分别仅为 reward shaping、simplex、projection 和 Safari-1 的 5.5％、8.6％、4.9％和 4.0％。Safari-2 的第 3 个四分位数温度违规幅度仅为 0.99 ℃，低于奖励整形、单纯形、投影和 Safari-1 的 9.1 ℃、8.0 ℃、2.7 ℃和 2.4 ℃。与基线控制器相比，Safari-2 平均节电 26.6％。

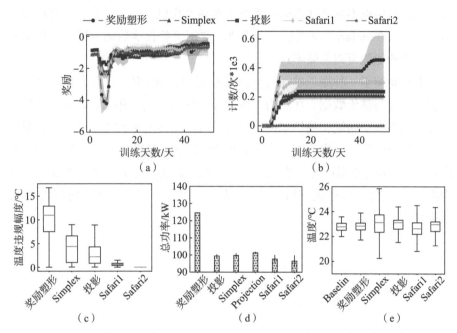

图 5-10　热带气候条件下各种方法在直接膨胀制冷直流电机上的性能

5.5　结论

Multi-hall DC：MDP 公式可以扩展，DDPG 算法仍然适用。具体来说，各数据大厅的行动和状态被串联起来，形成整个数据中心的行动和状态。所有数据大厅与温度相关的奖励分量可与奖励分量 $-\lambda_P P_{DC}$ 聚合，形成区块链的奖励。数据大厅可采用不同的区域温度设定点。当一部分数据大厅希望使用传统的安全机房空调控制时，可将其排除在 MDP 计算之外，并将其视为外生因素。Safari-3 的事后纠正可独立应用于每个数据大厅。

消除热违规：从评估结果来看，Safari-3 可以有效防止热违规。虽然消除任何热违规的最终目标是理想的，但前文中解释的区域温度的随机性使保证消除热违规变得困难。要实现保证消除，就需要打破常规的解决方案。通常情况下，部署冗余机房空调设备是为了实现故障安全运行。当与其配对的机组出现故障时，备用机房空调机组将被激活。直流操作员可以建立一个可控行为，在需要时将冷空气送入热区。当通过密切的温度监控（如每秒一次）检测到接近不安全状态时，系统可激活备用机房空调设备，并将冷空气导向热区。在 Safari-3 部署后，备用机房空调设备很少启动。因此，这最后一道防线的能耗可以忽略不计。

本章介绍了一种用于单厅直流冷却控制的安全 DRL 方法 Safari。Safari 将模仿学习与基于数据大厅热力学规律设计的事后纠正相结合，可有效防止热区的热不安全问题。我们在两种气候条件下对冷冻水和直接膨胀冷却系统进行了广泛评估，结果表明，在不同的 IT 工作负载模式下，与传统控制相比，Safari 可为数据中心节省 22％ 以上的总电量，与奖励整形相比，可减少高达 99％ 的安全违规行为。Safari 为安全关键型网络物理系统部署 DRL 算法提供了启示。

第六章　基于物理引导的机器学习在数据中心数字孪生中的创新应用

数字孪生作为物理实体的数字对应物，在数据中心原型设计和预测性热管理方面显示出巨大的潜力。在这方面，计算流体动力学/热传递（CFD/HT）模型已被广泛采用。将它们进化为高智能和实时的数字孪生对于数据中心的在线运营是可取的。然而，在实际应用中，CFD模型往往具有不令人满意的精度和较高的计算开销。手动校准CFD模型参数既烦琐又耗费人力。现有的自动校准方法应用启发式方法来搜索模型配置。然而，每个搜索步骤都需要一个长期的过程来反复求解CFD模型，这使得它们不切实际，尤其是对于复杂的CFD模型。

6.1　引言

近年来，数据中心的规模一直在不断增长，以支持不断增长的云服务需求。与此同时，全球数据中心的增长也给优化数据中心可持续性带来了巨大挑战，因为数据中心是能源密集型企业。最新的一项调查显示，数据中心贡献了0.3%的全球碳排放量，未来十年将继续存在上升趋势。因此，有效的数据中心管理是非常可取的，以确保业务连续性并提高可持续性。目前的数据中心通常配备了DCIM系统，以监控系统状态，并为运营商提供信息，以识别潜在的风险，如计划外服务器关机、本地热点等。然而，随着数据中心规模和复杂性的快速增长，这种被动监控使运营商难以预测潜在的故障。在这方面，有必要用准确和及时的预测模型来扩展DCIM。

我们将预测性数字孪生视为主动式数据中心热管理的一种解决方案。数字孪生是物理实体的数字宇宙的一部分，可以实现多物理和多尺度模拟及物理关系的概率建模。数据中心的预测性数字孪生预计将在特定边界条件下表征热和气流分布。为了满足预期，CFD/HT模拟被广泛采用。它可以通过求解能量平衡和纳维-斯托克斯方程来推导出细粒度温度场。为了追求高保真模拟，有效的 CFD/HT 模型校准很重要。例如，校准的 CFD/HT 模型可以实现低于 1 ℃ 的温度预测误差。虽然校准的 CFD/HT 模型可以实现准确的预测，但高计算开销仍然限制了其及时温度预测的采用。例如，当为具有细网粒度的超大规模数据中心进行 CFD/HT 模拟时，解决时间可能从数个小时到数天不等。因此，CFD/HT 模拟通常在原型数据中心设计中实现。

为便于及时预测温度，应优先选择计算开销较低的替代模型。在这方面，近年来，利用机器学习模型的强大功能的数据驱动方法已成为主流。例如，一些研究人员采用高斯过程（GP）模型和人工神经网络（ANN）模型等机器学习模型来学习边界条件与若干离散空间点的温度之间的回归函数。这种方法直截了当，并实现了令人满意的预测准确性。然而，这种方法的灵活性和可扩展性较差，因为需要为每个感兴趣的空间点训练一个预测模型。为了实现全面的温度场预测，适当的 POD 是一个很好的候选技术。POD 的原理是用正交基函数（即 POD 模式）和相应系数的线性组合来表示温度场。POD 系数由特定的边界条件决定。为了模拟这种关系，一些研究人员尝试通过 Galerkin 投影法将 POD 模式投影到控制方程中，并直接求解高维代数系统。然而，在高维温度场的情况下，这种方法在计算上是昂贵的。为了加速 POD 系数的计算，根据能量平衡原理提出了简化的热通量匹配。然而，过于简化的模型可能会产生不理想的性能，特别是对于热通量匹配过程未覆盖的区域。其他研究人员提议在边界条件和 POD 系数之间建立插值函数，并实现了令人满意的预测精度。然而，黑匣子方法不考虑基本物理过程。换句话说，预先规定的温度场可能会违反某些物理约束。因此，仍然缺少一种将物理知识纳入 POD 系数插值过程的方法。

然而，许多实际行业应用在采用强化学习解决方案方面面临巨大挑战，特别是在获取用于政策培训目的的数据成本很高的情况下。强化学习算法的性能通常取决于大量的操作数据来训练控制策略。然而，从操作系统中获取大量的训练数据，在资源和训练时间方面可能代价高昂。为了应对这一训练数据的挑战，研究人员先前提出了一种基于模型的强化学习（MBRL）框架，名为 Dyna。Dyna 具有数据采样成本低的优点。这种比较优势使得 Dyna 方法成为一种流行的方法，包括机器人控制和基于在线树搜索的规划。在本章中，我们将这种基于 Dyna 框架构建的 MBRL 方法称为 Dyna 风格方法。

为了弥合这些差距，本章将探讨基于物理引导的机器学习在数据中心数字孪生中的应用。结合了机器学习的灵活性和可扩展性及物理模型的基本物理约束，以提供及时的、准确的温度预测，从而改善数据中心热管理和可持续性。下文将详细介绍这一方法，并讨论其在实际应用中的挑战和前景。

我们提出了 Reducio，这是一种物理引导的机器学习方法，用于建立准确和及时的数据中心预测数字双胞胎。我们的方法是基于 POD 开发的，一种成熟的流体动力学模态分析方法和 GP 模型，这是一种强大的机器学习方法，可以处理有限的数据并量化预测不确定性。我们的方法包括两个阶段：①离线 POD 模式计算和 GP 预测器构建；②在线物理引导温度场预测。在离线阶段，我们首先从经验 CFD/HT 模拟结果中提取 POD 模式。对于每个 CFD/HT 模拟结果，我们将其投射到每个 POD 模式中，以获得相应的 POD 系数。然后，对 GP 模型进行训练，将边界条件映射到得出的系数。在线阶段的动机是最近在安全强化学习社区中提出的预测校正框架，其中添加了一个可微分优化层来调节神经网络的预测结果，以满足某些约束条件。在本章中，我们将想法扩展到 POD 系数计算，并提出了一个约束优化问题，以纠正 GP 模型中的 POD 系数。对于具有新边界条件的测试用例，我们首先利用训练有素的 GP 模型来生成 POD 系数的粗略估计。其次，我们利用能量平衡本构对其附近的粗略估计进行修正。最后，利用校正后的 POD 系数和相应 POD 模式的线性组合重建温度场。我们根据 CFD/HT 模拟结果在边缘数据中心评估了所提出的方法，并根据实际温度传感器测量结果在工业级超大规模数据中心进行了评估。在前一种情况下，拟议方法的 MAE 小于 1 ℃，而在后一种情况下，MAE 约为 1 ℃。此外，Reducio 还能实现实时预测，因此适用于主动式数据中心热管理。

为了克服黑箱函数逼近器的局限性，我们提出利用控制热力学和冷却系统定律作为先验知识来构建系统模型。将先验知识整合到机器学习中，由于其在减少数据需求和提高外推能力方面的优势，一直是研究的热点。物理信息神经网络（PINN）是一种将物理约束嵌入深度神经网络训练过程的新技术。一些研究试图将 PINN 扩展到基于模型的最优控制。然而，这些研究假设状态转移值和奖励值都可以从给定当前状态-行为对的 PINN 中得到。数据中心是一个复杂的多物理场网络物理系统，虽然状态转换可以通过数据大厅的热力学来表征，但确定奖励需要冷却系统（如冷水机组）的能量使用模型。不幸的是，这些模型通常没有指定，只能使用在线探索性数据进行拟合。为了了解系统变更后的系统用电模型，需要安全地收集探索性数据。

为了解决上述具体挑战，我们提出了 Phyllis 1，这是一种基于物理的终身强化学习方法，以帮助政策适应不断变化的直流环境，同时考虑安全性和速度。具体来说，在离线阶段，Phyllis 确定了一个遵循物理定律的可微分热转变模型。在在线适应阶段，Phyllis 通过以下 4 个步骤来实现适应。首先，利用识别的过渡模型对短时间的在线探索进行监督，以安全收集数据。其次，利用收集到的在线数据找出控制动作与冷却功率使用之间的关系。利用新的在线数据学习残差模型，以补充先前确定的过渡模型。再次，利用已识别的热态转换和奖励函数，通过与这些模型的交互对策略进行预训练。最后，我们部署预先训练好的策略与物理系统进行交互，以进行进一步的微调。菲利斯借鉴了 MBRL 和基于物理的机器学习的各自优势，以解决华盛顿特区政策适应所面临的具体挑战。已知物理定律的结合减少了对系统识别的数据需求，并有助于在收集在线勘探数据时更好地管理热安全。

6.2　相关工作

在本节中，我们回顾了数据中心建模的相关研究，这些研究分为物理驱动和数据驱动方法。表 6-1 总结了数据中心热建模的现有工作。

表 6-1　与数据中心热建模相关的现有工作总结

数据中心热模型		精确度	速度	温度场	尺寸/m²
物理指导	高保真建模	湍流 CFD/HT 模型	MAE：低于 1 ℃	小时	是	＞800
	简化建模	潜在流量	MAE：2.4 ℃	～23 s	是	～500
		热再循环	MAE：～2 ℃	实时	否	N/A
		快速流体动力学	NRMSE：4%	～250 s	是	～660

数据中心热模型			精确度	速度	温度场	尺寸/m²
数据驱动	适当POD	通量匹配	MAE：1.24 ℃	实时	是	～20
		Galerkin 投影	MAE：1.36 ℃	～4 s	是	～20
		样条插值	MAE：低于 1 ℃	实时	是	～100
		Reducio	MAE：低于 1 ℃	实时	是	＞800
	机器学习方法	时间序列预测	MAE：～3 ℃	实时	否	30
		高斯过程	MAE：低于 1 ℃	实时	否	～50

6.2.1　物理引导的热建模

物理导热模型是根据支配热力学的第一批主要定律开发的。在过去的几十年里，CFD/HT 模拟是模拟数据中心内热力学的代表性工具。它优于推导成熟的温度场，允许操作员进行假设分析。然而，用细粒度网状细胞模拟 CFD/HT 模型可能需要几个小时，这对于及时预测来说是令人望而却步的。

最近，一些研究人员试图开发先进的数值求解器或求解简化的物理模型，以加速 CFD/HT 模拟。例如，一些研究人员利用了潜在流法，该方法以较少的计算努力解决了简化的系统。尽管与传统的 CFD/HT 模拟相比，这种方法可以实现相当大的加速度，但简化的近似值可能会影响精度。Zuo 等人没有解决简化的系统，而是提出了 FFD，以便快速准确地模拟数据中心热力学。FFD 方法使用先进的数值算法解决相同的治理系统，实现 50 倍的加速度。尽管 AI 使用 FFD 方法实现了巨大的加速度，但模拟时间仍然保持在数百秒的规模上（模拟 660 平方米的数据大厅约为 250 秒）。为了进一步加速 FFD 模拟，将原位自适应制表（ISAT）算法与 FFD 模拟模型相结合。对于测试用例，如果估计的预测误差在预定义的公差阈值内，ISAT 算法将从包含离线 FFD 模拟结果的数据集中检索模拟结果，如果没有找到匹配的结果，将进行 FFD 模拟。虽然通过 ISAT 算法实现了进一步的加速，但它仍然无法满足任意测试案例的实时预测要求，因为如果在 oracle 中找不到匹配的结果，则应该不可避免地进行 FFD 模拟。

6.2.2　数据驱动的热建模

为了实现实时模拟，一些研究人员为数据中心温度预处理开发了数据驱动的方法。黑盒数据驱动的热建模是学习一种函数，该函数将边界条件映射到某些离散点的温度。最近，Athavale 等提议使用机器学习工具进行直接温度预测。他们发现，使用 GP 回归模型可以实现低于 1 ℃ 的温度预测误差。然而，他们还发现，随着训练数据的减少，预测准确性急剧下降，因此其推广在实践中令人担忧。与纯数据驱动方法相反，一些研究人员试图将简化的物理模型纳入数据驱动的热模型中，以提高泛化和可解释性。例如，Li 等提出了 Thermocast，这是一个瞬态服务器温度预测器，结合了传感器测量和简化的物理模型，可以提前预测服务器温度。与专注于瞬态热动态预测的 Thermocast 不同，Gupta 等提议利用热再循环矩阵（HRM）来建立稳态服务器入口温度和服务器热负载之间的线性函数。然而，这两种方法都无法产生令人满意的预测精度。

数据驱动数据中心热建模的另一个线程基于 POD，可以使用基于 POD 的方法预先预测一个成熟的温度场。POD 的基本思想是将温度场分解为一组 POD 模式，它可以通过它们的线性组合来表示。POD 模式可以首先通过解决特征值问题从经验 CFD/HT 模拟结果中提取，然后建立线性组合和边界条件中系数之间的函数，以处理新的测试用例。至于映射函数，一些研究人员建立了一个代数系统来推导测试用例的 POD 系数。代数系统可以从 Galerkin 投影或热通量匹配过程建立。从 Galerkin 投影构建了一个高维代数系统，其求解时间明显长于简化的热通量匹配反部分。对于基于热通量匹配的方法，建立了一个与 POD 系数和边界条件相关的线性系统，并使用最小二乘技术来推导 POD 系数。其他研究人员利用插值方法直接学习一种函数，该函数在没有物理知识的情况下将边界条件映射到 POD 系数中。据报道，这些方法具有令人满意的预测准确性。然而，插值不涉及物理知识，这使得它在处理不同的边界条件和复杂的三维几何时不可靠。

6.2.3　基于物理的学习和控制

物理知识可以通过观测数据、模型架构和损失函数嵌入到机器学习中。

为了模拟建筑环境的热力学，最近的研究对神经网络的结构或损失函数施加了物理约束。另一项研究采用能量平衡原理调节基于适当 POD 和高斯过程的直流热模型的预测。虽然与黑盒模型相比，这些研究显示了良好的预测准确性，但它们没有评估物理信息模型对最优控制的功效，也没有考虑系统功耗。最新的研究将 PINN 扩展到以人为中心的建筑中的温度和湿度模型。然后使用模型预测控制将 PINN 用于优化 HVAC 系统的能源使用。

6.2.4 MBRL 和 AutoML

为了构建可以学习完成各种控制任务的智能代理，研究人员几十年来一直在积极研究 RL。随着深度学习的最新进展，DRL 已经证明了它在各种应用方面的优势。例如，在 Deng Y 等的研究中，提出了一种 DRL 代理来解决金融交易任务；在 Pan Y 等的研究中，训练神经 RL 代理来模拟人类运动技能的学习；在 Song R 等的研究中，提出了一种非策略 RL 方法来解决非线性和非零和博弈。我们的研究特别关注 MBRL，可用于降低 RL 的采样成本，我们提出了一种 AutoML 解决方案。在下文中，我们简要回顾了 MBRL 和 AutoML 研究的最新发展。

（1）MBRL

尽管性能有了显著提高，但 RL 所需的高采样成本已成为实践中的一个重要问题。为了解决这个问题，引入了 MBRL 来学习系统动力学模型，以减少数据收集和采样成本。我们简要介绍了一些具有代表性的工作，对 MBRL 进行了清晰的文献综述。具体来说，我们首先介绍 Dynastyle MBRL 方法的相关工作，该方法使用网络模型作为训练数据源进行策略改进，而不是其他目的。Deisenroth 等为机器人控制器提供了一个 MBRL，它从真实环境和学习网络仿真器中采样。Levine 等改编了一个模型，该模型以前针对其他任务进行训练，为一个新的但相似的任务训练控制器。这种方法结合了动态模型的先验知识和在线适应，从而获得更好的性能。Clavera 等提出了一种基于模型的元策略优化方法，该方法使用学习到的网络模型的集合，并将策略更新过程视为元学习过程，因此，它可以放弃对准确学习网络模型的强烈依赖。Kurutach 等提出了一种网络环境集成方法来保持模型的不确定性，并对学习过程进行正则化。这种方法可以克服策略倾向于探索单个网络模型没有足够的数据可用的区域的问题，从而导致学习的不稳定性。

一些 MBRL 方法不是将网络模型视为用于训练的数据源，而是使用网络模型在实际应用中进行预试树搜索，其中选择正确的动作非常关键。网络模型可以防止选择不利的动作，从而加速最优策略的学习。Pascanu 等引入了一个规划代理和一个管理器，它决定是否从网络引擎中采样或采取行动以最小化训练成本。这两种方法都侧重于动作选择中的树搜索，这与我们的目标是在采样中选择适当的数据源的设计不同。最近的一些工作研究了在 RL 中集成基于模型和无模型方法。MBRL 用于训练控制器代理。然后使用代理为无模型 DRL 方法提供权重初始化，以降低训练成本。与这种方法不同，我们专注于直接从模型中采样以降低真实环境中的采样成本。Aadi 等不是专注于提高 MBRL 的性能，而是通过网络模型为多步预测误差提供了一种新的误差界，特别是 Lipschitz 模型，然后证明了网络模型引入的值函数的误差界。这项工作提供了对 MBRL 理论的一些见解。

（2）AutoML

AutoML 旨在开发一种算法，无需人工干预即可自动训练高性能机器学习模型，如超参数调整、模型选择等。AutoML 被提出来用以解决各种特定的训练任务，如移动设备的模型压缩、迁移学习和一般神经网络训练。请注意，大多数 AutoML 解决方案被提出来解决监督学习情况，其中数据集通常是预先获取的。在我们的例子中，由于数据将被目标控制器收集以进行训练，它实际上需要一个 AutoML 解决方案，而不是一般的监督学习案例。

6.3　预备知识

在本节中，我们提供必要的初步知识。我们首先介绍了 POD 方法。以下简要介绍了 GP 回归模型。本章中使用的符号列于表 6-2。

表6-2 符号摘要

符号	定义	符号	定义
$\lVert \cdot \rVert_2$	$\ell2$-范数	T^{sup}	CRAC 供应温度矢量
$\lVert \cdot \rVert_F$	Frobenius 范数	V^{sup}	CRAC 体积空气流速矢量
$\langle \cdot, \cdot \rangle$	内积	P	服务器功率矢量
m	服务器计数	V	服务器入口体积空气流速矢量
n	传感器计数	b	边界条件向量
N	训练案例的数量	α	每瓦服务器入口体积空气流速矢量
r	截断 POD 模式的数量	$\tilde{b}$	聚合边界条件向量
D	完全温度场的维数	$\hat{a}$	POD 系数的粗估计向量
T^{obs}	温度场观测数据集	σ	POD 系数预测的标准差向量
a	POD 系数矢量	a_k^{tar}	第 k 个 GP 模型的回归目标向量
φ	POD 模式矢量	C_p, ρ	比热和空气密度

6.3.1 适当的 POD

POD，也被称为 Karhunen-Loeve 分解，是为复杂的多尺度湍流对流系统设计代理模型的强大工具。POD 的基本思想是通过捕获温度场中相干结构的 POD 模式的线性组合来近似温度场。它已被广泛用于流体动力学群落的模态分析。在本章中，我们将有限维稳态温度场视为 $T(x) \in \mathbb{R}^D$，其中 x 是笛卡尔坐标系中的空间坐标，D 是 CFD/HT 模拟中的网格单元格数。$T(x)$ 可以通过 POD 模式进行扩展：

$$T(x) = \sum_i a_i \varphi_i(x)。 \tag{6-1}$$

其中 a_i 是第 i 个 POD 模式 $\varphi_i(x) \in \mathbb{R}^D$ 的 POD 系数。为了有效地解决 POD 模式，我们利用了 Sirovich 等提出的快照方法。具体来说我们可以获得 $T_i^{\text{obs}}(x)$，$i = 1, 2, \cdots, N$ 通过运行具有不同边界条件的 N CFD/HT 模拟，形成一个训练数据集 $T^{\text{obs}} = [T_1^{\text{obs}}(x), T_2^{\text{obs}}(x), \cdots, T_N^{\text{obs}}(x)] \in \mathbb{R}^{D \times N}$，其中每列都是一个模拟温度场。POD 生成一组基础，形成一个低秩矩阵 $\Phi \in \mathbb{R}^{D \times r}$ 从而最小化以下目标函数：

$$\underset{\Phi, \ s.t. \ rank(\Phi)=r}{\text{argmin}} \lVert T^{\text{obs}} - \Phi\Phi^{\mathsf{T}} T^{\text{obs}} \rVert_F。 \tag{6-2}$$

其中 Φ 的第 i 列是第 i 个 POD 模式 φ_i，r 是截断的秩。这个优化问题可以通过在训练数据集 T^{obs} 上实现奇异值分解（SVD）来解决。在我们获得 POD 模式后，关键的挑战是确定新案例的 POD 系数。

6.3.2 高斯过程回归

在本节中，我们简要介绍 GP 模型及其在回归问题中的应用。

考虑一个来自底层函数的噪 $f: \mathbb{R}^n \to \mathbb{R}$ 测值，通过一个高斯噪声模型 $y = f(x) + n$，其中，$x \in \mathbb{R}^n$ 是特征向量，n 是分布为 $N(0, \sigma_n^2)$ 的高斯噪声。综上所示，其统计性质 y 完全由其均值函数 $\mu(x; \theta_\mu) = \mathbb{E}[f(x); \theta_\mu]$ 和协方差函数 $K(x_i, x_j; \theta_\mu) = \mathbb{E}\{[f(x_i) - \mu(x_i; \theta_\mu)] \cdot [f(x_j) - \mu(x_j; \theta_\mu)]; \theta_K\}$。其中 θ_μ 和 θ_K 是 GP 模型的超参数。

GP 在回归问题中的应用是简单明了的。设 $X = [x_1, x_2, \cdots, x_N]^T \in \mathbb{R}^{N \times p}$ 是包含二进制样本的特征向量 N，其中 $x_i \in \mathbb{R}^p$ 是 i-th 特征向量和 $Y = [y_1, y_2, \cdots, y_N]^T \in \mathbb{R}^N$ 对标签集进行操作。设 $D = (X, Y)$ 为训练数据集。值得注意的是，GP 是一个非参数模型，这意味着在训练阶段，我们只需要存储训练数据集 D，并通过最大似然估计（maximum likelihood estimation，MLE）来估计超参数。在推理阶段，让我们个试样本 $x^* \in \mathbb{R}^n$ 并将 GP 模型的输出表示为 y^* 符合高斯分布的 $N(\bar{y}_*, \sigma_*^2)$，其中的 $\bar{y}_*$ 和 σ_*^2 可以用以下方法计算：

$$\bar{y}_* \& = \mu(x_*; \theta_\mu^*) + K_* K^{-1}[Y - \mu(X; \theta_\mu^*)]。 \tag{6-3}$$

$$\sigma_*^2 \& = K_{**} - K_* K^{-1} K_*^T。 \tag{6-4}$$

这里，$K_* = [K(x^*, x_1; \theta_K^*), \cdots, K(x^*, x_N; \theta_K^*)] \in \mathbb{R}^N$ 和 $K \in \mathbb{R}^{N \times N}$ 是协方差矩阵。

6.3.3 Data Hall 热力学

第一级的传热可以用 CFD/HT 技术来表征。设 $T_z \in \mathbb{R}^N$ 抛掷表示包含抛掷点的区域空气温度向量。由能量守恒导出的热力学以偏导数方程（PDE）形式为：

$$\rho_{\text{air}}\left(\frac{\partial T_z}{\partial t} + \frac{\partial U_i T_z}{\partial x_i}\right) = \frac{\partial}{\partial x_i}\left(\Gamma_{\text{eff}}\frac{\partial T_z}{\partial x_i}\right) + Q(t)_\circ \tag{6-5}$$

其中，t 为时间，直角部应为三维空间坐标之一，$U_i \in \mathbb{R}^N$ 为气流在不同方向 i 上的速度矢量，分别为 1、2 或 3，ρ_{air} 为空气密度，Γ_{eff} 为扩散系数，Q 为热负荷，包括由设备能耗换算成的可感知部分和由 CRACs 去除的部分。在本研究中，我们假设与照明和人类工人相比，IT 电源使用（由 P_{IT} 表示）产生的热量占主导地位。为了简化建模，EnergyPlus 仿真考虑到所有 CRACs 采用相同的供电设置，数据厅具有均匀的空间温度分布，采用节点模型。在实际应用中，通过空气密封和热感知负载平衡可以实现均匀的空间温度分布。因此，将公式（6-5）化简为常微分方程（ODE）形式：

$$\frac{dT_z(t)}{dt} = \frac{m_s}{v_{sp_{\text{air}}}}(T_s(t) - T_z(t)) + \frac{1}{\alpha C_p V_s}P_{IT}(t)_\circ \tag{6-6}$$

其中，C_p 为空气热容量，α 为空气再循环比，V_s 为数据厅容积，m_s、T_s 分别为送风质量流量和送风温度。ODE 形式省略了详细的空间温度分布，侧重于瞬态传热过程。在本研究中，我们考虑了均匀和非均匀的空间温度分布。为了简化表示，我们在下面的分析中使用标量形式表示法。

微分方程将数据大厅内的温度变化描述为一个连续时间的随机过程。随机性来自 P_{IT} 随时间的不确定演化。为了分析控制过程，我们采用时槽处理方法，将时间离散为 K 个控制期 τ，假设 P_{IT} 只在每个控制期开始时发生变化，即 $P_{IT}(t)\mid_{t\in(k\tau,\,(k+1)\tau)} = P_{IT}[k]$，$k \leqslant K$。令 μ 表示由送风温度和质量流量组成的控制动作为 $\mu = (\hat{T}_s, \hat{m}_s)$。在 k-th 周期开始时，冷却系统也通过执行器实现控制动作。在形式上，$T_s(t)\mid_{t\in(k\tau,\,(k+1)\tau)} = \hat{T}_s[k]$，$m_s(t)\mid_{t\in(k\tau,\,(k+1)\tau)} = \hat{m}_s[k]$。因此，将上述变量代入公式（6-2），得到离散热过渡函数：

$$T_z[k+1] = F(s[k], \mu[k])_\circ \tag{6-7}$$

其中，F 为过渡函数，s 为由送风温度、区域回风温度和 IT 功耗组成的状态向量，即 $s = (T_s, T_z, P_{IT})$。在实践中，温度和电力使用测量在控制期间可以平均为离散分析的数据。

6.3.4 系统功耗

直流总用电量包括资讯科技设备和相关冷却系统的用电量。IT 功率用于 CPU 的计算和内部风扇的散热，这取决于新的 CPU 利用率（表示 U_{IT}）和之前的进风口温度（表示 T_{in}）。因此，k-th 时间段的 IT 功率使用建模为 $P_{IT}[k] = f_{IT}(U_{IT}[k], T_{in}[k-1])$。入口温度取决于送风和再循环热空气的温度，即 $T_{in}[k] = (1-\alpha)T_s[k] + \alpha T_z[k]$。在实践中，可以使用历史数据来确定时延。对于 cw 冷却的直流电，冷却功率（表示为 P_c）定义为 $P_c = P_{crac} + P_{chp} + P_{ch} + P_{cp} + P_{ct}$。其中 P_{crac}，P_{chp}，P_{ch}，P_{cp}，P_{ct} 分别为 CRAC 风机、冷冻水泵、冷水机、冷凝水泵、冷却塔风机的功率使用情况。每个组件在 k-th 时间段的功率使用可以通过 $P_{crac}[k] = f_1(\widehat{m}_s[k])$，$P_{chp}[k] = f_2(\widehat{m}_{chw}[k])$，$P_{ch}[k] = f_3(T_{chws}[k], T_{cws}[k], Q_{ch}[k])$，$P_{chp}[k] = f_4(\widehat{m}_{cw}[k])$，和 $P_{ct}[k] = f_5(T_{cws}[k], T_{cwr}[k], T_o[k], Q_{ct}[k])$，式中 $\widehat{m}_{chw}$、$\widehat{m}_{cw}$ 分别为冷冻水和凝结水的质量流量，T_{chws}、T_{cws}、T_{cwr}、T_o 为冷冻水供应温度、冷凝水供应、冷凝水回水和室外空气，Q_{ch} 和 Q_{ct} 分别是由冷水机组和冷却塔去除的热负荷。通常，T_{chws}、T_{cws} 和 T_{cwr} 是固定的。这些模型一般都是非线性的。但是，详细的表单通常没有指定，只能从操作数据中识别。在本研究中，我们需要了解数据大厅环境变化（例如，调整 $\hat{T}_s$ 和 $\widehat{m}_s$ 对这些组件的功耗使用的影响）。为了描述影响，在下文中，我们提出了一种安全意识策略来收集在线探索性数据并利用适当的系统规律来模拟影响。

6.4 系统模型

在本节中，我们首先介绍系统配置。随后，我们介绍了多尺度数据中心热建模。

6.4.1　系统配置

在本章中，我们考虑一个数据中心与 m 机房空调单元和 n 服务器。典型的采用热通道密封的风冷数据中心布局如图 6-1 所示。第 i 个 CRAC 机组由其送风温度 T_i^{sup}（℃）和送风体积流量 V_i^{sup}（m²/s）指定。服务器的配置包括功耗和进风口体积流量。

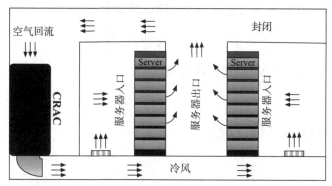

图 6-1　采用热通道密封的风冷架空数据中心示意图

输入：预测数字孪生的输入是一个包含所有边界条件和 rPOD 模式的向量。具体地说，边界条件向量为 $b = (T^{sup}, V^{sup}, P, V)$，其中 $T^{sup} = [T_1^{sup}, T_2^{sup}, \cdots, T_m^{sup}]$，$V^{sup} = [V_1^{sup}, V_2^{sup}, \cdots, V_m^{sup}]$，$P = [P_1, P_2, \cdots, P_n]$，$V = [V_1, V_2, \cdots, V_n]$ 分别为送风温度矢量、送风体积流量矢量、服务器热负荷矢量、服务器进气体积流量矢量。

输出：结果是一个完整的温度场 $\hat{T}(x) = \sum_{i=1}^{r} g_i(b)\varphi_i(x)$，其中函数 $g_i(b)$ 将边界条件向量 b 映射为 $i\text{-}th$ POD 模式的系数。

6.4.2　多尺度数据中心热建模

数据中心是具有代表性的多尺度湍流对流系统。换句话说，我们需要考虑从本地单个服务器到全局房间空间的能量平衡。在服务器层，设 $i\text{-}th$ 服务器的进出口温度分别为 T_i^{in} 和 T_i^{out}，则服务器层的局部能量平衡为：

$$P_i = C_p \rho V_i (T_i^{out} - T_i^{in})。 \tag{6-8}$$

其中，V_i 为 i-th 服务器入口空气体积流量，ρ 为空气密度，C_p 为比热。在本章中，我们将其 V_i 建模为一个线性函数 P_i，即：

$$V_i = \alpha_i \cdot P_i。 \tag{6-9}$$

其中，α_i 为 i-th 服务器的每瓦特服务器入口空气体积流量 $[\mathrm{m}^2/(\mathrm{s} \cdot \mathrm{W})]$。一般情况下，$\alpha_i$ 无法从服务器硬件规范中获得时延，只能通过模型校准或现场测量来估计。在本章中，我们假设所有 α_i 的先验都是已知的。

在房间层面，我们采用节点模型，将整个数据大厅视为一个节点，类似于 EnergyPlus 中的处理方法。房间级能量平衡表示为：

$$\sum_{i=1}^{m} C_p \rho V_i^{\mathrm{sup}}(T_i^{\mathrm{ret}} - T_i^{\mathrm{sup}}) = \sum_{k=1}^{n} P_i。 \tag{6-10}$$

其中，T_i^{ret} 为 i-th CRAC 机组回风温度。

6.5 REDUCIO 方法

6.5.1 方法概论

Reducio 的工作流程如图 6-2 所示，可以分为离线阶段和在线阶段。在离线阶段，我们首先在不同的边界条件下进行多个 CFD/HT 模拟，以获得观测数据集 Tobs。此步骤是整个工作流程中最耗时的步骤，因为实施了多个 CFD/HT 模拟。在我们获得观察数据集后，应用前文中引入的快照方法来获得 POD 模式。之后，我们将每个温度场投影到 POD 模式中，以得出其

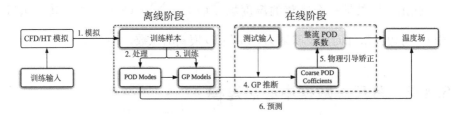

注：在离线阶段，从观测数据集中提取 POD 模态。然后训练学习边界条件与 POD 系数之间映射关系的 GP 模型。在在线阶段，我们使用相应的 GP 模型获得每个 POD 系数的粗略估计，并通过物理指导校正对估计进行校正。最后，利用校正后的 POD 系数进行温度场预测。

图 6-2 Reducio 的工作流

相应的 POD 系数，该系数将作为 GP 模型的标签。次要的是，我们构建了 GP 模型，该模型学习了边界条件和派生的 POD 系数之间的映射。由于常见的 GP 模型无法进行矢量预测，我们忽略了 POD 系数之间的相关性，并为每个 POD 系数训练一个 GP 模型。

在在线阶段，核心挑战是在给定新的边界条件的情况下，推导出每个 POD 模式的 POD 系数。在这方面，我们设计了一个新的物理指导的两步框架。具体来说，我们首先利用离线训练的 GP 模型，在新的约束条件下对每个 POD 系数进行粗略估计。然后，基于 GP 模型的 POD 系数，在粗估计附近进行物理引导修正，将在下文中详细讨论。最后，利用 POD 模与修正后的 POD 系数的线性组合来预测温度场。

6.5.2　离线 GP 模型培训

利用 GP 回归模型来学习边界条件和每个 POD coeffi-cient 之间的非线性映射。选择 GP 型号的原因有三。首先，根据 POD 理论，训练数据集中的每个案例都可以用提取的 POD 模式重建，每个 POD 模式的系数是训练案例和 POD 模式的内积。通过使用 GP 模型，我们可以保证，如果测试输入与训练输入相同，预测将成为相应派生 POD 系数的简单检索，预测将是准确的，因为 GP 回归可以被视为插值。否则，预测的 POD 系数将是训练数据集中所有 POD coeffi-cients 的加权平均数，接近测试输入的训练输入将对预测结果产生更多影响。这种相似性引导的加权平均可以被视为软查找表查询，并且可以连接到基于 ISAT 算法的代理模型，其中实现了硬查找表查询。其次，GP 模型在小数据状态下提供了良好的泛化能力。CFD/HT 模拟非常耗时，因此无法获得大量模拟结果来训练复杂的机器学习模型，如深度神经网络。因此，在处理模拟数据时，GP 模型更可取。最后，GP 模型为预测提供了不确定性。不确定性信息有助于定义拟议的物理制导整流的可行搜索区域，该搜索区域将在之后讨论。

对于用于预测温度场的 r POD 模式，我们建立了 r GP 回归模型，即每个 POD 模式一个，下面指定了每个模型的输入和回归目标。我们采用聚合边界条件 $\tilde{b} = \left[T_1^{\text{sup}}, \cdots, T_m^{\text{sup}}, V_1^{\text{sup}}, \cdots, V_m^{\text{sup}}, \sum_i P_i, \sum_i V_i, \right] \in \mathbb{R}^{2m+2}$ 作为每个 GP 模型的输入。使用聚合边界条件而不是原始边界条件的原因是

双重的。首先，数据中心可以托管数百甚至数千台服务器，从而导致维度的诅咒。鉴于有限的 CFD/HT 模拟结果，如我们案例中的数十个样本，这种高维输入空间将阻碍 GP 模型的学习。其次，GP 模型仅用于生成 POD 系数的粗略估计，因此聚合边界条件足以用于此目的。我们将训练数据集中的所有温度字段投影到相应的 POD 模式，以获得回归目标。具体来说，对于第 i 个 GP 模型，为了获得训练数据集中第 k 个情况的回归目标，我们计算 T_k^{obs} 和 φ_i 的内积作为目标：

$$a_{k,\,i}^{tar} = \langle \varphi_i,\ T_k^{obs} \rangle,\ k=1,\ 2,\ \cdots,\ N。 \tag{6-11}$$

对于 GP 模型的均值函数和核函数，我们使用了被广泛采用的常数均值函数 $\mu(\tilde{b}=0)$ 及指数核的平方 $K(\tilde{b}_i,\ \tilde{b}_j) = \sigma^2 \exp\left(-\frac{\|\tilde{b}_i - \tilde{b}_j\|_2}{2l^2}\right)$。其中，$\varphi$ 和 l 是两个超参数，它们可以通过 GPy 进行优化。还应该注意的是，所有 GP 模型都具有相同的均值和核函数形式，但具有不同的超参数。

6.5.3 在线 POD 系数估计

我们描述了 Reducio 的在线阶段，这是一种物理指导的两步方法，用于估计给定新边界条件下的 POD 系数。首先介绍了如何利用离线优化的 GP 模型获得 POD 系数的粗略估计。接下来，我们将提供物理指导整改方案。

GP 模型粗估计。给定一个聚合边界条件向量 $\tilde{b}_*$ 和 r 优化 GP 模型的测试用例，我们对相应 POD 模态的系数产生 r 粗估计。具体而言，对于第 i 个 POD 系数，我们使用公式（6-3）中定义的后验均值作为粗估计。通过重复此过程 r 次，我们可以得到 rPOD 系数的粗略估计，记为 $\hat{a} = [\hat{a}_1,\ \cdots,\ \hat{a}_r]$。更重要的是，我们还可以从公式（6-4）中得到预测的不确定性，其结果形成一个向量，定义为 $\sigma = [\sigma_1,\ \sigma_2,\ \cdots,\ \sigma_r]$。然而，应该注意的是，这种程序不能保证预测的温度场在没有施加明确约束的情况下尊重全球和局部的能量平衡。这促使我们设计基于 GP 模型产生的粗略估计 $\hat{a}$ 和不确定性向量 σ 的物理引导局部搜索，从而将局部和全局能量平衡纳入 POD 系数计算。

物理引导局部搜索整流。在本节中，我们制定了一个约束优化问题，以便将多尺度能量平衡纳入推理过程。我们首先将温度场的 POD 展开代入公式（6-11）：

$$P_i = C_p \rho V_i \left\{ \sum_{k=1}^{r} a_k \left[\varphi_k(x_i^{\text{out}}) - \varphi_k(x_i^{\text{in}}) \right] \right\}。 \tag{6-12}$$

通过在公式（6-9）中找到一组合适的 POD 系数，即可在预测温度场中满足第 i 个服务器的局部能量平衡。同样，我们也可以将 POD 扩展纳入房间级能量平衡公式（6-7）中：

$$\sum_{i=1}^{m} C_p \rho V_i^{\text{sup}} \left\{ \sum_{k=1}^{r} a_k \varphi_k(x_i^{\text{ret}}) - T_i^{\text{sup}} \right\} = \sum_{k=1}^{n} P_i。 \tag{6-13}$$

基于公式（6-9）和公式（6-10）校正的目的是在粗估计 $\hat{a}$ 附近寻找 POD 系数向量 a，使其在尽可能满足局部能量平衡的同时满足全局能量平衡。我们不能保持所有本地能量平衡的原因是数据中心中托管的服务器数量将大大超过 POD 模式的数量，即在实践中 n≫r。因此，不可能找到一组 POD 系数同时满足所有局部能量平衡。同时，应该注意到只有一个全球能量平衡需要满足，因此我们可以强制满足它。在这些建模原则的指导下，我们可以将物理引导的局部搜索问题表述为二次约束二次规划（quadratic constrained quadratic programming，QCQP），如下所示：

$$\min_{a} \quad \| a - \hat{a} \|_2$$

$$\text{s. t.} \quad \sum_{i=1}^{n} \left\{ \frac{P_i}{C_p \rho V_i} - a^{\top} \left[\Phi(x_i^{\text{out}}) - \Phi(x_i^{\text{in}}) \right] \right\}^2 \leqslant \varepsilon ,$$

$$\sum_{i=1}^{m} C_p \rho V_i^{\text{sup}} \left[a^{\top} \Phi(x_i^{\text{ret}}) - T_i^{\text{sup}} \right] = \sum_{k=1}^{n} P_i , \tag{6-14}$$

$$\hat{a}_i - \beta \sigma_i \leqslant a_i \leqslant \hat{a}_i + \beta \sigma_i , \quad i = 1, 2, \cdots, r。$$

这里，$\Phi(x_i^{\text{out}}) = [\varphi_1(x_i^{\text{out}}), \ldots, \varphi_r(x_i^{\text{out}})] \in \mathbb{R}^r$ 包含第 i 个服务器出口的 rPOD 模式值。$\Phi(x_i^{\text{in}})$ 和 $\Phi(x_i^{\text{ret}})$ 的定义相似。还应该注意的是，局部搜索也受到 GP 模型产生的每个 POD 系数的不确定性的限制。如果不确定性较大，则应更多地考虑多尺度能量平衡，以获得合理的 POD 系数估计，反之亦然。因此，与其他机器学习方法相比，GP 模型在物理导向校正方面具有独特的优势。对于优化问题公式（6-14）第一个约束的确定，我们将粗估计结果 $\hat{a}$ 代入到第一个约束的 LHS 中，即 $\varepsilon = \sum_{i=1}^{n} \left\{ \frac{P_i}{C_p \rho V_i} - \hat{a}^{\top} \left[\Phi(x_i^{\text{out}}) - \Phi(x_i^{\text{in}}) \right] \right\}^2$。通过施加这样的约束，我们的目标是使校正后的 POD 系数比 GP 模型的粗估计产生更小的局部能量平衡破坏。

我们通过问题的重新表述来解决 QCQP 问题。具体来说，我们引入一

个辅助变量 t，使问题可以重新表述为：

$$\min_{a,\, t} t.$$

$$\text{s. t.} \sum_{i=1}^{n} \left\{ \frac{P_i}{C_p \rho V_i} - a^{\top} [\Phi(x_i^{\text{out}}) - \Phi(x_i^{\text{in}})] \right\}^2 \leqslant \varepsilon$$

$$\sum_{i=1}^{m} C_p \rho V_i^{\text{sup}} [a^{\dagger} \Phi(x_i^{\text{ret}}) - T_i^{\text{sup}}] = \sum_{k=1}^{n} P_i, \quad (12)_{\circ} \tag{6-15}$$

$$\| a - \hat{a} \|_2 \leqslant t,$$

$$\hat{a}_i - \beta \sigma_i \leqslant a_i \leqslant \hat{a}_i + \beta \sigma_i, \quad i = 1, 2, \cdots, r$$

我们可以确定，优化问题公式（6-12）是一个二阶锥规划（SOCP），可以通过 CVXPY 有效地求解。至于 β 过去约束优化问题的公式（6-12）。我们从 $\beta = 1$，如果优化问题是不可行的，我们把它乘以一个常数，直到一个可行的解决方案。

6.5.4 评估

（1）评估方法

在本节中，我们首先介绍了本章用于绩效评估的指标。随后，我们引入了经过评估的基线方法。下面讨论了两个数据中心的评估结果。

我们评估不同的方法从这两个观点：温度预测误差和计算开销。就温度预测误差而言，我们使用 CFD/HT 模型生成的温度场作为除非特别说明，否则基本真相。我们使用 MAE 评估温度预测误差的度量，定义为 MAE $=$ $\frac{1}{N} \sum_{i=1}^{N} | \hat{T}(x_i) - T(x_i) |$，其中 N 是评估点的数量，$x_i$ 是第 i 个评估点的空间坐标，$\hat{T}(x_i)$ 和 $T(x_i)$ 分别是预测温度和地面真实温度。至于计算开销，我们评估使用相同硬件配置和计算资源运行的不同模型的计算时间。

在本节中，我们介绍了与 Reducio 进行比较的基线方法。

①POD-Flux 匹配（POD-FM）方法利用局部能量平衡和全球能量平衡共同形成一个线性系统，并通过用最小二乘法求解线性系统来计算 POD 系数。这种方法找到公式（6-9）和公式（6-10）求和的最小化器。

②GP 与基于 POD 的方法相反，GP 无法获得全尺度温度场。为了进

行公平比较，我们还使用前文中定义的聚合边界条件来获得相关空间位置温度的 GP 预测器。我们训练一个 GP 模型来预测感兴趣的空间位置的温度。

③POD-GP 方法是 Reducio 的简化版本，它省略了 POD 系数校正，并利用离线优化的 GP 模型的粗略估计结果直接预测温度场。预测过程可以被视为黑盒 POD 系数插值。

（2）边缘数据中心评估

第一个案例研究中考虑的数据中心是边缘数据中心，其布局如图 6-3 所示。有一个 CRAC 单元和两排机架，可容纳 70 台同质服务器。数据中心配备了热通道密封装置，以防止热空气再循环。我们在 CFD/HT 模型中每个服务器的入口和出口附近放置一对传感器，分别测量它们的温度。我们还在 CRAC 单元返回通道附近放置一个传感器，以测量返回温度。在本案例研究中，我们将估计的温度场与 CFD/HT 模拟结果进行比较。具体来说，数据大厅的几何结构由 OpenFOAM 网格化。有了细粒度的网格文件，我们调用 OpenFOAM 求解器来获得建模空间的温度场。

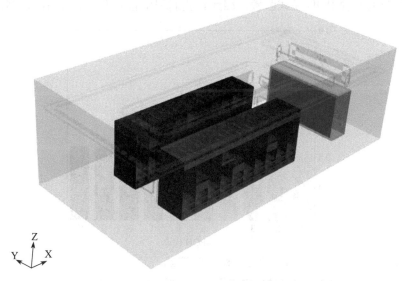

注：数据大厅中存在一个 CRAC 单元和两个机架，它们承载 70 个同类服务器。传感器被放置在服务器入口和出口，以及 CRAC 单元返回。

图6-3　研究的边缘数据中心的布局

　　使用 CFD 模型，我们进行具有不同边界条件的模拟，以构建合成训练和测试数据集。具体来说，我们改变每个服务器的供应空气温度、供应空气体积流量和热负荷。对于火车数据集，供应空气温度从 {17，21，25} 中选择。为了减少设计空间，我们假设每个服务器的热负荷是相同的，每个服务器的热负荷来自集合 {500，1000}。公式（6-6）中的每瓦服务器入口空气体积流量指定为 10^{-4}。为了模拟现实世界的场景，服务器入口空气体积流量以零均值的高斯噪声添加。高斯噪声的标准差是服务器入口空气体积流量乘以 0.05，以确保所有情况下的信噪比相同。服务器总流量计算为 $\bar{V} = \sum_i \bar{V}_i$，我们均匀地在 $1.4\bar{V}$ 和 $1.8\bar{V}$ 之间对 5 个供应空气体积流量进行了采样，以保证供应空气体积流量大于总服务器入口空气体积流量。所有情况的边界条件是四组的笛卡尔积，总共产生 30 个合成训练样本。至于测试数据集，供应空气温度来自集合 {17，18，19，20，21，22，23，24，25}，服务器热负载来自集合 {200，500，800}。供应空气体积流量的采样方法与生成训练箱中的采样方法相同。有了这些设置，我们总共试验了 81 个合成测试样本。至于在线预测中使用的 POD 数量，我们显示了图 6-4 中全面温度预测 MAE 与使用 POD 模式的数量。误差条代表标准差。可以看出，MAE 与前 5 种 POD 模式收敛。因此，我们利用它们进行在线温度预测。

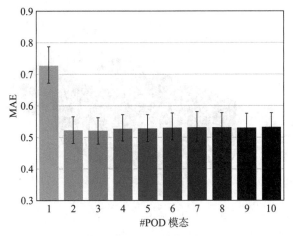

注：温度场预测的 MAE 收敛于 5 种 POD 模态。

图 6-4　提出的方法在不同 POD 模式数量下的收敛性

（3）温度预测精度评价

在这一部分中，我们比较了所提出的方法和基线方法的温度预测误差。对于所有基于 POD 的方法，温度预测中使用的 POD 模数是从经验结果中推导出来的，预测误差最小。对于 GP 方法，我们报告了局部感兴趣点（即服务器入口/出口）和 CRAC 单元返回点的温度预测误差。图 6-5 给出了评价结果，并得出了一些结论。

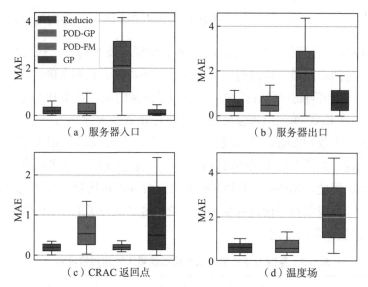

注：我们对 MAE 在服务器入口点、服务器出口点和整个温度场的温度预测结果进行了评估。

图 6-5　Reducio 与其他基线方法的温度预测精度对比

首先，我们可以看到 POD-GP 和 Reducio 的表现明显优于 POD-FM，显示了 POD 系数计算中简化物理模型的局限性。具体来说，POD-FM 方法只是在边界条件和 POD 系数之间构建一个线性系统，并找到线性系统的最小二乘解。尽管可以使用简化的物理模型推导出最小平方解，但在温度场预测方面，它可能不是最佳的，因为服务器级和房间级能量平衡的满意度是温度预测的必要条件，但不足。POD-GP 和 Reducio 没有依靠服务器和房间级能量平衡来计算 POD 系数，而是利用了类似的边界条件将产生相似的温度场和类似的 POD 系数。通过加权平均老化训练数据集中的派生 POD 系数，预计将进行更可靠的 POD 系数预测。

此外，POD-GP 和 Reducio 之间的比较说明了校正的好处。如图 6-5 所示，对于 CRAC 单元，Reducio 优于 POD-GP 返回温度预测。这是由于减少的房间水平的能量平衡的波动，使预测的温度在 CRAC 返回侧尊重物理真相。为了验证这一说法，我们评估房间级和服务器级的能量平衡违反的 POD-GP 和 Reducio。房间级能量平衡违规是通过 $\left| \sum_{i=1}^{n} \frac{P_i}{\rho C_p} - \sum_{i=1}^{m} V_i^{\sup} \left[T_i^{\sup} - T_i^{\sup} \right] \right|$。服务器级能量平衡违规是通过 $\sqrt{\sum_{i=1}^{N} \left\{ \frac{P_i}{\rho C_p} - \left[T_i^{\text{out}} - T_i^{\text{in}} \right] \right\}^2}$。评估结果如表 6-3 所示，我们可以清楚地看到，POD-GP 对预测温度场的室级能量平衡侵犯要大得多。通过引入后整流过程，房间级能量平衡的违反可以接近于零，因为我们明确将其表述为公式（6-12）优化问题中的等式约束。我们想强调的是，如果我们想实施热能协同模拟，CRAC 单元回流温度是冷却能耗和数据大厅热力学之间的联系。具体来说，在收到 CRAC 回流温度后，能源模型可以模拟相关制冷机工厂的冷却能耗。如果 CRAC 单位返回温度预测是错误的，它将损害能量模型的准确性。因此，Reducio 比 POD-GP 更适合共模拟场景。与此同时，通过整改，服务器级能量平衡违规也略有减少，这也解释了 Reducio 对服务器入口/出口温度预测的改进。

表 6-3　整改前后机房和服务器级能量平衡违规情况对比

	POD-GP（w/o.）	Reducio（w/.）
包间级别	5.570（±0.104）	2.758e−12（±2.158e−11）
服务器级别	0.615（±0.104）	0.564（±0.106）

Reducio 在准确性和灵活性方面优于 GP 基线。在 CRAC 单元返回温度预测方面，GP 方法的性能明显低于 Reducio，因为 GP 方法中没有明确考虑房间能量平衡。而且，我们无法通过 GP 方法获得温度场，应在案例研究中建立 141（服务器入口 70，服务器插座 70，CRAC 单元返回点 1）GP 模型。此外，建立 5 个 GP 模型足以让 Reducio 以令人满意的精度预测温度场。

（4）超规模数据中心评估

在本节中，我们在承载数千个服务器、数十个 CRAC 和传感器的大规模行业级数据中心上评估所提出的方法，如图 6-6 所示。我们使用自动校准

CFD/HT 模型，以获得基于历史传感器测量的公式（6-6）中每个 Watt 服务器入口空气体积流量。训练样本由运行 CFD/HT 和历史收集的边界条件生成的 10 个案例组成。我们还在服务器入口空气体积流量中添加了高斯噪声，类似于之前案例研究中的高斯噪声。测试样本由运行 CFD/HT 模拟和校准边界条件生成的另外 10 个案例组成。

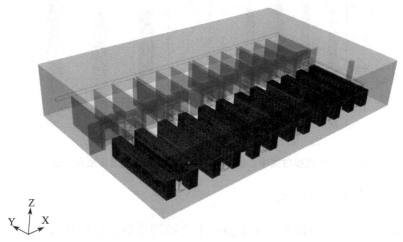

注：它拥有近 2000 台服务器，在冷热通道安装了 26 个温度传感器来记录温度。

图 6-6　研究的超大规模数据中心的布局

（5）温度预测精度比较

图 6-7 说明了温度预测准确性评估结果，可以相应地得出几项结论。首先，POD-FM 方法没有达到令人满意的温度预测精度。原因是目标数据中心具有复杂的三维几何结构，这将导致不规则的气流模式，并且热通量匹配模型在处理此类场景时过于简单。我们还发现，与 POD-GP 方法相比，Reducio 的温度预测误差较低。我们认为，这种改进来自物理引导的校正，该校正将服务器和房间级能量平衡注入 POD 系数插值过程。此外，尽管与我们的方法相比，直接 GP 模型也可以在传感器温度测量预测中实现类似的预测精度，但由于数据大厅中托管的服务器数量庞大，其可扩展性限制了其在服务器温度方面的实际实施。相反，与传感器测量相比，Reducio 仍然可以达到 1.0 ℃ MAE 左右，在如此复杂的场景中，只有 10 个训练案例的温度现场预测达到 1.2 ℃左右，这显示了其在预测数据中心热管理方面的巨大潜力。

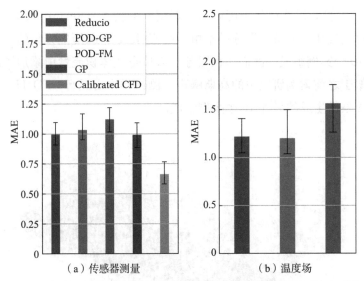

（a）传感器测量　　　　　　　（b）温度场

图 6-7　超大规模数据中心的 Reducio 和其他基线的温度预测精度对比

（6）计算时间比较

我们在表 6-4 中说明了两个数据中心不同模型的计算时间。首先，与 CFD/HT 模拟相比，所有代理模型都实现了显著的加速，这有利于在实践中及时进行热力学模拟。其次，通过比较基于 POD 的方法和 GP 方法的计算时间，我们可以看到 GP 方法在超大规模数据中心的情况下更有优势，因为我们不打算在这种情况下获得所有的服务器入口/出口温度，这大大减少了它的工作量。然而，由于超大规模数据中心的巨大网格尺寸，基于 POD 的方法需要更长的时间来重建整个温度场。还应该指出的是，所有基于 POD 的方法仍然可以在一秒内完成计算，它们也可以被视为实时预测模型。最后，Reducio 在这些方法中具有最大的计算开销，因为物理引导的整流涉及迭代数值优化。因此，Reducio 以合理的计算开销换取了显著的预测精度提高。

表 6-4　CFD/HT 模拟与数据驱动代理模型计算时间对比

	方法	计算时间/s
边缘数据中心	Reducio	0.08（±0.06）
	POD-GP	0.08（±0.06）
	POD-FM	0.01（±0.0004）
	GP	0.07（±0.01）
	CFD/HT	283.15（±10.12）

	方法	计算时间/s
	Reducio	0.33（±0.01）
	POD-GP	0.23（±0.0005）
超大规模数据中心	POD-FM	0.23（±0.0008）
	GP	0.01（±0.0004）
	CFD/HT	25 232.12（±32.12）

6.6　Phyllis 的详细设计

在本节中，我们将介绍 Phyllis 方法所涉及的解决方案和技术细节。

6.6.1　离线热力学建模

热力学模型旨在根据当前的状态对，预测下一个控制步骤的区域空气温度（用 $\hat{T}_z$ 表示）。在探索性数据收集过程中，这种能力可用于确定确保安全的整改措施。要预测 $\hat{T}_z[k+1]$，直接的方法是数值求解微分方程，并在第 k 个控制时段指定初始值。然而，数值解法通常计算成本高昂，而且在控制行动方面无差别。因此，网格搜索是解决二次问题的唯一可行方法，但在线使用这种方法并不可取，因为细粒度网格搜索会产生很高的计算开销。因此，我们的目标是开发一种可微分的代用模型，从而进行高效的求解。我们分别考虑了数据大厅空间温度分布均匀和不均匀的情况。

（1）统一空间温度分布

控制 ODE 由公式（6-6）给出。假设控制系统在第 k 个控制时段的稳态误差为零，则该时段的送风温度和质量流量等于应用的设定值 $\mu = (\hat{T}_s, \hat{m}_s)$。形式上，$m_s(t)\mid_{t\in(k\tau,\ (k+1)\tau)} = \hat{m}_s[k]$，$T_s(t)\mid_{t\in(k\tau,\ (k+1)\tau)} = \hat{T}_s[k]$。如果 IT 功率在第 k 个控制周期内保持不变，则温度变化的模型为 $\hat{T}_z(t) = F_p(T_z[k],\ P_{IT}[k],\ \hat{m}_s[k],\ \hat{T}_s[k],\ t)$ 其中 $t \in [0,\ \tau]$，$\hat{T}_z(t)\mid_{t=0} = T_z[k]$ 和 F_p 是基于 FNN 的代用模型。为了捕捉热力学，我们将公式（6-6）

嵌入 F_p 的损失函数中，用指定的初始值来训练模型。有了这些初始值，物理损失就被定义为离散形式的控制方程的平均残差：

$$L_p = \frac{1}{N_b} \frac{1}{N_\tau} \sum_{i=1}^{N_b} \sum_{t=1}^{N_\tau} \left\| \frac{d\tilde{T}_z(t)}{dt} - H(T_z[i], P_{TT}[i], \hat{m}_s[i], \hat{T}_s[i]) \right\|_2^2 .$$

(6-16)

其中，H 是公式（6-6）的右边，N_b 和 N_τ 是在控制周期 τ 内收集的指定初始值和中间点的批量大小。例如，如果 τ 为 15 分钟，每 1 分钟收集一次数据，则 N_τ 为 15。我们还考虑了初始值数据对应的损耗，即：

$$L_b = \frac{1}{N_b} \sum_{i=1}^{N_b} \left\| \tilde{T}_z(t) \mid_{t=0} - T_z[i] \right\|_2^2 .$$

(6-17)

实际上，$\hat{m}_s$ 和 $\hat{T}_s$ 的初始值是在允许的控制作用范围内设定的。T_z 可以设置为涵盖多种状态，以便更好地概括。P_{IT} 可以根据设计的 IT 功耗来设置。物理信息建模捕捉了先前的直流热力学，不需要任何在线数据来优化上述损耗函数。

（2）非均匀空间温度分布

公式（6-5）给出了控制 PDE，也可将其纳入训练的损失函数中。然而，当空间域以细粒度网格离散时，温度点 N 的数量可达数百万个。因此，直接近似这种高维输出会引起统计和计算问题。为降低建模复杂度，我们采用 POD 技术，用 J（J≪N）正交基函数的线性组合（即 POD 模式）分解高维温度场和相应的系数为 $T_z[K] = \sum_{i=1}^{J} \beta_i[k]\varphi_i$，其中 φ_i 和 β_i，$i=1, 2, \cdots,$ J 分别为 POD 模式向量和系数值。实际上，POD 模式可以根据式（6-1）的求解结果通过快照法得出。一旦确定了 POD 模式，热转换建模就转向预测低维 POD 系数，给定第 k 期托管设施的边界条件为 $\beta[k+1] = F_p(\hat{T}_s[k], \hat{m}_s[k], P_{IT}[k], m_{IT}[k])$，其中，$m_{IT}$ 是 IT 质量流量的矢量。实际上，可以利用历史数据离线识别 m_{IT}。与直接将物理方程嵌入损失函数进行训练的均匀温度建模不同，POD 建模中的物理方程是通过公式（6-5）生成的观测数据来提取正交基函数和系数的。

6.6.2　步骤 1：具有安全意识的在线探索

本节将介绍如何使用 6.5.1 中确定的热力学模型，在直流升级实施后安全地指导在线勘探。探索的目的是收集短时间的在线数据，以拟合功率使用模型和增强残差模型，从而进一步补充温度预测。由于先前学习的策略已收敛到处理最后一个 MDP M_{j-1}，因此收集到的数据可能会集中在某个工作点上，从而对模型拟合产生负面影响。为了鼓励探索，菲利斯首先放宽了学习到的策略 $\pi_{\theta_{j-1}}$，从均匀分布中随机选择行动：

$$\mu[k] = \begin{cases} \text{Uniform}(R), & \text{if } k \leqslant \varepsilon \\ \pi_{\theta_{j-1}}(\mu \mid s), & \text{if } \varepsilon < k \leqslant l° \end{cases} \quad (6\text{-}18)$$

其中，A 是一组可用的行动，ε 是随机探索期的数量。放宽政策可能会导致探索过程中的热不安全。为解决这一问题，Phyllis 采用了 5.1 中确定的热转换模型来解决式（6-4）中的约束优化问题。根据美国采暖、制冷和空调工程师协会（ASHRAE）的指导方针，直流温度应保持在一定标准范围内，其下限和上限分别用 T_1 和 T_u 表示。因此，S 的适当形式定义为 $S = \{T_z^{(i)}[k] \mid T_1 \leqslant T_z^{(i)}[k] \leqslant T_u, \forall k, i = 1, 2, \cdots, n\}$，其中，$n$ 是部署的温度传感器数量。我们在第 6 节中分别考虑了用于安全评估的回流区空气 T_z 和 IT 入口温度 T_{in}。为了将约束条件纳入问题，我们定义了一个成本函数（用 C 表示），通过以下方式表示第 k 个控制时段的温度违规幅度：

$$C[k] = \sum_{i=1}^{n} \text{ReLU}(T_z^{(i)}[k] - T_u) + \text{ReLU}(T_1 - T_z^{(i)}[k]) 。 \quad (6\text{-}19)$$

其中，ReLU 是经过修正的线性激活函数，定义为 ReLU（x）= max $\{x, 0\}$。根据这一定义，执行约束条件就等同于确保在第 k 期实施整流控制后，$C[k+1]$ 小于 0。形式上，$C(\widetilde{\mu}[k]) \leqslant 0$。我们现在介绍一种分两步解决这个问题的方法。

（1）凸集投影

第一步，Phyllis 采用一阶泰勒展开法，在第 k 期开始时用修正后的行动局部近似成本为 $C(\widetilde{\mu}[k]) = C(\mu[k]) + C'(\mu[k])(\widecheck{\mu}[k] - \mu[k])$。为

确保 $C(\tilde{\mu}[k]) \leqslant 0$，将公式 $\tilde{\mu}^*[k] \triangleq \arg\min_{\tilde{\mu}[k]} \frac{1}{2}\|\tilde{\mu}[k]-\mu[k]\|_2^2,$ 转换

$$\text{s. t. } F(s[k], \tilde{\mu}[k]) \in S,$$

为凸二次方程式：

$$\tilde{\mu}^*[k] \triangleq \arg\min \frac{1}{2}\tilde{\mu}^{\top}[k]\tilde{\mu}[k] - \mu^{\top}[k]\tilde{\mu}[k],$$

$$\text{s. t. } C'(\mu[k])^{\top}\tilde{\mu}[k] \leqslant C'(\mu[k])^{\top}\mu[k] - C(\mu[k]). \tag{6-20}$$

其中，I 是同位矩阵，$C'(\mu[k])$ 是违规成本对原始控制行动的一阶导数。有了一阶近似值，用 CVXPY 在多项式时间内求解公式（6-20）就能高效地推导出安全动作。一阶近似类似于通过可微的投影方法来强制执行策略的可行性约束，假设所研究系统的状态转换函数是线性的。然而，由于直流热力学是非线性的，近似误差可能会降低热安全合规性。

（2）局部搜索

为了减少近似误差，Phyllis 使用 F_p 的原始形式来预测违规成本，并通过局部搜索得出安全行动。在这种情况下，约束函数是非线性的，能更准确地捕捉真实的状态转换。虽然第二步在没有过渡近似的情况下执行热安全更为严格，但当动作空间维度较高或原始动作偏离安全区域较远时，第二步可能会耗费大量时间。因此，Phyllis 只在求解公式（6-20）找到近似解时进行局部处理。请注意，在确定残差模型之前，F_p 可能无法很好地逼近在线数据。为了减轻这种影响，我们可以在第一个探索时间内稍微收紧温度约束，以抵消近似误差。图 6-8 显示了采用两步法对一个具有二维行动空间的 CRAC 进行约束遵从和修正开销的示例。从图中可以看出，线性投影法产生

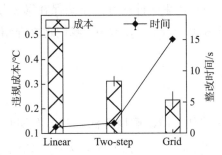

注：违规成本是整个时间段的平均值。

图 6-8　第一个探索时间段的整顿效果与开销对比

的违规成本高于网格搜索法和两步法，这表明线性近似法不足以解决热安全合规问题。相比之下，与网格搜索法相比，拟议的两步法既能保持较低的成本，又能显著减少搜索开销。

6.6.3　步骤 2：电能使用和余量建模

利用收集到的在线数据，Phyllis 旨在模拟数据大厅环境变化对系统用电量的影响。如前文所述，系统用电量主要来自 IT 设备和相关冷却系统。对于冷却过程中涉及的风扇和水泵，根据亲和定律，用电量与立方轴转速成正比。因此，我们可以用三次多项式回归来建立 f_1、f_2 和 f_5 模型，从而降低引入高阶模型的复杂性。对于 IT 设备而言，CPU 利用率和进风温度共同影响着用电量。因此，Phyllis 采用二次回归法来模拟 k-th 期间的 IT 用电量，即 $P_{\mathrm{IT}}[k] = P_{\mathrm{rate}}(a_0 + a_1 U_{\mathrm{IT}}[k] + a_2 U_{\mathrm{IT}}^2[k] + a_3 T_{\mathrm{in}}[k-1] + a_4 T_{\mathrm{in}}^2[k-1] + a_5 U_{\mathrm{IT}}[k] T_{\mathrm{in}}[k-1])$，其中，$P_{\mathrm{rate}}$ 是制造厂商规定的额定 IT 功率，a_i，$i = 0, 1, \cdots, 5$ 为未知系数。冷却器是冷却系统中最复杂的组件，其耗电量受多种因素影响。Phyllis 通过性能系数（COP）对其耗电量进行量化，$COP = Q_{\mathrm{ch}}/P_{\mathrm{ch}}$，即去除的热量与冷却器耗电量之比。为满足能量平衡，制冷负荷 Q_{ch} 应与数据大厅产生的热负荷大致匹配，即 $Q_{\mathrm{ch}} \approx P_{\mathrm{IT}} + P_{\mathrm{crac}}$。因此，如果确定了 COP 值，我们就可以通过 $P_{\mathrm{ch}} = (P_{\mathrm{IT}} + P_{\mathrm{crac}})/COP$ 得出冷风机的用电量，其值随送风温度的变化呈二次曲线变化。同样，我们使用双二次多项式回归法来模拟 COP 与第 k 期送风温度和质量流量的函数关系，即 $COP[k] = b_0 + b_1 \hat{T}_s[k] + b_2 \hat{T}_s^2[k] + b_3 \hat{m}_s[k] + b_4 \hat{m}_s^2[k] + b_5 \hat{T}_s[k] \hat{m}_s[k]$，其中 b_i，$i = 0, 1, \cdots, 5$ 为未知系数。理想情况下，拟合这些模型所需的最小数据对数量等于系数。

除了拟合功率使用模型，Phyllis 还利用收集的数据学习残差模型，以补充物理模型的预测。如前文所述，由于未完全考虑未知因素，如区域间空气混合或外部空气渗入造成的热传递，物理先验模型捕捉到的动态可能并不准确。为了减轻这种影响，我们在物理模型中增加了一个数据驱动部分（用 F_d 表示），以此来预测未建模的残差。因此，动力学近似值为 $F = F_p + F_d$。通过这种分解，我们旨在对 F_p 进行微调，使其接近真实动态，同时保留 F_d 作为补充项。因此，我们可以通过最小化第 3 个损失函数来实现目标：

$$L_d = \frac{1}{N_d} \sum_{i=1}^{N_d} \| \hat{T}_{zi} - T_{zi} \|_2^2 + \lambda \| F_d \|_2^2 \text{。} \tag{6-21}$$

其中，N_d 是收集的数据样本数，λ 是一个超参数，用于尽可能小地平衡 F_d。在本研究中，残差模型会随着更多在线数据的收集而不断更新，以提高预测精度。图 6-9 显示了不同动力学模型的绝对温度预测误差箱形图。在本例中，黑盒模型是使用历史数据训练的黑盒多层感知器（MLP）集合。测试数据是随机抽样的。从图 6-9 中我们可以看到，由于历史数据不足以涵盖各种状态，黑盒模型对测试数据的推断效果很差。相比之下，物理信息方法都取得了良好的预测性能。混合建模的平均预测误差仅为 0.7 ℃。

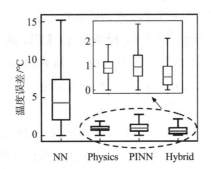

图 6-9　评估不同动力学模型的温度预测误差（测试数据随机抽样）

6.6.4　步骤 3 和 4：预培训和微调

有了确定的过渡模型和功率模型，Phyllis 就会采用 MBRL 范式，将策略转移到目标 MDP 上。具体来说，首先由这些模型生成的合成数据来训练策略。与从物理直流收集数据相比，合成数据生成的采样效率要高得多，因为执行这些模型的计算开销很低。此外，由于我们的过渡模型捕捉到了物理规律，因此能很好地推断出难以从稳定运行的 DC 中获得的状态。因此，在在线部署之前，代理可以在不对物理系统造成风险的情况下广泛探索更好的初始策略。一旦策略得到充分训练，Phyllis 就会将其部署到目标系统中进行交互，以进一步提高其性能。有了模型辅助训练，当部署到新的 MDP 时，策略有望更快地适应。

将前文中介绍的所有步骤整合在一起，我们就得到了物理信息策略适应过程。算法 1 显示了这一过程的伪代码。（图 6-10）

Algorithm 1 Physics-informed policy adaptation

Input: Initialize policy parameters $\pi_{\theta_{j-1}}$, temperature transition model $\mathcal{F}_p$, residual model $\mathcal{F}_d$, IT power models f_{IT}, cooling power models f_i, $i = 1, 2, \ldots, 5$, initial state estimations, environment dataset $\mathcal{D}_{env}$ and synthetic dataset $\mathcal{D}_{model}$.

Output: Optimal policy $\pi_{\theta_j}^*$ for M_j.

1: Train $\mathcal{F}_p$ in the offline stage with estimated initial values and thermodynamics based on Eq. (6) and (7);
2: **while** M changes **do**
3:     *// Step 1: Safe exploratory data collection*
4:     **for** l exploration steps **do**
5:         Generate actions μ by Eq. (8);
6:         Generate data with safe actions rectified by solving Eq. (4) using the two-step method and add data to $\mathcal{D}_{env}$;
7:     **end for**
8:     *// Step 2: Fit power usage and residual models*
9:     Sample data from $\mathcal{D}_{env}$;
10:     Fit models of f_{IT} and f_i, $i = 1, 2, \ldots, 5$;
11:     Train $\mathcal{F}_d$ based on Eq. (11);
12:     *// Step 3: Pre-train the policy to optimize Eq (5)*
13:     **for** G gradient steps **do**
14:         Collect synthetic data and add to $\mathcal{D}_{model}$;
15:         Sample data from $\mathcal{D}_{model}$ and update policy π_{θ_j};
16:     **end for**
17:     *// Step 4: Deploy policy for further fine-tuning*
18:     Fine-tune π_{θ_j} online by repeating line 13 to 16 with $\mathcal{D}_{env}$
19: **end while**

图 6-10　基于物理信息的策略自适应算法

6.7　结论

    本章深入研究了基于物理引导的机器学习方法在数据中心数字孪生中的应用，旨在改善数据中心热管理和可持续性。随着全球数据中心规模不断扩大，数据中心的能源消耗和碳排放引发了日益严重的环境和可持续性问题。为了有效管理这些问题，我们引入了预测性数字孪生的概念，该数字孪生结合了物理建模和机器学习，用于及时预测数据中心的温度分布。

    在研究中，我们探讨了 CFD/HT 模拟的应用，这是传统数据中心温度分布建模的方法。尽管 CFD/HT 模拟提供了准确的结果，但其高计算成本限制了其在实时温度预测中的应用。特别是对于大规模数据中心，CFD/HT 模拟可能需要数小时甚至数天才能得出结果，这使得寻找计算成本较低的替代模型变得至关重要。

    机器学习方法被引入作为一个有潜力的解决方案，可以通过学习温度分布与边界条件之间的关系来进行温度预测。GP 模型和 ANN 模型等机器学习方法已经应用于数据中心温度预测，取得了令人满意的结果。然而，这些方法存在一些限制，如需要为每个感兴趣的空间点训练独立的模型，从而降低了灵活性和可扩展性。

为了实现全面的温度场预测，POD 被提出作为一个有潜力的技术。POD 使用正交基函数和相应系数的线性组合来表示温度场，根据特定边界条件确定 POD 系数。然而，在高维温度场的情况下，POD 方法在计算上仍然具有挑战性。为了解决这一问题，一些研究人员尝试将 POD 系数通过 Galerkin 投影法投影到控制方程中，并直接求解高维代数系统。尽管这种方法有潜力，但在实际应用中计算成本仍然较高。

为了克服这些挑战，我们提出了一种物理引导的机器学习方法，名为 Reducio。这种方法结合了 POD 模式和 GP 模型，以减少计算成本。Reducio 的核心思想是通过离线 POD 模式计算和 GP 模型训练，将边界条件映射到 POD 系数，然后通过在线物理引导方法来校正这些系数，从而实现及时的温度预测。我们对 Reducio 方法进行了广泛的评估，包括使用 CFD/HT 模拟结果和实际温度传感器测量数据。在各种测试情况下，Reducio 都取得了出色的性能，MAE 小于 1 ℃。

此外，本章还介绍了另一种基于物理引导的机器学习方法，名为 Phyllis。Phyllis 是一种基于模型的强化学习（MBRL）方法，用于改善政策适应的速度和安全性。它结合了物理定律和在线数据的探索，以构建可靠的热转移模型。Phyllis 的在线适应过程包括监督学习、控制动作关系建模、残差模型学习和策略微调。Phyllis 的应用能够在操作系统中实现更好的热安全性，同时减少了训练数据的需求。

综合而言，本章的主要贡献在于提出了一系列基于物理引导的机器学习方法，以改善数据中心热管理和可持续性。这些方法结合了物理建模和机器学习的优势，提供了准确的、及时的温度预测，有望帮助数据中心运营商更好地管理其资源，降低能源消耗，提高可持续性，同时降低运营风险。这些方法的成功应用为数据中心管理和环保提供了新的途径，对于满足不断增长的云服务需求并减少碳排放具有重要意义。随着未来的研究和发展，我们可以期待看到这些方法在更广泛的应用中取得更多的成功，为数据中心和其他领域的可持续性管理带来更多创新。

第七章　机器学习在智能电网管理中的创新应用

随着可再生能源规模的迅速扩大和电力需求模式的不断变化，电网面临着前所未有的管理挑战。作为一种数据驱动的智能分析方法，机器学习在智能电网的发展和管理中展现出广阔的应用前景。本章首先介绍了智能电网的概念、特征和系统架构，然后重点探讨了机器学习算法在智能电网的关键领域（包括负载预测、需求响应、故障诊断、系统优化等）的应用情况。同时，文中分析了当前机器学习应用所面临的数据质量、算法健壮性、结果可解释性等方面的挑战，并为智能电网与机器学习的深度融合提供了一些建议和展望，旨在为智能电网的发展提供重要参考。本章内容全面系统，分析透彻，对推动机器学习与智能电网的深度融合具有重要的借鉴作用。

7.1　引言

化石燃料的燃烧，满足了全球约 80％ 的能源需求，但也成为导致温室气体排放和全球气温上升的最主要原因。增加可再生能源的使用，特别是太阳能和风能，被认为是实现巴黎协定气候目标的经济可行途径。然而，可再生能源的增长速度远远无法满足持续增长的能源需求，因此自 2000 年以来可再生能源在总能源生产中所占的比例一直保持不变。因此，加速向可持续能源的过渡至关重要。实现这一过渡需要综合能源技术、基础设施和政策，以促进可再生能源的获取、储存、转换和管理。

在可持续能源研究中，首要任务是从可能的材料组合中选择适合的候选材料（如光伏材料），然后以足够高的产量和质量合成可用于设备的材料。随后，我们将探讨封闭循环的机器学习框架，并评估将机器学习应用于能源获取、储存和转换技术，以及将机器学习整合到智能电网的最新发展。最后，我们将概述在能源研究领域进一步从机器学习中获益的可能性。

在这一背景下，智能电网作为电力系统发展的新阶段，正在成为各国电力行业的重要发展方向。与传统电网相比，智能电网的关键区别在于广泛应用先进的 IT 和控制技术，实现了对电网运行的实时监测和动态优化，大大提高了电网的经济性、安全性和环保性。与此同时，机器学习作为一项基于数据驱动的技术，也使得智能电网管理能够实现更高层次的智能化。通过对海量数据的模式识别与知识发现，机器学习可以帮助实现对电网状态的精确感知，并制定相应的控制策略，从而显著提升电网的自主控制与优化能力。

因此，深入研究机器学习在智能电网管理中的创新应用对于引导电力系统向智能化转型，实现电力供给的安全、经济、清洁与高效，具有重要意义。本章将在概述智能电网的发展背景和应用需求的基础上，系统地分析机器学习的关键技术与算法，探讨其在智能电网管理不同环节的实际应用情况和效果，以及应用中所面临的挑战，同时对未来的发展方向进行展望，旨在为电力系统的智能管理提供理论指导和技术支持。

7.2　相关工作

随着可再生能源比重的快速增长和电力需求模式的变化，电网面临着前所未有的管理挑战。如何实现对大规模分布式能源的协调规划和高效调度，以确保电网的安全和稳定运行，是亟待解决的问题。与此同时，子站自动化和智能电表产生了海量数据，为电网管理提供了新的机会。因此，研究人员开始积极尝试运用先进的机器学习技术，以实现电网管理的智能化。

7.2.1　绩效指标

由于许多研究涉及加速材料发现和能源系统管理的机器学习方法，因此我们认为有必要建立一个一致的绩效评估基准，以便比较这些研究。对于能源系统管理，已经有报告指出了设备、工厂和电网层面的绩效指标，但在加速材料发现方面尚未建立类似的标准。

在材料发现领域，主要目标是开发出准备商业化的高效材料。商业化一个新材料通常需要数十年的密集研究，因此每种加速方法的目标都应该是提高商业化速度的数量级。材料科学可以借鉴疫苗开发领域的案例。历史上，从疫苗构思到上市需要大约 10 年的时间。然而，在 COVID-19 大流行爆发后，一些公司能够在不到一年的时间内开发并开始生产疫苗。这一成就在一定程度上归因于前所未有的全球研究强度，同时也归因于技术的飞速发展，尤其是 DNA 测序成本的指数级下降，使得研究人员能够筛选出比以往更多数量级的潜在疫苗。

机器学习在能源技术领域与其他领域（如生物医学）有许多相似之处，共享相同的方法和原则。然而，在实际应用中，机器学习模型针对不同的技术领域通常会面临额外的独特需求。例如，用于医疗应用的机器学习模型通常需要复杂的结构，考虑到监管和监督，以确保其安全开发和使用。同样，在太阳能电池板等能源材料的开发中，新材料必须经过优化，以确保其稳健性和可重复性，以满足能源系统的要求，其中需要对能源使用和生产模式进行管理，以进一步确保商业成功。

在这里，我们探讨了机器学习技术在解决许多这些挑战的程度。机器学习模型可以用于预测新材料的特定属性，而无需昂贵的表征；它们可以生成具有所需属性的新材料结构；它们可以理解可再生能源使用和产生的模式；它们还可以通过优化设备和电网级别的能源管理，帮助制定能源政策。

在本节中，我们探讨了用于评估能源材料发现加速平台效果的加速性能指标（XPIs）。接下来，我们讨论了闭环机器学习框架，并评估了将机器学习应用于能源获取、储存和转换技术，以及将机器学习整合到智能电网的最新进展。最后，我们概述了可能进一步从机器学习中受益的能源研究领域。

（1）新材料的加速因子，XPI-1

该 XPI 通过将在加速平台上合成和表征的新材料数量与传统方法在同一时间段内合成和表征的材料数量进行比较来评估。例如，加速因子为 10 表示在给定时间内，加速平台可以评估比传统平台多十倍的材料数量。对于具有多个目标性能的材料，研究人员应该报告限制加速因子。

（2）具有阈值性能的新材料数量，XPI-2

该 XPI 跟踪在加速平台上发现的具有高于基线性能的新材料数量。选择基线性能值是至关重要的，它应该是一个相对准确地捕捉新材料需与之比较的标准的值。例如，寻求发现新的钙钛矿太阳能电池材料的加速平台应该跟踪新材料的器件数量，这些器件的性能优于现有太阳能电池的最佳性能。

（3）最佳材料的性能随时间变化，XPI-3

该 XPI 跟踪随时间变化的最佳材料的绝对性能，无论是法拉第效率、功率转换效率，还是其他性能指标。对于加速框架而言，性能的演变应该比传统方法获得的性能增长更快。

（4）新材料的重复性和可重复性，XPI-4

该 XPI 旨在确保新发现的材料具有一致性和可重复性，这是筛选出在商业化阶段会失败的材料的关键考虑因素。新材料的性能不应超过其平均值的 $x\%$（其中 x 是标准误差），如果超过，该材料不应包括在 XPI-2（具有阈值性能的新材料数量）或 XPI-3（最佳材料的性能随时间变化）中。

（5）加速平台的人力成本，XPI-5

该 XPI 报告了加速平台的总成本。这应该包括所需的研究人员小时数，用于设计和订购加速系统的组件，开发编程和机器人基础设施，开发和维护系统中使用的数据库，以及维护和运行加速平台。这个指标将为研究人员提供一个逼真的估计，以适应他们自己的研究的加速平台所需的资源。

（6）XPI 的使用

这些 XPI 可以分别用于计算、实验或综合加速系统进行测量。随着开发新的加速平台，持续报告每个 XPI 将使研究人员能够评估这些平台的增长，并为不同平台提供一致的度量标准进行比较。作为示范，我们将 XPI 应用于评估几个典型平台的加速性能：爱迪生试验法、机器人光催化开发和 DNA 编码库基于激酶抑制剂设计（表 7-1）。为了获得全面的性能估计，我们定义一个综合的加速得分 S，遵循以下规则。依赖性加速因子（XPI-1 和 XPI-2）以协同的方式相加，以反映它们作为整体的贡献。独立的加速因子（XPI-3、XPI-4 和 XPI-5）可能以重复的方式发挥作用，将它们的贡献分别相乘。因此，综合的加速得分可以计算为 $S=(XPI\text{-}1+XPI\text{-}2)\times XPI\text{-}3\times XPI\text{-}4\div XPI\text{-}5$。作为参考，爱迪生式方法的综合 XPIs 得分约为 1，而最先进的方法，基于 DNA 编码库的药物设计，展示了一个综合 XPIs 得分为 107。对于可持续发展领域，机器人光催化平台的综合 XPIs 得分为 105。

表 7-1 XPI 用于评估加速度的演示典型材料开发平台的性能

	Edisonian-like 试验测试	机器人光催化开发	基于 DNA 编码库的激酶抑制剂设计
新材料的加速因子 XPI-1（每周检查的候选）	0—1	$\sim 10^3$	$\sim 10^5$
具有阈值性能的新材料数量，XPI-2	0—1	$\sim 10^2$	$\sim 10^1$
最佳材料随时间的性能，XPI-3（增量次数）	$\sim 1\times$	$\sim 5\times$	$\sim 10^1 \times$
新材料的重复性和再现性，XPI-4（成功率）	$\leqslant 100\%$	100%	100%
加速平台的人力成本，XPI-5（试验测试方法所需金额的百分比）	100%	$\sim 6\%^a$	$10\%^b$
总体加速度得分，S	~ 1	$\sim 10^5$	$\sim 10^7$

对于能源系统，最常见的 XPI 是加速因子，这部分原因是它具有确定性，但也因为在工作流程开发结束时容易计算。在大多数情况下，我们预计作者将仅在完成平台开发后才报告加速因子。然而，报告其他建议的 XPI 将使研究人员更好地了解开发平台所需的时间和人力资源，直到准备好发布为止。展望未来，我们希望其他研究人员采用 XPI 或类似的指标，以便能够以公平和一致的方式比较不同用于加速材料发现的方法和算法之间的差异。

7.2.2 材料发现中的闭环机器学习

传统的材料发现方法通常依赖于爱迪生试验法，即通过多次试错来开发具有特定性能的材料。该过程通常开始于确定目标应用，并选择一组潜在的候选材料［图 7-1（a）］。这些候选材料随后会被合成并集成到设备或系统中，以测量其性能。根据测量结果，建立经验性的结构-性能关系，然后将其用于指导下一轮材料合成和测试。这个迭代过程可能需要数年的时间来完成，具有相对较长的周转周期。

另一种更迅速的方法是计算驱动的高通量筛选策略［图 7-1（b）］。为了探索庞大的化学空间（约 10^{60} 种可能性），研究人员可以建立包含大量感兴趣材料的库（大约 10^4 个候选材料），然后利用理论计算对这些候选材料进行评估并验证性能（约 10^2 个）。这个过程旨在"发现"具备所需性能的材料。如果未找到满足要求的材料，将重复该过程，探索化学空间的其他区域。虽然这种方法比传统方法更快，但仍然可能需要大量时间和计算资源，并且仅能对化学空间的局部区域进行采样。

机器学习的应用能够显著提高对化学空间的抽样，同时减少时间和精力成本。机器学习是数据驱动的，它通过分析数据集中的模式来发现控制材料性能的物理规律。在这种情况下，这些规律对应于材料的结构-性能关系。这一流程包括高通量的虚拟筛选 ［图 7-1（c）］，其中人类直觉和专业知识用于从庞大的化学空间中筛选出一组潜在候选材料（约 10^6 种可能性）。接下来，在这些代表性的候选材料上进行理论计算（大约 10^4 个候选材料），并使用结果来训练判别性机器学习模型。然后，该模型可用于预测已选择的化学空间中其他潜在候选材料的性能。前几名候选材料（约 10^2 个）会接受实验验证，并将实验结果用于改进模型的性能预测。如果没有找到满足性能要求的材料，该过程将在化学空间的其他区域重复。

改进前述方法的一个框架是自动虚拟筛选方法，该方法需要一些人类直觉或专业知识以引导化学空间搜索 ［图 7-1（d）］。此方法始于随机选择化学

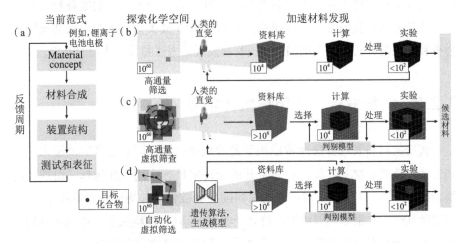

注：（a）传统的爱迪生式方法，涉及实验试验和错误；（b）理论与实验相结合的高通量筛选方法；（c）机器学习驱动的方法理论和实验结果用于训练预测结构-性能关系的机器学习模型；（d）机器学习驱动的方法使用优化机器学习（如遗传算法或生成模型）对化学空间进行属性导向的自动探索"逆向"设计问题。

图 7-1　材料发现的传统和加速方法

空间的一个区域以启动该过程。然后，这个过程与前述方法类似，不同之处在于计算和实验数据也用于训练生成性机器学习模型。这个生成模型解决了"逆"问题，即给定所需的性能，预测理想结构和组成在化学空间中的情况，这使得可以有针对性地自动搜索化学空间，以"发现"理想材料。

7.2.3 机器学习在能源材料研究中的应用

到目前为止，机器学习已广泛应用于智能电网的各个方面，包括电能获取、储能、分布和转换，以及电网的优化。除了以下讨论的示例，我们总结了机器学习在智能电网管理中的关键概念（表 7-2），面对可持续能源系统的主要挑战（表 7-3），以及相关研究的详细信息。

表 7-2　机器学习中的基本概念

属性预测	监督学习模型是被赋予数据点 x 的预测（或判别）模型，并且在被标记的数据集上训练之后寻求预测性质 y。该属性可以是连续的，也可以是离散的。这些模型已被用于帮助甚至取代某些情况下的物理模拟或测量
生成材料设计	无监督学习模型是一种生成模型，在未标记的数据集上训练后，可以生成或输出新的例子 x′。新实例的生成可以通过附加信息（物理特性）来进一步增强，以调节或偏置生成过程，允许模型生成具有改进特性的实例，并导致称为逆设计的特性到结构的方法
自动驾驶实验室	自动驾驶或自动实验室使用机器学习模型来规划和执行实验，包括逆向合成分析的自动化（如在强化学习辅助合成规划），反应产物的预测［如用于反应预测的卷积神经网络（CNN）］和反应条件优化（如通过主动学习优化的机器人工作流）。自动驾驶实验室使用主动学习来迭代多轮合成和测量，是闭环逆向设计的关键组成部分
辅助表征	机器学习模型已被用于辅助实验观察和测量的定量或定性分析，包括协助从透射电子显微镜图像确定晶体结构，从 x 射线吸收光谱确定配位环境和结构转变，从电子衍射推断晶体对称性
加速理论计算	机器学习模型可以通过减少长度和时间尺度增加的系统的计算成本（处理器核心数量和时间）及为复杂的交互提供潜力和功能来实现其他难以处理的模拟

优化系统管理	机器学习模型可以通过预测寿命（如电池寿命）、适应新负载（如用于构建负载预测的长短期存储器）和优化性能（如用于智能电网控制的强化学习）来帮助在设备或电网功率级别管理能源系统

表7-3 能源材料研究面临的重大挑战

	材料	仪器
光伏技术	• 发现具有良好光电性能的无毒（无钯和无镉）材料 • 识别并最大限度地减少光吸收材料中的材料缺陷 • 为串联太阳能电池设计有效的复合层材料 • 制定长期运行稳定性的材料设计策略 • 开发具有高载流子迁移率的（空穴/电子）传输材料	• 优化细胞结构，以获得最大光吸收和最低使用活性材料 • 在复杂操作条件下调整材料带隙以实现最佳的太阳能收集性能
电池	• 开发具有高可逆性和电荷容量的地球丰富的正极材料（无 co） • 设计具有更宽的电化学窗口和高导电性的电解质 • 识别电解质系统以提高电池性能和寿命 • 发现具有合适电压的氧化还原流电池的新分子	• 了解电池材料缺陷增长与电池组件整体退化过程之间的相关性 • 调整操作充电协议，以在不同条件下最大限度地减少容量损失、充电速率和最佳电池寿命
电催化	• 设计具有最佳吸附能的材料以最大限度地提高催化活性 • 识别和研究催化材料上的活性位点 • 设计延长耐久性的催化材料 识别与催化活性相关的更完整的材料描述符 将多种催化功能设计到同一材料中	• 设计多尺度电极结构以优化催化活性 • 将原子污染和催化剂颗粒的生长与电极降解过程相关联 • 调整操作（放电）充电协议以最大限度地减少容量损失并延长电池寿命

（1）光伏材料的发现

机器学习正在推动新型光电材料和器件在光伏技术中的发现，但每个步骤仍然存在一些重大挑战。在光伏材料领域，机器学习的应用在广泛的化学空间中尤其显著，特别是在钙钛矿材料中。钙钛矿材料的早期机器学习应用采用了原子特征表示法，其中每个材料结构都以一个固定长度的向量进行编码，该向量由晶体结构中原子性质的平均值组成。类似的方法已经用于预测适合太阳能电池的新型无铅钙钛矿材料的能隙［图7-2（a）］。尽管这些表示法可以实现高准确性，但它们未考虑到原子之间的空间关系。材料系统还可以以图像或图表的形式进行表示，这使其能够处理具有不同数量原子的系统。后一种表示尤其引人注目，因为钙钛矿材料，特别是有机-无机钙钛矿材料，具有包含数量不同的原子及不同大小的有机分子的结晶结构。

虽然能隙预测是重要的第一步，但这个参数本身并不足以确定一个光电材料的实用性。其他参数，包括电子缺陷密度和稳定性，同样重要。电子缺陷能通过计算方法来处理，但在结构中计算缺陷能是计算密集型的，这阻碍了从缺陷能数据集中训练机器学习模型的发展。为了加速高通量的缺陷能计算，已经开发了一个 Python 工具包，它将在建立半导体的缺陷能数据库方面发挥关键作用。研究人员随后可以使用机器学习来预测缺陷的生成能和这些缺陷的能级。这一知识将确保从高通量筛选中选择的材料不仅具有适当的能隙，还具有缺陷容忍性或抗性，从而适用于商业光电设备。

即使在没有大量实验结果数据集的情况下，机器学习也可以加速光电材料的发现。通过自动实验室方法，有机太阳能电池的性能可以在实验次数从500次减少到仅60次的情况下进行优化。这种机器人合成方法加速了机器学习模型的学习速度，并显著降低了进行优化所需的化学品成本。

在能源转型的背景下，开发高性能材料成为推动可持续能源技术创新的重要一环。传统的材料发现过程通常耗时费力，而机器学习在材料发现领域的应用已经在加速新材料的研发过程中发挥了关键作用。通过采用闭环机器学习框架，研究人员能够不断优化材料性能预测模型，引导材料合成过程，从而实现高效的材料发现和优化。这种方法不仅加速了研发周期，还显著提高了材料性能的预测准确性，为能源材料的开发奠定了坚实的基础。

（2）太阳能器件结构和制造

光伏器件需要优化除了活性层之外的其他层，以最大限度地提高性能。其中一个组成部分是顶部透明导电层，它既需要具有高光学透明性，又需要具有高电子导电性。通过优化光捕获结构的拓扑结构，一种遗传算法实现了48.1%的宽带吸收效率，这代表了 Yablonovitch 极限的 3 倍以上，Yablonovitch 极限是光伏中光捕获的理论极限，其为 $4n^2$（其中 n 是材料的折射率）。

通常情况下，研究人员使用通用标准辐照光谱来确定太阳能电池的最佳带隙。然而，实际太阳辐照光谱会受到太阳位置、大气状况和季节等多种因素的影响而波动。机器学习的应用可以将每年的光谱数据简化为几个特定特征光谱，从而允许计算出适用于实际环境条件的最佳带隙。

为了优化器件的制造过程，卷积神经网络已被用来预测基于光致发光图像的硅晶片切割后的电流-电压特性。此外，人工神经网络也被应用于预测硅太阳电池金属前接触的接触电阻，这在制造过程中具有至关重要的作用。

虽然这些研究取得了显著的成功，但它们似乎仍限于优化已确立的结构和流程。我们建议在未来的工作中，机器学习可以用于增强模拟，特别是应用于太阳能电池的多物理模型。这种方法允许从模拟模型开始进行设备结构设计，并结合机器学习，以通过迭代过程快速优化设计，从而减少计算时间和成本。此外，实验室规模和实际制造过程可能存在显著差异，因此确定最佳条件可能会导致昂贵的材料成本和时间开销，尤其当需要构建更大的设备时。在这种情况下，机器学习结合战略性实验设计可以极大地加速工艺条件的优化，如优化退火温度和选择溶剂。

（3）储能技术（光伏、储存、转换）

光伏技术需要优化银背电极以提高效率。使用遗传算法优化背电极结构，使光吸收率提高了 60%。在储能技术中，循环神经网络被用于预测不同充放电方案对电池长寿命的影响，以实现优化在可再生能源领域，光伏和储能技术是关键的组成部分。机器学习方法也在这些领域发挥着越来越重要的作用。通过遗传算法等优化方法，机器学习帮助改进了光伏电池的电极结构，从而提高了光伏电池的效率。此外，循环神经网络等深度学习模型被用于预测不同充放电方案对储能系统寿命的影响，从而实现储能系统的优化。

这些机器学习方法不仅提高了能源系统的性能，还有助于推动可再生能源技术的发展和应用。

（4）电化学能量存储

电化学能量存储在电动车辆、消费电子和固定电站等各种应用中扮演着至关重要的角色。现代电化学能量存储解决方案在不同应用领域发挥着不同的作用。例如，锂离子电池由于其出色的能量密度在电子设备和电动车辆中得到广泛应用，而氧化还原流动电池则备受青睐，用于固定电力储存。在电池领域，机器学习方法已广泛应用，包括用于新材料的发现，如固态离子导体［图 7-2（b）］，以及氧化还原流动电池中的氧化还原活性电解质。此外，机器学习在电池管理方面也发挥了重要作用，如用于电池的充电状态确定、健康状态（SOH）评估及剩余寿命（RUL）预测。

（5）电极和电解质材料设计

分层氧化物材料，如 $LiCoO_2$ 或 $LiNi_xMn_yCo_{1-x-y}O_2$，已广泛用作碱金属离子（Li/Na/K）电池的阴极材料。然而，开发具有更高工作电压、增强能量密度和更长寿命的新锂离子电池材料是至关重要的。至今为止，尚未明确定义新电池材料的通用设计原则，因此已经探索了不同的方法。来自材料项目的数据已用于对碱金属电池（Na 和 K）中不同材料的电极电压曲线进行建模，从而提出了适用于大约 5000 种中等电压的不同电极材料。此外，机器学习还被用于筛选 12 000 个固体锂离子电池的候选材料，从而发现了10 种新的锂离子导电材料。

流动电池由溶解在电解液中的活性材料组成，这些电解液流入带有促进氧化还原反应的电极的电池。有机流动电池尤为引人关注。在流动电池中，活性材料在电解液中的溶解性和充放电稳定性决定了性能。机器学习方法已经探索了化学空间，以寻找适用于有机氧化还原流动电池的电解质。此外，多核脊回归方法加速了使用多特征训练来发现活性有机分子。该方法还有助于预测不同数量和组合磺酸和羟基基团的蒽醌分子在不同 pH 值下的溶解度依赖性。未来的机会在于探索大型组合空间，以反向设计高熵电极和高电压电解质。为此，深度生成模型可以根据分子的简化分子输入行编码（SMILES）表示辅助发现新材料。

（6）电池设备和堆栈管理

目前，机械模型和半经验模型结合使用来估算锂离子电池的容量和功率损失。然而，这些模型仅适用于特定的故障机制或情况，并且无法在电池使用的早期阶段准确预测电池的寿命。相比之下，基于机器学习的机制不可知模型可以在电池的早期阶段精确预测电池循环寿命。结合早期预测和贝叶斯优化模型的方法已用于快速确定具有最长循环寿命的最佳充电协议。机器学习可以加速锂离子电池的寿命优化，但是否可以将这些模型推广到不同的电池化学体系仍待观察。

机器学习方法还可以用于预测电池储能设施的重要属性。神经网络已被用于预测两种类型的固定电池系统，即磷酸铁锂电池和钒氧化还原流动电池的充放电曲线。电池功率管理技术还必须考虑来自环境和应用的不确定性和变异性。一种基于迭代 Q 学习（强化学习）的方法也被设计用于智能住宅环境中的电池管理和控制。在给定居民负荷和实时电价的情况下，该方法在优化电池的充电/放电/空闲周期方面效果显著。基于区分性神经网络的模型还可以优化电动汽车中的电池使用。

尽管机器学习可以用于预测电池的寿命，但确定底层的退化机制并将其与 SOH 和寿命相关联仍然具有挑战性。因此，将领域知识纳入混合物理模型的方法可以提供洞察力并减少过拟合。然而，将电池退化过程的物理机制纳入混合模型仍然具有挑战性；对电极材料的组成和结构信息进行有效表示并不容易。这些模型的验证还需要开发实时表征技术，如液相透射电子显微镜和环境压力 X 射线吸收光谱（X-ray absorption spectrosopy，XAS），以尽量与真实运行条件保持一致。理想情况下，这些表征技术应以高通量方式进行，使用自动样品更换装置等，以生成用于机器学习的大型数据集。

（7）电催化剂

电催化技术使我们能够将可再生能源转化为有价值的化学品和燃料，如将简单原料（如水、二氧化碳和氮）转化为产品，或者在燃料电池中将氢转化为电能。为了提高这些反应的效率，需要开发具有高催化活性和选择性的电催化剂。机器学习已广泛应用于加速电催化剂的开发和设备的优化。

电催化剂材料发现。催化活性通常通过中间体在催化剂表面上的吸附能描述。虽然密度泛函理论（DFT）可以用于计算这些吸附能，但催化剂通常具有多个表面结合位点，每个位点的吸附能不同。在合金材料中，位点的数量可能会大幅增加，从而使常规方法难以处理。

DFT 计算对于电催化材料的发现至关重要，而为降低计算成本，已采取了一些方法，如使用代理机器学习模型。此外，针对涉及数百种可能的物种和中间体的复杂反应机制，机器学习可以简化反应路径的预测，通过使用替代模型预测最重要的反应步骤，并推断最可能的反应途径。机器学习还可以用于筛选活性位点，尤其是在具有随机和无序纳米颗粒表面的情况下，只需在少数代表性位点上进行 DFT 计算，然后使用神经网络预测所有活性位点的吸附能。

催化剂的开发还可以受益于用于催化剂合成和性能评估的高通量系统。已经开发了一种自动化机器学习驱动的框架，用于筛选大量间金属化学空间，以用于 CO_2 还原和 H_2 析出反应。该模型可以预测新的间金属体系的吸附能，并自动对最有希望的候选物进行 DFT 验证。这个过程在封闭反馈循环中迭代进行。最终确定了 131 个来自 54 种合金的金属表面，作为 CO_2 还原的有希望的候选物。与 Cu-Al 催化剂的实验验证得出，在高电流密度（400 mA/cm^2）下，对乙烯的费拉第效率达到了 80%，创下了前所未有的纪录［图 7-2（c）］。

由于电催化剂可能具有多种属性（如形状、尺寸和组成），因此在文献中进行数据挖掘是困难的。电催化剂的结构复杂，难以完全表征，因此，许多性质在研究小组的出版物中可能没有得到充分表征。为了避免可能出现的情况，即由于非理想的合成或测试条件，潜在有希望的成分性能不佳，必须使影响电催化剂性能的其他因素（如电流密度、粒子大小和 pH 值）保持一致。新的方法，如热解碳冲击合成，可能是一个有希望的途径，因为无论组成如何，它都能生成均匀大小和形状的合金纳米颗粒。

XAS 是一种强大的技术，特别是用于原位测量，已被广泛应用于获取关于活性位点性质和电催化剂随时间变化的重要洞察。由于数据分析在很大程度上依赖于人类经验和专业知识，因此一直存在着开发用于解释 XAS 数据的机器学习工具的兴趣。改进的随机森林（RF）模型可以预测 Bader 电荷（原子总电荷的很好近似）和最近邻距离，这些因素对材料的催化性能具有关键影响。XAS 谱的扩展 X 射线吸收精细结构（EXAFS）区域已知包含有关键合环境和配位数的信息。神经网络可以用于自动解释 EXAFS 数据，从而允许使用实验 XAS 数据来识别双金属纳米颗粒的结构。拉曼和红外光谱也是理解电催化机理的重要工具。与可解释人工智能（AI）结合使用，这些分析可以用于将结果与基础物理联系起来，这些分析可以用于发现光谱中隐藏的描述符，从而可能导致电催化剂的发现和优化的新突破。

燃料电池和电解器设备管理。燃料电池是一种电化学装置，可将燃料（如氢气）的化学能转化为电能。电解器将电能转化为化学能（如在水分解中产生氢气）。机器学习已经应用于优化和管理它们的性能，预测退化和设备寿命，以及检测和诊断故障。使用由极限学习机、遗传算法和小波分析组成的混合方法，成功预测了质子交换膜燃料电池的退化。电化学阻抗测量作为人工神经网络的输入，使得质子交换膜燃料电池高温阵列中的故障检测和隔离成为可能。

机器学习方法也可以用于诊断固体氧化物燃料电池堆中的故障，如燃料和空气泄漏问题。人工神经网络可以预测固体氧化物燃料电池在不同运行条件下的性能。此外，机器学习已经应用于优化固体氧化物电解器的性能，如 CO_2/H_2O 还原和氯碱电解器。

在未来，机器学习在燃料电池方面的应用可以与多尺度建模相结合，以改善其设计，如减小欧姆损耗和优化催化剂负载。对于实际应用，燃料电池可能会受到能量输出需求的波动（如在车辆中使用时）的影响。机器学习模型可以用于确定这些波动对燃料电池的长期耐久性和性能的影响，类似于用于预测电池的健康状态（SOH）和寿命的方法。此外，尚待观察机器学习技术是否可以轻松地推广到电解器，反之亦然，如是否可以使用迁移学习等方法，因为它们本质上是相反的反应。

7.2.4 智能电网

（1）智能电网的定义

电力网络负责将来自生产者（如发电厂和太阳能发电厂）的电能传送到消费者（如家庭和办公室）。然而，间歇性可再生能源发电机产生的能量波动可能使电网变得脆弱。机器学习算法可以用于优化电力网络的自动发电控制，控制能源系统中多个发电机的输出功率。例如，当放松的深度学习模型用作统一时间尺度控制器进行自动发电控制单元时，与传统的启发式控制策略相比，总运营成本降低了高达 80%［图 7-2（d）］。基于多智能体强化学习的智能发电控制策略与其他机器学习算法相比，提高了约 10% 的控制性能。与传统电网相比，智能电网的突出优势在于：

①丰富的感知能力。大量的传感器和监控设备使其可以全方位感知电力系统的运行状态。

②强大的分析能力。借助先进的计算和分析手段，可以实现对海量数据的融合处理。

③敏捷的控制能力。通过对设备和过程的精确控制，可以快速响应各种变化。

④自主的优化能力。可以根据环境变化和运行参数，对系统进行自主调节和优化。

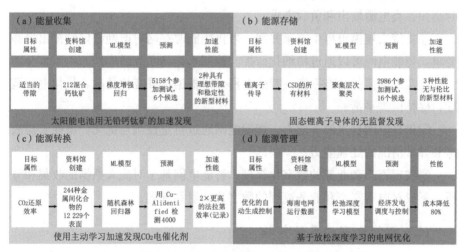

图 7-2　使用机器学习技术实现可持续能源未来的示例

准确的需求和负荷预测可以支持能源系统中的决策操作，以实现适当的负荷调度和电力分配。已提出多种机器学习方法来精确预测需求负荷，如长短期记忆已被成功用于准确预测每小时建筑负载。使用深度神经网络进行短期负荷预测（如零售业务等）和使用深度置信网络进行跨建筑能源需求预测也已被证明是有效的。

需求侧管理包括一系列通过动态调整电力价格来塑造消费者电力消耗的机制。这包括减少（峰值削减）、增加（负荷增长）和重新安排（负荷转移）能源需求，从而实现可再生电力发电和负荷的灵活平衡。基于强化学习的算法使服务提供商和客户的成本大幅降低。基于分散学习的住宅需求调度技术成功地将高达 35% 的能源需求转移到高风能利用率时段，与未调度的能源需求情景相比，大大节省了电力成本。使用多智能体方法的负荷预测将负荷预测与强化学习算法相结合，以优化能源使用（例如，在家庭中的不同电器之间）。这种方法将峰值使用量减少了 30% 以上，并将低峰使用量增加了 50%，降低了与储能相关的成本和能量损失。

（2）智能电网的特征

智能电网与传统电网在结构和功能特性上有明显不同，主要体现在：

①支持多方信息交互。智能电网采用开放的通信技术和协议，电力企业、用户和相关服务商可以便捷接入和交互信息。

②实现电源和负载的全面感知。大规模的传感器网络使智能电网可以实时感知各类电源输出和负载需求。

③支持大规模可再生能源并网。可再生能源并网对电网稳定性提出更高要求，智能电网可以通过精细化监控与控制来提高系统适应性。

④实现供需的动态平衡。智能电网可以根据负载变化情况，优化电源调度，保持供需平衡。

⑤提高电网自主调节能力。智能电网通过自主控制与优化，增强了对故障和异常情况的处理能力。

⑥实现资产和业务的数字化管理。智能电网基于对庞大数据的收集和分析，形成对电网资产和业务流程的数字化映射和管理。

（3）智能电网的系统架构

智能电网是一个复杂的网络物理系统，其系统架构可以划分为：

①物理电网层：包括电力基础设施和设备，是整个系统的物理基础。

②感知层：包括广泛布置的各类传感器和测控设备，实现对电网运行状态的实时监测。

③通信网络层：提供高速、安全的通信网络，传输各类监测和控制指令信息。

④软件与应用层：基于大数据平台，实现电网状态的评估与分析、供需平衡、资产管理等智能应用。

⑤优化控制层：根据计算和分析结果，对电网设备和过程进行监督和控制，实现电网的自主调节和优化。

智能电网的关键技术主要包括：先进的测量技术、宽带通信技术、大数据分析技术、先进控制技术等。这些技术的有机结合使智能电网具备感知、分析和控制的核心能力。

7.2.5　可再生能源中的机器学习机会

机器学习为能源材料领域的不同领域提供了促进进一步发展的机会，这些领域面临着类似的材料相关挑战（图7-3）。机器学习在智能电网和政策优化中，也存在重大挑战。

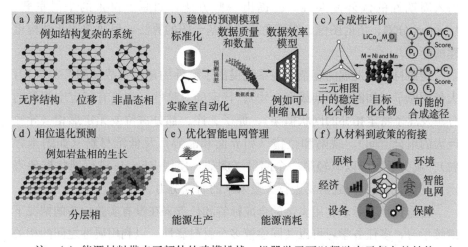

注：（a）能源材料带来了额外的建模挑战。机器学习可以帮助表示复杂的结构，包括无序、位错和无定形相。（b）需要通过不同数据集大小有效扩展的灵活模型，机器学习可以帮助开发稳健的预测模型。黄点代表添加不可靠的数据集，这可能会损害机器学习模型的预测精度。（c）合成路线预测对于新材料的设计仍有待解决。在三元相图中，点代表相应相空间中的稳定化合物和目标化合物的小红点。比较了单个化合物的两种可能合成途径。获得的分数将反映一种合成途径的复杂性、成本等。（d）机器学习辅助的相退化预测可以促进具有增强循环性的材料的开发。阴影区域代表岩盐相，岩盐相生长在层状相内。箭头标记生长方向。（e）机器学习模型的使用有助于优化能源生产和能源消耗。使用机器学习自动化与动态电源相关的决策过程将使配电更加高效。（f）能源政策是一个实体（如一个政府）解决其能源问题的方式，包括转换、分配和利用。

图7-3　机器学习和可再生能源的机会领域

（1）具有新几何形态的材料

当机器学习表示能够捕捉系统的固有特性（如物理对称性），并可用于下游辅助任务时（例如，转移到新的预测任务、使用可视化或归因构建新知识及使用生成模型生成相似的数据分布），它将变得有效。

对材料来说，输入是由分子或晶体结构组成的，其物理性质由薛定谔方程建模。设计一个反映这些属性的材料的通用表示方法是一个持续的研究问题。对于分子系统，已经成功使用了几种表示方法，包括指纹、SMILES、自引用嵌入字符串（SELFIES）和图。表示晶体材料还需要考虑在表示中引入周期性的额外复杂性。已提出一些方法，如原子位置的平滑重叠、Voronoi 分割、衍射图像、多视角指纹和基于图的算法，但通常缺乏结构重建的能力。

能源材料中发现的复杂结构系统提出了额外的建模挑战［图 7-3（a）］，大量的原子（如网状框架或聚合物）、特定的对称性（如具有特定空间群的分子及属于特定拓扑的网状框架）、原子无序、部分占位或无定形相（导致巨大的组合空间）、缺陷和位错（如界面和晶界）及低维材料（如纳米颗粒）。减少近似可以减轻第一个问题（例如，使用 RFcode 进行网状框架表示），但其余几个问题需要进行大量未来的研究努力。

自监督学习寻求利用大量的合成标签和任务来在没有实验标签的情况下继续学习，多任务学习可以共同建模多个材料属性，以利用属性之间的相关结构，元学习可以研究使模型在新的数据集或超出分布数据中表现更好的策略，所有这些都提供了建立更好表示的途径。在建模方面，注意机制、图神经网络和等变神经网络的新进展扩展了我们用于建模相互作用和预期对称性的工具范围。

（2）稳健的预测模型

在构建一个寻找具有所需性质的材料的流水线时，预测模型是第一步。构建这些模型的关键组成部分是训练数据；更多的数据通常会转化为表现更好的模型，从而在预测新材料的准确性方面表现更好。与传统的机器学习方法（如 RF）相比，深度学习模型在数据集大小方面更具可扩展性。然而，数据集质量也是至关重要的。然而，实验通常在不同条件下进行，未跟踪变量有很大的变化［图 7-3（b）］。此外，公开数据集更有可能受到出版偏见的影响，因为尽管消极结果与积极结果一样重要，但消极结果往往不太可能被发表在文献中，但在训练统计模型时它们同样重要。

解决这些问题需要透明性和文献中实验数据的标准化。然后可以使用文本和自然语言处理策略从文献中提取数据。数据应该被报告，带有这样的信念，即它最终可能会被整合到数据库中，如 MatD3 数据库。自主实验室技术将有助于解决这个问题。结构化的性能数据库，如 Materials Project 和 Harvard Clean Energy Project，也可以提供大量的数据。此外，不同的能源领域，包括能量存储、收集和转换，应该趋于一种标准和统一的数据报告方式。这个标准应该不断更新，随着研究人员继续了解他们正在研究的系统，之前认为不重要的条件将变得相关。

在低数据情况下工作的新建模方法，如数据高效模型、数据集构建策略（主动抽样）和数据增强技术，也很重要。不确定性量化、数据效率、可解释性和正则化是提高机器学习模型鲁棒性的重要考虑因素。这些考虑与泛化的概念有关，预测应该泛化到原始数据集分布之外的新材料类别。研究人员可以尝试对新数据点与训练集之间的距离建模，或者使用不确定性量化来预测标签的变化。神经网络是一种灵活的模型类别，通常模型可能被欠约束。引入正则化、归纳偏见或先验可以提升模型的可信度。创造值得信赖的模型的另一种方式可能是通过提升机器学习算法的可解释性，推导出特征的相关性并评分其重要性。这种策略可以帮助识别潜在的具有化学意义的特征，并为理解主导材料性质的潜在因素提供起点。这些技术还可以识别模型的偏见和过度拟合的存在，同时改善泛化和性能。

（3）稳定和可合成的新材料

化合物的形成能被用于估计其稳定性和可合成性。尽管负值通常对应于稳定或可合成的化合物，但略微正的形成能值在一个限制以下会导致不明确的可合成亚稳相。这一点在探索未曾涉足的化学领域时尤为明显，因为通常情况下亚稳相在光伏等领域表现出卓越性能和离子导体。因此，开发一种方法来评估亚稳相的可合成性［图 7-3（c）］具有重要意义。与其估计特定相是否可以合成，不如评估其合成的复杂性，这方面可以使用机器学习进行评估。在有机化学中，合成复杂性通常是根据相的合成途径的可访问性或基于先前的反应知识进行评估的。类似的方法可以应用于无机领域，正在不断开发用于无机材料的自动化合成规划算法。

然而，合成和评价新材料本身并不能确保这种材料能够进入市场，材料的稳定性是一个需要很长时间来评估的关键性能。降解通常是一个复杂的过程，通过活性物质的丧失或非活性相的生长［例如，在分层锂离子电池电极中形成的岩盐相，如图 7-3（d）所示，或在燃料电池中 Pt 粒子的聚集］或缺陷的传播（例如，在经过多次充放电循环的电池电极中的裂缝形成）进行。电子显微镜和连续力学模型等仿真通常用于研究生长和传播动力学，即相界面和缺陷表面随时间的变化。然而，这些技术通常昂贵，且不允许进行快速的降解预测。深度学习技术，如卷积神经网络和循环神经网络，可能在适当的训练后能够预测相界面或缺陷模式的演变。类似的模型可以用于理解多种降解现象，并有助于设计具有改进循环寿命的材料。

7.3 智能电网的挑战

尽管机器学习在智能电网管理中具有巨大的潜力，但仍存在一些挑战需要克服。例如，如何选择适当的材料候选人以开发高效的可再生能源设备？如何设计有效的机器学习模型来处理大量的数据并进行准确的预测？此外，由于不同地区的数据可用性和质量不同，还需要考虑如何确保机器学习算法在不同地区的适用性。

7.3.1 机器学习在智能电网管理中的关键挑战

随着机器学习在智能电网管理中的应用不断扩展，一些关键挑战逐渐浮现：

①数据质量与可获得性：机器学习对训练数据的质量和规模要求极高，而智能电网中可利用的数据仍相对有限。一方面，现有数据采集系统存在选型布置不合理、数据结构混乱等问题，影响数据质量。另一方面，由于涉及用户隐私和系统安全，大部分实用数据也无法共享开放，制约了算法训练。如何在保障安全的前提下，提高数据质量并适度开放是当前的难点。

②跨领域知识整合与表示：智能电网管理涉及多个领域的知识，包括电力系统、通信、计算等。这些领域的知识需要在机器学习模型中得到合适的整合和表示，以便模型能够更好地理解和解决复杂的电力系统管理问题。

③模型可解释性和泛化能力：现有的许多机器学习算法属于"黑箱"式，算法内部运行机理难以解释。而电力系统作为重要的基础设施，需要算法结果具有可解释性和可靠性，以保证控制决策的可靠性。与此同时，电力大系统环境复杂多变，机器学习算法的泛化能力有待提高。如果模型对异常情况和攻击敏感，很容易造成误操作。

④实时数据处理与分析：智能电网需要实时处理大量数据，以便及时做出调度和决策。传统的机器学习方法可能无法满足实时性的要求，因此需要研究开发实时数据处理和分析的机器学习算法和系统。

⑤安全性与隐私保护：智能电网涉及大量用户数据的收集和分析，必须确保这些敏感数据的安全性及用户隐私不被泄露。而当前的许多算法和数据管理手段在这方面仍存在安全隐患。

7.3.2 需要解决的问题

在面对上述挑战的同时，还有一些需要解决的关键问题：

①如何利用机器学习技术提高智能电网管理的效率和可靠性：通过充分挖掘各类数据，优化能源调度和负荷预测，机器学习可以帮助实现电网运行的智能化管理，提高能源利用效率和供应可靠性。

②如何克服上述挑战，实现机器学习在智能电网管理中的广泛应用：需要研究新的模型表示方法、可解释性方法，以及实时处理大数据的方法，以应对智能电网管理的挑战。同时，还需要建立标准的数据格式和接口，促进不同数据源之间的集成和共享。

7.4 方法

7.4.1 机器学习在智能电网管理中的应用

智能电网作为能源系统的先进形态，融合了能源、信息和通信技术，具备实时监测、智能优化和动态调节的能力，有望解决传统电网面临的诸多挑战。在实现可持续能源未来的过程中，智能电网的角色愈发重要。机器学习在智能电网管理中的应用涵盖了多个方面，从电网性能诊断到能源分配预测，从系统寿命估算到电网运行方案优化。然而，尽管已取得显著进展，仍然有许多领域需要深入探索和拓展。

（1）电力负载预测

电力负载预测是对未来一定时期电力系统负荷的预估，是电力系统规划与调度的重要依据，直接关系到经济调度的质量。传统的预测方法主要基于时间序列分析，考虑天气、社会经济活动等影响因素。但随着随机负荷的增加，这些方法面临精度难以提升的瓶颈。而机器学习方法可以实现对大量多源异构数据的高维度建模，显著提高了负荷预测的准确性。在负荷预测领域，常用的机器学习算法包括：

①支持向量机（SVM）：可以有效处理小样本、非线性和高维数据集，实现负荷曲线的预测。

②神经网络：具有强大的非线性拟合能力，可以建立复杂的负荷影响因子模型。

③深度学习：能够建立负荷的高精度预测模型，处理维数灾难问题。

这些方法广泛应用于电力负荷的短期、中期和长期预测，并都取得了良好效果。例如，使用 LSTM 网络预测建筑负荷，结果误差明显小于传统 ARIMA 模型。采用卷积神经网络进行工业园区负荷预测，提高了预测精度。

（2）需求侧管理

需求侧管理是智能电网实现平衡供需的关键策略之一。通过机器学习方法，可以引导用户用电行为，实现电力峰谷平衡，进而降低电网的负荷峰值。基于强化学习的模型可以根据电价信号优化用户的用电时间，从而降低用户的电费支出。这种个性化的需求侧管理有助于优化电力资源的分配，提高能源利用效率。

在需求响应领域，常用的机器学习技术包括：

①关联规则学习：发现不同用户群体之间的用电关联模式。

②聚类分析：将用户按照响应能力和模式进行划分。

③递归神经网络：用于理解和预测用户动态用电行为。

④强化学习：通过对环境反馈的学习调整控制策略，优化电价信号。

这些方法已被成功应用于需求响应的价格设计、用户划分、用电行为预测等方面。例如，采用 Q 学习方法进行家庭用电优化，实现峰谷负荷转移。设计多智能体系统进行需求预测和控制，获得显著的费用节省。

（3）可再生能源的调度与优化

将可再生能源与传统发电方式结合，实现电力系统的高效运行是智能电网管理的关键挑战之一。在这方面，多智能体强化学习被用于协调各种能源的调度和优化，以实现电力系统的成本最优化和可靠供应。这种方法有助于实现可再生能源的大规模应用，推动电力系统向更加清洁和可持续的方向发展。

（4）系统优化与控制

智能电网的经济高效、可靠运行需要对发电调度、资产管理进行动态优化。及时准确地响应各类变化是电网控制面临的核心难题。机器学习可以建立精确的电网运行模型，实现对环境变化的快速适应和决策调整。

在电网优化领域，常用的机器学习技术包括：

①强化学习：通过环境反馈学习选择最优控制策略。

②进化算法：模拟自然进化过程搜索最优解。

③贝叶斯优化：建立概率模型，搜索全局最优点。

④蒙特卡洛树搜索：基于随机模拟找到最优决策路径。

这些算法已应用于发电计划优化、经济负荷分配、故障自我修复等方面，显著提升了电网的经济性和可靠性。例如，设计了基于深度确定性策略网络的电力系统经济负荷分配方法。使用多智能体 DRL 进行微电网优化管理和控制。

（5）故障诊断与预警

电力系统中各类故障的快速准确定位与预测，对保证电网可靠性至关重要。针对不同类型故障的特点，机器学习可以提取数据中的特征模式，实现对故障的自动识别与预测。

在故障诊断领域，常用的机器学习技术包括：

①基于 SVM 的分类识别：将各类故障模式作为类别，实现对新数据的自动分类。

②基于深度学习的异常检测：通过对正常状态的建模，检测运行数据中的异常以发现故障。

③关联规则学习：发现不同事件和故障之间的关联关系，进行预测。

这些方法已广泛应用于传统的保护继电器和新型智能组合电器的研发。例如，设计了配电网保护的卷积神经网络模型，实现对故障类型和位置的自动识别。使用深度置信网络对风电机组故障进行预测与诊断。

通过这些应用领域的深入探讨，我们可以看到机器学习在智能电网管理中的巨大潜力。从负荷预测到需求侧管理，再到可再生能源的优化调度和故障预测，机器学习正在推动智能电网实现更高效、可靠、可持续的能源供应，为未来能源领域带来积极的变革。

7.4.2　能源材料研究对智能电网管理的帮助

能源材料研究对智能电网管理具有重要的帮助作用。智能电网的建设需要可靠的能源供应和高效的能源转换技术，而这些方面都依赖于先进的能源材料的研究和开发。以下是一些能源材料研究在智能电网管理中的具体帮助。

（1）储能技术的发展

在智能电网的建设中，储能技术发挥着至关重要的作用，因为它能够有效平衡能源供需，弥补可再生能源波动性带来的不稳定性。随着全球对可持续能源的需求不断增长，高效储能解决方案变得尤为关键。能源材料研究在这一领域的努力为新型储能材料的开发提供了巨大机会，从而为智能电网提供更加可靠、高效和持久的储能解决方案。

储能技术的发展关键在于开发能够在多个方面实现突破的材料，这些方面包括能量密度、充放电速率、循环寿命、安全性和成本效益。能源材料研究通过对储能材料的性质进行深入研究，可以为这些关键方面的提升提供创新性解决方案：

①提高能量密度：能量密度是储能技术中的一个关键指标，它决定了储能设备能够存储多少能量。能源材料研究致力于寻找新型材料，如高能量密度的电化学储能材料，以实现更大的能量存储容量。通过改进电池化学反应和材料的结构，研究人员可以实现储能材料的更高能量密度，从而提供智能电网所需的更长时间的能源支持。

②增强充放电速率：储能技术的实用性不仅在于能够存储更多的能量，还要求能够在短时间内快速充放电。这对于智能电网中的应急情况、峰谷调节和频繁充放电操作至关重要。通过研究新型储能材料的离子传输机制、电极结构和界面特性，能源材料研究可以改进充放电速率，从而使储能设备更加适应智能电网的快速响应需求。

③延长循环寿命：储能设备的循环寿命直接影响其可靠性和经济性。传统的储能技术在长时间循环使用后可能出现衰减和损坏，降低了系统的性能和寿命。能源材料研究通过深入了解材料的电化学反应机制、电极材料的稳定性等，可以设计出更加稳定的储能材料，延长储能设备的循环寿命，减少维护和更换成本。

④提升安全性：储能设备的安全性是智能电网管理不可忽视的因素。高能量密度和快速充放电带来的热效应和电化学反应可能导致设备过热、短路等安全隐患。能源材料研究可以开发更安全的储能材料，如具有耐高温性能、自愈合特性和低火灾风险的材料，从而降低智能电网运营中的安全风险。

⑤降低成本：储能技术的成本是智能电网发展的一个重要挑战。能源材料研究可以通过开发低成本的原材料、制备工艺和生产技术，降低储能设备的制造成本。此外，通过提升储能设备的性能和寿命，能源材料研究还可以减少长期运营和维护成本。

（2）高效能源转换技术

在实现智能电网的可持续能源转型中，高效能源转换技术是至关重要的环节。这些技术能够将可再生能源（如太阳能、风能等）转化为电能，并将其输送到用户。能源材料研究在这一领域中的贡献具有深远影响，因为通过改善能源转换设备的效率，我们可以实现更高的能量转换效率，从而为智能电网提供更稳定和高效的能源供应。

①优化太阳能电池的光电性能：太阳能电池作为最为常见的可再生能源转换技术之一，其性能直接影响着智能电网的能源转换效率。能源材料研究在太阳能电池中发挥着重要作用，通过优化光电材料的特性来提高太阳能电池的效率。例如，研究人员可以利用机器学习算法分析大量材料数据，找出最适合用于太阳能电池的光电材料。这些材料可能具有更高的光吸收率、更好的载流子传输性能和更低的能源损失，从而实现更高的能量转换效率。

②提升风能发电机的性能：风能发电是另一种重要的可再生能源转换技

术，但其性能也面临着挑战，如风速不稳定、风能转换效率较低等。能源材料研究可以针对风能发电机的叶片材料进行优化，以提高其转换效率和稳定性。通过使用先进的材料，如复合材料或涂层材料，可以降低风能发电机的风启动速度、提高转换效率，并减少材料的磨损和腐蚀，延长设备寿命。

③促进能量存储技术的发展：高效能源转换技术还需要强大的能量存储系统来平衡能源供需。能源材料研究在储能领域的发展也是智能电网的关键因素之一。通过研究和开发高性能的电池、超级电容器和其他能量存储材料，可以提高能源存储系统的充放电效率、循环寿命和储能密度，从而更好地支持智能电网的运行和管理。

④实现智能电网的稳定供能：优化高效能源转换技术不仅提高了能源转换的效率，还可以增强智能电网的稳定供能能力。通过更高的能源转换效率，可以减少能源的浪费和损耗，使得电能可以更有效地传输和分配到用户。这对于智能电网的稳定运行至关重要，特别是在面对能源波动性和峰谷电荷差异的情况下。

（3）智能电网中的能源存储

在智能电网的架构中，能源存储系统被视为关键的技术之一，能够应对不断变化的能源供需情况，平衡电网的负荷，并有效地处理峰谷电荷差异。能源存储的目标不仅仅是在能源过剩时储存多余的电能，还包括在需求高峰时释放存储的电能，以维持电网的稳定性和可靠性。在这一过程中，能源材料研究在改善储能系统的性能、可靠性和可持续性方面发挥着重要作用。

能源存储系统的关键组成部分之一是电池，它们可以储存和释放电能。能源材料研究通过针对电池中的活性物质、电解液及电池结构等方面的优化，为电池储能系统提供更高效、稳定和持久的性能。一方面，研究人员可以开发新型的电池材料，具有更高的能量密度、更快的充放电速率和更长的循环寿命。例如，锂离子电池的正负极材料可以通过能源材料研究进行改进，从而提高电池的储能能力和使用寿命。另一方面，超级电容器作为一种能量存储和释放速度更快的设备，也在智能电网中发挥着重要作用。能源材料研究可以优化超级电容器的电极材料和电解液，提高其能量密度和循环寿命，从而使其更适用于电网的快速响应和平衡功能。通过改善超级电容器的性能，能源存储系统可以更加灵活地应对电网的变化需求，提供稳定的能源供应。

除了单独的电池和超级电容器，能源材料研究还在储能系统的整体设计和优化中发挥着作用。例如，设计更有效的电池堆叠结构、优化电池模块的连接方式，都可以通过能源材料研究来实现。这些改进可以提高储能系统的整体性能、可靠性和安全性。

值得注意的是，能源存储系统的可靠性和持久性对智能电网的运行至关重要。通过能源材料研究，可以解决电池和超级电容器在循环充放电过程中出现的衰减和老化问题，延长其使用寿命。同时，对于储能材料的环境适应性和耐久性的研究，也有助于减少材料的退化速率，保持储能系统的稳定性。

（4）能源损耗减少

能源损耗减少在智能电网管理中是一个至关重要的目标，其对于实现能源系统的高效性和可持续性至关重要。能源材料研究在这一领域扮演着关键的角色，通过改善能源传输和转换过程中的材料特性来降低能源损耗，提高能源的利用效率。这对于智能电网的稳定运行、能源资源的最大化利用及环境的减排都具有重要意义。

①材料设计与能源损耗：能源损耗通常发生在能源的输送、转换和存储过程中。例如，在电力输送的过程中，电能会因导线的电阻而产生损耗。因此，开发具有低电阻和高导电性能的输电线路材料至关重要。能源材料研究可以通过设计和优化材料的导电性、热导率等特性，降低电能在输送过程中的能量损耗，从而提高智能电网的能源利用效率。

②新材料应用于能源设备：能源损耗的降低还需要将新型材料应用于能源设备中，以取代传统材料，从而改善能源传输和转换过程。例如，光伏材料的性能直接影响着太阳能电池的能量转换效率。通过研究和开发更高效的光伏材料，如多层次光伏材料、钙钛矿太阳能电池等，可以提高光能转换效率，减少光能损耗，为智能电网注入更多可再生能源。

③机器学习在能源损耗降低中的应用：机器学习在能源材料研究中的应用可以加速新型材料的发现和设计，从而进一步降低能源损耗。通过机器学习技术，可以对大量的材料数据进行分析，识别出与能源损耗相关的材料特性，并预测材料在能源传输和转换过程中的性能。这有助于研究人员针对降低能源损耗的特定需求，有针对性地设计和开发材料，从而在智能电网中实现更高的能源效率。

④智能电网管理的全面优化：能源损耗的降低不仅仅依赖于单一材料的

改进，还需要在智能电网管理的各个环节进行全面优化。机器学习在智能电网管理中的应用可以分析大量数据，识别出能源损耗的潜在问题，为系统的优化提供支持。通过预测能源损耗、识别潜在的故障和瓶颈，智能电网管理者可以采取相应的措施，进一步降低能源损耗，提高能源利用效率。能源材料研究和机器学习在可持续能源转型和智能电网管理中发挥着至关重要的作用。

能源材料的研究不仅加速了新材料的发现和开发，还预测了材料的性能，为智能电网提供了可靠的能源转换和储存技术。而机器学习则通过分析大量数据和模式，优化能源系统的运行和决策，提高能源效率和可持续性。将能源材料研究与机器学习相结合，可以加速能源转型进程，推动智能电网的建设和管理，实现更加清洁、高效和可持续的能源未来。

7.4.3 优化智能电网

智能电网中，机器学习的一个前景是自动化与动态电力供应相关的决策过程，以实现电力的最高效分配［图 7-3（e）］。将机器学习技术实际应用于物理系统仍然面临一些挑战，因为数据稀缺，而政策制定者担心风险规避。由于高成本、较长的延迟，以及对合规性和安全性的担忧，数据的收集和获取具有一定的挑战性。例如，要捕捉可再生资源由于高峰或低谷及季节属性的变化，需要进行长期的数据收集，时间跨度可能会从 24 小时延伸到几年。此外，尽管机器学习算法在理论上应该考虑能源系统中的所有不确定性和不可预测情况，但能源管理行业的风险规避意识意味着实施仍然依赖于人类决策。

涉及物理系统数字孪生的基于机器学习的框架可以解决这些问题。数字孪生代表着物理系统的数字化网络模型，它可以用于在数字孪生系统上训练机器学习模型，这些模型可以基于物理定律或从物理系统采样的数据进行训练。这一方法的目标是准确地模拟物理系统的动态行为，以较低成本、较快速地生成大量高质量的合成数据。值得注意的是，由于机器学习模型的训练和验证是在数字孪生系统上进行的，因此不会对实际物理系统造成风险。根据预测结果，可以提出适当的行动建议，然后在物理系统中实施，以确保系统的稳定性和运行的改进。

7.4.4　政策优化

研究通常专注于更大问题的一个局部方面，然而，我们认为能源研究需要更全面的方法［图 7-3（f）］。能源政策是一个实体（如政府）解决其能源问题，包括能源转换、分配和利用的方式。机器学习已在能源经济金融领域用于性能诊断（如油井）、能源发电（如风能）和消费（如电力负荷）的预测，以及系统寿命（如电池寿命）和故障（如电网中断）的预测。它们还用于能源政策分析和评估（如能源节约的估算）。机器学习模型的自然延伸是将其用于政策优化，这个概念尚未得到广泛应用。我们认为最佳的能源政策，包括新发现材料的部署，可以通过机器学习来改进和增强，应该在研究报告和加速能源技术平台中进行讨论。

7.5　结论

随着可持续能源转型的加速，机器学习在能源领域的应用正发挥着越来越重要的作用。在能源材料研究中，机器学习加速了新材料的发现与优化，推动了可再生能源技术的创新。在智能电网管理中，机器学习改善了负荷预测、需求侧管理、可再生能源调度等关键环节，为电力系统的智能化管理提供了支持。

在解决这些挑战的过程中，数字孪生技术崭露头角，为优化智能电力网格中的决策过程提供了新的可能性。通过将物理系统的数字化网络模型与机器学习相结合，可以解决数据稀缺的问题，并在数字孪生中进行机器学习模型的训练和验证，从而实现对电力系统的智能化管理和控制。

总之，机器学习在可持续能源领域的应用前景广阔。通过克服挑战，如数据问题和政策制定者的风险规避心态，机器学习可以在能源材料研究和智能电力网格优化等领域发挥重要作用。数字孪生技术的出现为解决这些问题提供了创新的解决方案，有望推动能源产业朝着更加可持续和清洁的未来发展，实现社会的繁荣和可持续发展。

第八章　数据中心可持续发展

作为能源密集型实体，数据中心与重大的环境影响有关，这使得其可持续性近年来越来越受到关注。在这篇文章中，我们重新审视了数据中心的可持续性，并提出了提高数据中心可持续性的前瞻性愿景。我们认为，数据中心的可持续性不仅仅包括能源效率，还必须通过多方面的方法进行评估和优化。为此，我们首先从 5 个方面对可持续性指标进行了概述。之后，我们利用公开的数据中心可持续性评级来展示最新数据中心的可持续性状况。此外，我们还考察了新加坡数据中心可持续发展标准的演变，以突出几个趋势特征。基于分析，我们确定了可持续数据中心的几个关键要素。然后，我们提出了认知数字孪生（CDT）架构，该架构包含用于全系统模拟的数字孪生引擎和用于优化控制的决策引擎，以提高数据中心的可持续性。我们还对新加坡生产数据中心的冷水机组效率进行了优化案例研究。结果表明，CDT 可以将冷水机组的能效提高 5%，表明每年可节省约 140 t 的碳排放。

8.1　引言

迄今为止，随着数据中心行业前所未有的增长，数据中心的可持续性问题也引起了从行业到政府的广泛关注。数据中心作为第四次工业革命和数字经济的关键支撑基础设施，能够部署和发展 5G、人工智能、元宇宙等前沿技术，数据中心由于其巨大的能源消耗和相应的巨大碳排放量，其可持续性成为一个令人担忧的问题。据估计，数据中心占全球电力消耗的 2%～3%，占全球碳排放的 0.4%～0.75%。为了减轻数据中心对环境的负面影响并提高其整体可持续性，谷歌、微软和亚马逊等几家云服务提供商发布了他们对碳中和的云服务的雄心勃勃的目标。从政府方面来看，欧盟（EU）的数据中心运营商最近致力于欧洲绿色协议，以监管自己，在 2030 年前实现欧盟气候中立目标。

　　为了优化数据中心的可持续性，其中第一步也是最重要的一步是利用正确定义的可持续性指标或可持续性评级框架来评估其可持续性状态，并确定应进行优化的方向。在过去的十年里，人们提出了许多指标来从各个方面评估数据中心的性能。在这方面，Reddy 等从能源、冷却、绿色等各个方面对数据中心的指标进行了全面的调查。然而，尽管做出了这些贡献，但这些指标的一套明确的代表性价值仍然难以捉摸。除了独立的指标外，还有几个数据中心可持续性评级系统用于评估数据中心的可持续性。在这方面，能源与环境设计领导力（LEED）是北美最流行的绿色建筑认证框架，旨在从能源效率、场地可持续性、水使用效率（WUE）等多个方面全面评估建筑的可持续性。它设计用于对除数据中心外的所有类型的建筑物进行评级。数据中心将通过满足某些设计或操作要求来获得一定的分数。另一个例子是新加坡建设管理局开发的绿色标志评级系统。它是一个专门针对数据中心的可持续性评级系统，从能源效率、冷却效率、气流管理等 5 个方面对数据中心进行评估。尽管有这些评级，但尚未对数据中心行业的可持续性状况和发展趋势进行全面分析。

　　在这项研究中，我们旨在评估数据中心可持续性的现状，并引入一种变革性的解决方案，通过 CDT 方法促进数据中心的可持续性。为此，我们首先概述了评估数据中心可持续性的关键指标。其次，我们分析最新数据中心的可持续性评级，以确定其可持续性状态。再次，我们考察了新加坡数据中心可持续发展标准的进展情况，以揭示优化数据中心可持续性的新趋势。根据我们的分析，我们强调了未来可持续数据中心的关键组成部分。最后，我们提出了 CDT 的架构，以支持数据中心行业向可持续发展的快速转型。为了证明 CDT 的有效性，我们将其应用于新加坡的一个生产数据中心，以优化其冷水机组的性能。结果表明，CDT 不仅能够准确预测冷水机组的能耗，而且每年可减少约 140 t 的碳排放。

　　本章内容组织：在第 2 节中，我们介绍了评估数据中心可持续性的指标。在第 3 节中，我们对数据中心可持续性评级结果及新加坡数据中心可持续发展标准的演变进行了分析，以揭示可持续数据中心的一些趋势特征。在分析的基础上，我们在第 4 节中确定了可持续数据中心的几个关键设计元素。随后，我们在第 5 节中介绍了我们的 CDT 平台的架构，并进行了案例研究，以验证其实际适用性。最后，我们提出了几个关于可持续数据中心的设想。

8.2 重新审视数据中心可持续性度量

在本节中，重点是确保数据中心可持续性的基本指标。典型的数据中心如图 8-1 所示，由 IT 设备和提供能源、冷却和其他资源的支持基础设施组成。电力来源于电网，流入配电单元（PDU）和不间断电源（UPS），后者将电力分配给 IT 设备。IT 设备的冷却由机房空调装置和冷水机组提供。IT 设备，包括服务器、网络设备和存储设备，位于成行的服务器机架中，负责提供不间断的云服务。可持续性指标可分为五类：能源效率、气流管理、冷却效率、电力供应系统效率和环境影响。

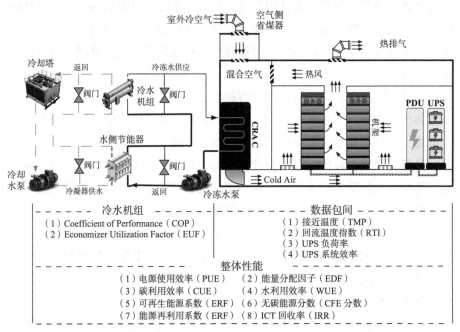

图 8-1 一个典型的数据中心，包含 IT 设备（服务器、存储设备和网络设备）和提供必要冷却和电力的设施

8.2.1 能源效率指标

由于数据中心是能源密集型企业，提高其能源效率以避免能源浪费和提

高可持续性至关重要。能源效率通常通过组件或整个数据中心所做的有用工作除以交付给它的总能源来评估。在过去几十年中，研究者为数据中心提出了大量能源效率评级指标，以评估从服务器级别到设施级别的不同层次的能源效率。其中，最受认可的指标是绿色电网提出的电力 PUE，该指标在绿色标志和 LEED 等可持续性评级系统中被广泛采用。PUE 定义为年度总能耗与年度 IT 设备能耗的比值。显然，PUE 的范围在 1.0 到无穷大之间，较低的 PUE 表明更高的能量比例被传递到 IT 设备以产生有用的工作，更少的能量用于冷却 IT 设备或向 IT 设备提供电力。自 PUE 诞生以来，数据中心行业做出了重大努力来改进它，图 8-2 显示了它过去 10 年的趋势。很明显，在 2022 年，平均 PUE 得到了显著的优化，达到了 1.55 的平台。目前，PUE 的连续优化似乎停滞不前，这也意味着数据中心行业认为能源效率超出了能源效率，以实现进一步的可持续性改进。此外，还值得注意的是，PUE 度量是有偏差的，并且超尺度数据中心比小规模数据中心获得不公平的优势，因为超尺度数据中心的 IT 能耗要大得多，可能导致 PUE 值更小。因此，PUE 不适合将数据中心之间的能量效率与显著的容量差异进行比较。

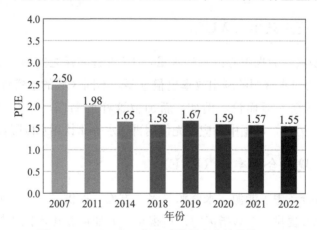

图 8-2　2007—2022 年全球数据中心的平均 PUE

　　评估数据中心能源效率的另一个重要指标是能源分配系数（EDF），它反映了不同非 IT 组件（冷却系统、UPS 电源损耗、雷电系统等）的能源消耗分布。通过 EDF 度量，数据中心运营商可以识别数据中心中效率低下的组件，并对这些组件进行优化，以更相关的方式提高整体能源效率。

　　除了 PUE 和 EDF，还有其他一些指标也被用来评估数据中心的能源效率：

（1）设施使用效率（EUE）

EUE考虑了除IT设备之外的数据中心所有辅助设备的能耗，它被定义为数据中心所有设备的有用能量输出之和与总能耗的比值。它提供了一个宏观的视角来考量整个数据中心所有设备的效率。相比PUE仅关注IT设备功耗，EUE更全面。但计算EUE时需要确定每个设备的有用能量输出，这相对复杂，目前还缺乏统一的计算标准。

（2）碳使用效率（CUE）

CUE是数据中心的二氧化碳排放量与IT设备能耗的比率，反映了每单位IT工作量的碳排放。CUE将Attention转移到数据中心运营对环境影响的关注上。CUE直接反映了数据中心的碳排放强度，具有重要的环境意义。但计算CUE需要确定电网的碳排放因子，不同地区电网的碳强度差异很大，这导致同一数据中心的CUE随地点变化。因此，应该基于当地电网情况设定CUE的基准。

（3）水使用效率（WUE）

WUE衡量了数据中心的总耗水量与IT设备能耗之间的比率。除能源外，数据中心对水资源的利用效率也很重要。不同区域的水资源状况不同，WUE基准不宜一概而论。例如，新加坡这样的岛国，应设定更严格的WUE要求。另外，数据中心应优先使用再生水等非饮用水以降低WUE。

（4）环境综合效率比（ERE）

ERE综合考虑了能源、水资源等多个方面，提供了一个全面的环境效率评估。ERE提供一个多指标的评估视角。但如何权衡不同指标，综合计算ERE仍有待讨论。一种思路是采用主成分分析（PCA）等方法赋予不同指标权重。总的来说，这些指标为我们提供了评估数据中心绿色可持续发展的全新的视角和维度，使我们能够更全面地分析和优化数据中心的环境表现。

8.2.2 气流管理指标

空气管理是数据中心可持续性改进和风险缓解的一个重要方面。由于服务器能耗随着环境温度的升高而增加，空气输送不良可能会导致本地热点，导致服务器意外关闭并增加能耗。本节将探讨评估数据中心空气输送和热管理效率的指标。

（1）接近温度（TMP）

数据中心气流输送的有效性由 TMP 表示，定义为进入 CRAC 机组的回风温度与 CRAC 机组吹出的送风温度之差。TMP 反映了数据中心内热空气再循环的程度。TMP 越大，表示再循环的热空气越多，造成冷却效率降低。较小的 TMP 表示优化气流和提高能源效率的机会。控制 TMP 在合适的范围内，既可避免再循环，也可降低风扇功率。从图 8-3 中，我们可以看到，较大的 TMP 表明 CRAC 风扇速度可以降低，从而在冷却过程中节省能源。

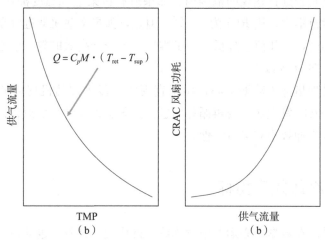

图 8-3 当数据大厅中的热负荷固定时，TMP 和供气流量之间的关系示意图
（在 TMP 较高的情况下，可以降低供应空气的流速，从而节省冷却能量）

（2）回风温度指数（RTI）

评估气流管理效率的另一个常用指标是 RTI。反映 CRAC 机组的回风温度与 IT 设备排气温度的匹配情况。其计算公式为：

RTI＝（CRAC 回风温度－IT 设备入口温度）／（IT 设备出口温度－IT 设备入口温度）

RTI 接近 100％表示冷热通道分离良好，冷风全部用于机柜冷却。RTI 偏高表示部分热风被再循环至 IT 设备入口，偏低表示冷风未被 IT 设备充分利用。RTI 测量接近温度与平均服务器出口温度与服务器入口温度之差之间的关系。理想情况下，当 CRAC 返回温度与平均服务器出口温度匹配并且 CRAC 供应温度等于平均服务器入口温度时，RTI 为 100％。RTI 小于100％的值表明 CRAC 装置的返回没有捕获一些冷空气，导致返回温度较低。另一方面，大于 100％的值意味着来自服务器出口的一些热空气被再循环回服务器入口，导致入口温度上升。使用 RTI 指标，数据中心运营商可以改善热气流和冷气流的分离，从而提高供气温度，从而降低冷却系统的功耗。

（3）机架进风温度指数（RCI）

RCI 通常用于评估是否符合 ASHRAE 数据中心热指南，反映 IT 设备的进风温度是否处在建议的范围内。如果所有机架进气温度都在 ASHRAE 推荐的温度范围内，则 RCI 为 100％。但是，如果某些机架进气温度超过建议的最高温度，RCI 值会降低。为了维护一个安全高效的数据中心，建议将RCI 值保持在 96％以上。

气流管理指标为数据中心提供了直观的手段来评估机房内的热分布情况，有利于及时发现热点或再循环问题，指导运维人员采取改善措施，提升数据中心的冷却效率和可持续性。

8.2.3　冷却效率指标

冷却系统在数据中心运营中发挥着关键作用，其效率也与数据中心的整体可持续性密切相关，因为冷却系统占数据中心能源消耗的 30％～50％。在过去的十年中，已经提出了几个用于评估冷却系统效率的指标。其中，最常用的指标是效率系数（COP），它是冷却系统输送的有用冷却能量与投入其中的网络的比率。它既适用于水冷式冷冻水冷却系统，也适用于风冷式冷冻水制冷系统，并应考虑数据中心冷却系统中所有组件的能耗，如泵、冷却器等。COP 越高，表示冷却系统为数据中心提供所需冷却负载所消耗的能量越少，表明冷却系统更高效、更可持续。目前，COP 的典型值为 2.0～7.0。

除了 COP，随着自由冷却技术的发展，越来越多的数据中心在其冷却系统中配备了空气侧或水侧节约器，以提供自由冷却，最近出现了几种评估这种冷却系统效率的指标。其中，最常用的指标是省煤器利用率（EUF），即省煤器运行时的总小时数除以会计期间的总小时数。显然，该指标的单位是百分比，其理想值为 100％，这意味着所有冷却负载都由省煤器完成。通过跟踪这一指标，数据中心运营商可以开发一种合适的机制，充分利用当地天气提供的免费制冷能力，提高整体可持续性。

8.2.4 电力供应系统效率指标

电力供应系统效率指标可以分为 5 类（表 8-1）。

表 8-1 绿色数据中心的现有运营可持续性指标

指标类别	关键指标	单位	典型值（范围）
能源效率	PUE	比率	1.55
	EDF	百分比	NA
气流管理	TMP	℃	NA
	RTI	比率	80％～120％
	RCI	比率	90％～100％
冷却效率	COP	比率	2.0～7.0
	省煤器利用系数	比率	NA
电力链效率	UPS 负载因子	比率	NA
	UPS 系统效率	比率	0.86～0.95
环境影响	CUE	$kgCO_2/kW$	NA
	WUE	升/kW	1.8
	REF	比率	NA
	CFE 分数	百分比	NA
	ERF	比率	NA
	IRR	比率	NA

数据中心的电力供应系统主要包括配电系统和 UPS 系统。电力供应系统的效率对数据中心的可持续性也至关重要。这些系统的效率直接影响数据

中心的能源损耗。该系统确保了不间断的运行，但当它过大时，由于空载使用，可能会有大量的能量损失。UPS 负载系数是一个指标，反映 UPS 系统容量与实际负载比值，用于通过测量峰值负载与其设计容量相比来确定 UPS 系统是否过大。UPS 负载系数低表示系统可能过大，导致能量损失。计算方法为：

$$UPS 负载系数 = 平均负载 / UPS 额定容量$$

若 UPS 负载系数过低，表示 UPS 容量过剩，会导致 UPS 系统效率下降。合理配置 UPS 容量，使其匹配实际负载，可以节省能源。

为了进一步评估 UPS 系统中的能量损失，可以使用 UPS 系统效率指标，该指标通过将输出功率除以输入功率来计算，反映 UPS 的输入功率与输出功率比值。

$$UPS 效率 = UPS 输出功率 / UPS 输入功率$$

UPS 在进行交流/直流双向转换时会造成一定的能量损失。监测 UPS 效率可以评估 UPS 运行状态，如效率持续下降可能预示故障。采用高效的 UPS 系统，并进行持续监测与维护，可以减少 UPS 转换损耗，提高电力供应链的效率。

该度量的典型值范围为 0.86～0.95。该值越高，UPS 系统的效率就越高，能量损失也就越少。监测 UPS 系统效率可以对 UPS 系统的状态提供有价值的见解，使数据中心运营商能够进行预测性维护并提高可持续性。

电力供应效率指标为数据中心提供了评估电力系统的效率水平的手段，运维人员可以根据这些指标采取 Upgrade UPS、调整容量配置等措施来优化电力系统，减少电力链路中的浪费和转换损耗，降低数据中心的能耗。

8.2.5　环境影响指标

数据中心的大量能源使用和碳排放引起了全球对其环境影响的担忧，并提出了一些环境影响指标。这些指标可以大致分为以下几个概念：减少、可再生、回收。

数据中心的环境影响主要来自从电网中提取的大量能源所产生的碳足迹，以及冷水机组为提供必要的冷却而使用的水。在这方面，绿色网格提出了两个指标，以指导数据中心减少碳足迹和用水。第一个指标是 CUE，它是总碳排放量与 IT 设备能耗的比率。当所有能源都来自电网时，CUE 等于本地电网的碳排放系数乘以数据中心的 PUE。当总能源的一部分来自可再生能源时，应从总碳排放中减去相应的碳排放量。与 CUE 类似，WUE 用于评估数据中心的用水效率。根据劳伦斯伯克利实验室 2016 年的一份报告，它被定义为现场总用水量与 IT 总电能消耗的比率，美国该指标的典型值为 1.8。

减少总体环境影响的另一种方法是利用可再生能源。为了监测可再生能源的使用情况并最大限度地提高其利用率，已经提出了几个指标。一个指标被称为可再生能源系数（REF），它描述了可再生能源在数据中心总能源消耗中的百分比。REF 是监测可再生能源使用情况的有效指标，并通过增加可再生能源的使用来鼓励数据中心能源组合的多样化。然而，它只占一段时间内可再生能源的总百分比，而不是实时跟踪。为了进一步揭示可再生能源利用状况，数据中心运营商可以选择使用无碳能源评分（CFE 评分），该评分以小时为单位评估数据中心的能源消耗与 CFE 的匹配程度。通过使用该指标，数据中心运营商可以实时发现能源不匹配，并随后安排可用资源（IT 任务、冷却能力等），从而最大限度地利用可再生能源。

除了减少和可再生，回收利用也值得考虑，以最大限度地减少数据中心对环境的总体影响。评估能源再利用效率的一个关键指标是能源再利用系数（ERF），它是数据中心再利用的总能源与总能源消耗的比率。ERF 越高，表明有更多的废能源被用于替代用途。另一个重要指标是 IT 回收率（IRR），它量化了退役 IT 设备以"负责任"的方式处置的程度。"负责任处置"是指以负责任的方式重新使用或回收退役的 IT 设备。通过提高内部收益率，数据中心的整体环境影响可以进一步降低，因为更多的 IT 设备被回收，而不是被送往垃圾填埋场。

8.3　数据中心可持续性研究现状与趋势

在本节中，我们进行了两项研究，以揭示数据中心行业的可持续发展状况和趋势。我们首先分析 LEED 数据库中数据中心项目的可持续性评级得分。然后，我们分析了新加坡数据中心可持续发展标准的演变。

8.3.1　数据中心可持续性评级分析

我们在此研究采用 LEED 可持续性评估框架的数据中心的可持续性得分。

LEED 评分是公开的。我们只选择采用最新 LEED BD+C 协议来暴露可持续性状态的数据中心项目。首先,我们分析了 LEED 评级结果的分类得分分布。由于能源效率得分所占百分比最大,我们在这里分别说明了能源效率得分和其他得分,结果如图 8-4 所示。从图 8-4 中可以看出,通常情况下,被授予金牌或白金级别的数据中心比银牌的数据中心具有更好的能效分数。因此,提高能源效率是提高数据中心整体可持续性的最直接方法。然而,也可以观察到,一些具有理想能效分数的数据中心仍然无法获得金牌或白金证书。对于这些数据中心,我们可以发现它们在其他方面表现不佳(如用水效率)。因此,数据中心的可持续性超越了独立的能源效率,应采取多管齐下的方法来优化整体可持续性。

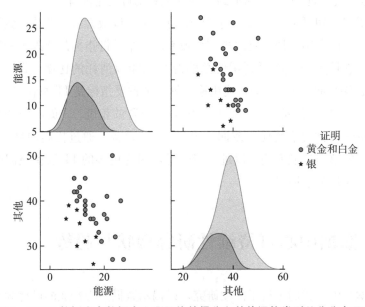

图 8-4　LEED 数据库中数据中心项目能效得分和其他评估类别总分分布示意图

我们进一步调查了能效子类别中每个信用项目的平均得分,以了解当前提高数据中心能效的瓶颈。图 8-5 显示,大多数数据中心在能源计量方面表现非常好。这一观察结果令人鼓舞，因为先进的能源计量基础设施可以为数据中心运营商提供对能源供应系统缺陷的宝贵见解，以便他们能够采取适当行动提高能源效率。然而，我们也可以观察到，大多数数据中心的能源性能并不令人满意。这种观察可能存在各种原因，包括 IT 设备效率低下、IT 设备供应不当、缺乏 IT 设施协同优化等。为了提高能源效率，通过最先进的DRL 进行联合 IT 设施优化是一种很有前途的方法。此外，图 8-5 还揭示了当前数据中心行业在利用可再生能源和碳抵消来降低碳足迹方面的风险规避心态，因为大多数数据中心在可再生能源生产和绿色能源利用方面得分为零。这是可以理解的，因为数据中心是关键任务的基础设施，可再生能源可能极为间歇性，这阻碍了数据中心的不间断运行。在这方面，谷歌等一些开创性的云提供商试图通过提供碳意识计算服务器来最大限度地利用绿色能源。然而，在数据中心行业推动这样的转型是困难的，因为绿色能源综合数据中心的管理还处于起步阶段，应该加大力度加快绿色转型。

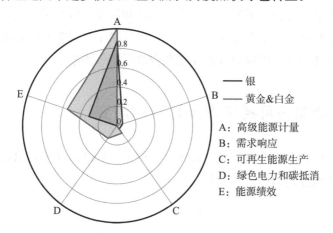

图 8-5　使用 LEED 评估的数据中心能效类别中每个信用要素的平均得分示意

（大多数数据中心都安装了先进的能源计量系统）

（1）能源效率的关键性

能源效率在数据中心的可持续性评估中扮演着关键的角色。如前文所述，通常情况下，能够获得金牌或白金级别的数据中心在能源效率方面表现更出色。这反映了数据中心业界对于降低能源消耗和碳排放的高度关注。提高能源效率不仅有助于降低运营成本，还有助于减少对有限资源的依赖，并降低环境影响。数据中心运营商可以采取一系列措施，如优化机房布局、采用高效的冷却技术、使用节能设备等，以提高能源效率。

（2）多维度的可持续性评估

尽管能源效率是可持续性评估中的一个关键因素，但数据中心的可持续性远不止于此。如图 8-5 所示，一些数据中心虽然在能源效率方面表现良好，但在其他方面表现不佳，如用水效率。这强调了多维度的可持续性评估的重要性。数据中心运营商需要综合考虑能源、水资源、废物管理、社会责任等方面的因素，以确保整体可持续性。此外，合规性和环境法规也是需要考虑的因素，因为它们对数据中心的运营和可持续性目标产生影响。

（3）新加坡数据中心可持续发展标准的演变

另一个有趣的观察是新加坡数据中心可持续发展标准的演变。这表明了国家或地区对数据中心可持续性的关注程度在不断提高。数据中心运营商在不同地区可能需要遵守不同的可持续性标准和法规，因此了解这些标准的演变对于规划和运营数据中心至关重要。这也反映了全球范围内对可持续发展的日益增长的关注，以应对气候变化和资源限制等挑战。

8.3.2　新加坡可持续发展标准的演变

在本节中，我们介绍了新加坡绿色数据中心标准的演变，以揭示提高数据中心可持续性的趋势。演变如图 8-6 所示。

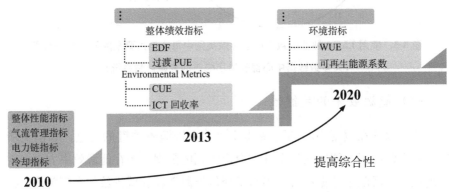

图 8-6　新加坡绿色数据中心可持续发展标准的演变（SS564）

第一个趋势是，最新的可持续发展标准要求信息披露的粒度更高。从

2013 年版本和 2020 年版本之间的比较可以看出，后者通过临时 PUE 增强了总体性能指标，这需要在更短的时间内报告 PUE。因此，新的数据中心应该安装先进的能源计量系统，以更高的频率报告和存储能源消耗数据，甚至是实时的。因此，高信息揭示粒度将是未来可持续数据中心的前提。此外，比较 2013 年版本和 2010 年版本，可以观察到前者增加了 EDF 度量，以鼓励揭示数据中心中每个子系统的能耗。该规定对设备级用能信息披露提出了更高的要求，凸显了先进能源计量系统的必要性。

第二个趋势是越来越关注数据中心的环境影响。包括 CUE 和 IRR 在内的环境影响指标于 2013 年首次纳入标准，表明人们特别关注大规模能源消耗产生的碳排放，以及填埋含有大量重金属的退役 IT 设备对环境的影响。此外，2020 年还考虑了另外两个环境影响指标，即 WUE 和 REF，显示出对整体可持续性改善的日益重视。通过增加 REF 指标，将鼓励具有可再生能源兼容电气系统的现有数据中心利用现场或场外可再生能源，以丰富其能源供应组合并减少其对环境的影响。此外，将鼓励新的数据中心安装可再生能源兼容的电气系统，以提高其设计和运营的可持续性。同样，新增加的WUE 指标也将激励数据中心设计师实施水回收技术，以提高水的再利用率和减少饮用水消耗，从而建立一个更可持续、更环保的数据中心。

在面对数据中心行业的可持续发展挑战时，新加坡的绿色数据中心标准（SS564）的演变提供了一个示范，揭示了提高数据中心可持续性的趋势。此演变表明，数据中心可持续性已成为该领域的重要关切。以下是对这一演变的深入探讨，并将其与前文关于可持续性评级分析的内容相结合。

（1）高信息披露粒度

新加坡的可持续发展标准要求数据中心提供更详细的信息披露，这反映出对数据中心性能和能源消耗更精细的监测和报告的需求。最新标准强调了实时性能指标，如瞬时 PUE，这需要更频繁的能源消耗数据报告。这将促使数据中心采用先进的能源计量系统，以更准确地跟踪和管理其能源使用情况。这也与前文中的能源效率得分相关，因为更精确的能源数据报告有助于提高能源效率。

（2）关注环境影响

标准的演变也反映了对数据中心环境影响的不断增加关注。环境影响指标，如碳使用效率（CUE）、IT 回收率（IRR）、水使用效率（WUE）和可再生能源系数（REF），在标准中首次引入。这表明了对数据中心对碳排放、电子废物及水资源消耗的影响的特别关注。与前文中提到的环境影响指标相关，标准的演变将数据中心可持续性的视野扩展到多个方面，不仅仅是能源效率，还包括废物管理、水资源利用和社会责任等。

（3）可再生能源的推广

引入了 REF 作为一个关键指标，标准鼓励数据中心运营商采用可再生能源兼容的电气系统，以提高设计和运营的可持续性。这一趋势将推动数据中心行业朝着更大程度的可再生能源使用迈进，减少对非可再生能源的依赖，有助于减少碳排放和资源消耗。这与前文中的 REF 相关，这一指标通过提高可再生能源的使用，为数据中心的可持续性做出了重要贡献。

（4）水资源管理的重视

新增加的 WUE 指标将鼓励数据中心设计师采用水回收技术，以提高水资源的再利用率，减少饮用水的消耗。这将有助于建立更可持续和环保的数据中心，降低水资源的浪费。这也与前文中的 WUE 相关，强调了水资源管理在数据中心可持续性中的关键作用。

综合而言，新加坡绿色数据中心标准的演变反映了可持续性在数据中心行业中的不断增加的重要性。这些趋势将推动数据中心运营商采取更多措施，以改善其性能、减少对环境的影响，并在可持续性方面取得更大的进展。同时，这也为其他国家和地区的数据中心可持续性标准制定提供了有益的经验和参考。数据中心可持续性的不断提高将有助于推动整个行业走向更可持续的未来。

8.4　下一代可持续数据中心关键设计要素展望

根据之前介绍的可持续发展现状和趋势，下一代可持续数据中心需要考虑几个关键设计要素，以确保其在能源效率和环保方面取得巨大进步。这些关键设计要素包括高效节能的 IT 设备和云服务、先进的物理和网络基础设施、可再生能源集成、碳测量和报告，以及碳中和的云服务。

8.4.1 高效节能的 IT 设备和云服务

IT 设备创造了数据中心对电力和冷却的需求，IT 设备的任何能效提高都将对数据中心的整体可持续性产生巨大影响。为了提高数据中心的能源效率，可以寻求硬件解决方案和软件解决方案。

在硬件方面，鼓励数据中心运营商在数据中心安装节能的 IT 设备。例如，数据中心运营商应采购具有 ENERGY STAR 认证的 IT 设备。该设备安装了先进的电源管理系统，支持动态功率上限，与标准服务器相比，可节省 30％的能源。此外，可持续的数据中心还可以采用异构服务器来提高能源效率。另外，创新的服务器级直接液体冷却可以通过使用具有更高热交换效率的液体冷却剂来去除芯片的散热，从而提供额外的节能。直接液体冷却可以在高能耗场景（如高性能计算）中提供显著优势。而且，它还为收集服务器废热提供了额外节能的机会。

在软件方面，鼓励数据中心运营商使用软件控制技术，如虚拟化、服务器整合和任务调度，通过按需提供计算资源来减少 IT 设备的能源足迹。在这方面，许多先前的工作研究了如何通过考虑能耗来明智地将计算任务分配给服务器。这种解决方案的基本原理是，当前的数据中心托管具有不同能效和计算能力的异构计算设备。同时，数据中心的工作负载在资源需求和 QoS 要求方面也有所不同。因此，通过适当地将不同的工作负载分配给不同的计算设备，预计会显著提高能效。除了计算任务调度，在单个服务器级别，还可以结合电源模式管理和服务器 CPU 频率缩放，以进一步降低服务器能耗。此外，如果我们进一步考虑数据中心网络，如果部署软件定义网络（SDN）以有效减少云数据中心中活动主机的使用，则可以节省高达 28.37％的能源。

将高效节能的 IT 设备和云服务纳入可持续性评级和标准的考虑中是非常重要的。通过采用符合能源效率标准的设备和服务，数据中心可以提高其可持续性评级，降低运营成本，并减少对环境的不利影响。这强调了数据中心可持续性的多层次性质，需要在硬件和软件层面综合考虑，以实现更可持续的运营。

8.4.2 高级基础设施

先进的基础设施，包括物理和网络基础设施，是提高数据中心可持续性的关键因素。在物理领域，数据中心运营商应专注于优化物理配置，如安装热/冷通道安全壳和回风室、设计活动地板、设备隔离等。例如，具有热/冷过道安全壳的数据中心将在绿色标记评级系统中获得奖励。有了安全壳，热空气再循环的机会将大大减少，从而有可能提高送风温度以降低冷却能耗。

在网络领域，能源和用水计量系统及 DCIM 系统被认为有助于资源使用跟踪和优化。对于水计量，基本要求是每月或每年向相应的主管部门报告建筑物层面的用水量。为了支持水管理并确定额外节水的机会，还鼓励数据中心设计师在冷却塔安装水表，以计量所有冷却塔的更换用水。与水计量类似，能源计量的基本要求是报告建筑层面的总能耗。为了实现进一步的节能，数据中心设计师应考虑为数据中心的所有组件安装先进的基于传感器的能源计量系统，包括服务器/机架、CRAC、电气系统等。此外，要求计量系统能够报告任何频率的能源数据，并存储至少 36 个月的历史数据。在计量系统的基础上，DCIM 系统是提高数据中心可持续性的必要组成部分。它用于显示、跟踪、监控和优化数据中心中每个组件的能耗和效率。在绿色标记评级系统中，数据中心安装了 DCIM 系统，该系统可以监控能耗和 IT 设备利用率，并执行功率控制（如功率上限）或软件控制（如虚拟化）以降低能耗。

这些高级基础设施的优化措施对于改善数据中心的可持续性至关重要。通过提高物理配置的效率、实施能源和用水计量系统及使用 DCIM 系统来监控和管理资源，数据中心可以更加有效地利用资源，减少浪费，从而在可持续性方面取得显著进展。这些举措也与前文中关于数据中心可持续性评级和环境影响指标的讨论相关，因为它们可以帮助数据中心运营商更好地了解和改善其资源利用情况，从而提高整体可持续性水平。

8.4.3 可再生能源整合

最近，随着越来越多的云提供商开始将可再生能源整合到其数据中心的能源供应中，可再生能源正成为可持续数据中心不可或缺的元素。因此，主要的数据中心可持续性评级系统已经考虑到可再生能源的生产和利用，以提高可再生能源的利用率，将其作为数据中心的替代能源选择。为了顺利转型为可再生能源驱动的数据中心，下一代可持续数据中心应解决几个挑战。

首先，可再生能源，如太阳能和风能，是间歇性的，需要先进的能源供需协调。在这方面，以前的许多工作都集中在 IT 工作量调度和规划上，以提高可再生能源的利用率。尽管 IT 工作负载管理可以更好地利用可再生能源，但它不可避免地会导致性能下降和工作延迟。

其次，间歇性可再生能源在提供有弹性的电力供应方面遇到了重大困难，导致停电风险更高。根据 Uptime Institute 的最新调查，电力仍然是停电的主要原因，每次停电的成本可能超过 100 万美元。为了降低风险，应考虑使用电池和 UPS 等储能设备来实现数据中心的可持续运营。有了能量存储，多余的可再生能源可以存储起来以备将来使用，这为 IT 工作负载管理提供了更大的灵活性，并可以有效地减少性能下降。然而，储能装置的充电和放电将缩短其寿命。这将导致更高的总拥有成本（TCO）和碳足迹，因为储能设备仍然很昂贵，其具体的碳足迹将被视为数据中心的 SCOPE 3 排放。因此，在未来的可持续数据中心中，应仔细考虑通过共同考虑货币成本、组件寿命、可再生能源的可用性和 IT 工作负载的特性来明智地使用储能设备。

为了更好地应对可再生能源整合所带来的挑战，下一代可持续数据中心还可以考虑以下几个方面的创新和发展。

（1）高效能源存储系统

在面对可再生能源的间歇性供应时，数据中心可以投资于更高效的能源存储系统。这些系统可以用来捕获和存储多余的可再生能源，以供不足时使用。目前，蓄电池技术已经取得了显著进展，而且成本逐渐降低。此外，其他技术，如超级电容器和热能存储，也在不断发展，可以提供更多的能源储备选择。通过投资于高效能源存储系统，数据中心可以更好地应对可再生能源的波动性，提高能源利用率，并减少对传统电力供应的依赖。

（2）多能源混合利用

为了进一步提高可再生能源的利用率，数据中心可以采用多能源混合利用的策略。这意味着不仅可以利用太阳能和风能等可再生能源，还可以结合其他能源形式，如地热能和生物质能源。通过将不同能源形式结合使用，数据中心可以更灵活地满足其能源需求，降低能源成本，并减少对碳排放的贡献。这种多能源混合利用策略还可以增加能源供应的多样性，降低能源市场波动对数据中心的影响。

（3）智能能源管理系统

智能能源管理系统可以帮助数据中心更好地监控、控制和优化能源的使用。这些系统使用先进的传感器和数据分析技术，实时监测数据中心的能源消耗和可再生能源供应情况。基于这些信息，系统可以自动调整 IT 工作负载、能源存储和能源供应，以最大程度地利用可再生能源并确保数据中心的稳定运行。智能能源管理系统可以提高数据中心的自适应性，使其更好地适应可再生能源的波动性和变化。

通过采用以上创新和发展，下一代可持续数据中心可以更好地整合可再生能源，提高能源利用率，降低碳足迹，并确保数据中心的可持续性与性能之间的平衡。这将有助于推动可持续数据中心的发展，为未来的数字化社会提供更为环保和可持续的基础设施。

8.4.4 碳测量与报告

由于数据中心的环境影响一直是可持续发展中的一个主要问题，因此对未来的可持续数据中心来说，测量和报告这些影响将是强制性的。然而，正如 Uptime Institute 的最新调查所述，只有 37％的受访数据中心运营商报告了他们的碳排放。这将很快成为一个令人担忧的领域，因为根据世界各地正在实施的新法规，大多数数据中心将被要求提供此类数据。对于碳排放报告，鼓励数据中心运营商在开始时说明其 SCOPE 1 和 SCOPE 2 的排放，并在未来将报告扩展到 SCOPE 3 的排放。

为了实现准确的碳测量，数据中心运营商应该了解碳排放的来源及如何核算。数据中心的碳排放可分为内含碳排放和运营碳排放。具体排放是指服务器和物理设施制造过程中产生的排放。运营排放占碳排放的大部分，来自数据中心消耗的电力。为了测量数据中心的总碳排放量，运营商应考虑当地电网的碳强度，通过将碳强度乘以总能耗来报告 CUE 或碳排放量。此外，还鼓励云提供商披露运行计算实例的碳排放，特别是对于计算密集型人工智能模型训练任务。在这方面，可以使用各种用于公共云服务的碳足迹计算器。

此外，数据中心运营商还应鼓励云提供商披露其云服务的碳排放数据，特别是对于计算密集型人工智能模型训练等高能耗任务。云服务在全球范围内扮演着重要的角色，了解其碳足迹有助于数据中心运营商选择更环保的云服务提供商。为此，可以利用各种公共云服务的碳足迹计算器，以估算云计算实例的碳排放。这种透明度有助于建立更可持续、更环保的数据中心生态系统。

在未来，随着对碳排放数据的要求不断增加，数据中心运营商将需要建立更精细的碳测量和报告体系。这不仅有助于监测环境影响，还有助于优化数据中心的可持续性，降低能源消耗，减少碳足迹，以适应未来的可持续性法规和标准。这种环境负责任的方法是可持续数据中心的重要组成部分，将有助于减缓气候变化和保护地球生态系统。

8.4.5　碳中和的云服务

云服务已经成为许多企业和组织的核心基础设施，但同时也代表着大规模数据中心的巨大负荷，这使得云服务提供商需要积极采取行动来减轻其对环境的影响。碳中和是一种关键策略，旨在在使用能源的同时将等量的碳排放从大气中移除，从而实现净零碳排放。对于云服务提供商来说，碳中和将是未来的必然趋势，因为它有助于降低数据中心的碳足迹并推动可持续发展。

由于大型云数据中心代表着电网的巨大负荷，因此应加快云服务的脱碳，以减轻其对环境的影响。由于碳强度和可再生能源在区域电网中的存在不同，云服务提供商可以设计精心设计的任务调度器，以最大限度地利用可再生能源或最大限度地减少数据中心网络的碳排放。一种重要的方法是通过精心设计的任务调度器来最大限度地利用可再生能源或最小化数据中心网络的碳排放。作为一个示例性实现，谷歌最近提出了碳智能计算平台（CICS），该平台通过考虑本地电网未来的碳强度来动态调度计算任务。这意味着任务可能会在电力更多来自可再生能源的时候执行，从而减少数据中心的碳排放。其他研究人员也考虑了具有可再生能源设施的数据中心，他们通过根据可再生能源的存在来调度计算任务，以减轻环境影响。这些智能任务调度策略有助于将计算与可再生能源的可用性相匹配，从而最大程度地减少碳排放。

此外，地理分布的数据中心背景下的计算任务调度也引起了研究人员的关注。这种方法旨在将计算任务分配到距离能源供应更接近的数据中心，以最大限度地减少碳排放。这对于全球数据中心网络来说是一项复杂的任务，但它可以显著减少碳足迹，特别是在能源碳足迹高的地区。

除了任务调度，数据中心运营商还可以积极采用碳中和技术（如碳捕捉和碳存储），来抵消其不可避免的碳排放。这些技术旨在将大气中的二氧化碳捕获并储存在地下或其他媒介中，从而将其永久性地从大气中移除。碳中和技术的不断发展将为数据中心提供更多的选择，以减轻其环境影响并实现碳中和。

最后，通过 CDT 的应用，数据中心运营商可以进行整体可持续性分析，以了解可持续性改进的瓶颈并进行优化。CDT 的核心模块包括数字孪生引擎和决策引擎。数字孪生引擎封装了来自不同学科的各种模拟器，进行全系统模拟，以获得完整的系统状态。决策引擎由 DRL 引擎和数值优化引擎组成，用于推导最优控制策略。通过 CDT，数据中心运营商可以更全面地了解其可持续性状况，识别潜在的改进点，并采取有针对性的措施来提高可持续性。

总之，碳中和的云服务是未来可持续数据中心的一个重要方向。通过智能任务调度、碳中和技术和 CDT 等策略的综合应用，数据中心可以减少碳排放，降低环境影响，实现更可持续的运营。这些措施不仅符合环保法规和标准的要求，还有助于推动整个行业向更加环保和可持续的未来发展。

8.5 数据中心可持续性优化的 CDT

随着大规模数据中心的快速扩张，传统的基于模型或基于规则的数据中心运营政策不足以应对数据中心行业的可持续转型。这一行业正面临着巨大的挑战，包括能源效率、环境影响、碳排放等问题。传统的运营方法已经显得不够灵活和智能，因此基于学习的运营策略成为了数据中心可持续性优化的有力工具。根据 Uptime Institute 的最新调查，57% 的受访数据中心运营商表示他们愿意信任经过充分训练的人工智能模型来优化数据中心运营。这表明行业对于智能化运营策略的需求和兴趣。

为了实现基于学习的运营策略，需要大量的数据来训练人工智能模型，以便模型可以理解和应对各种情况。然而，数据中心是关键的基础设施，其安全运行至关重要，因此在实际操作中，收集足够的数据来支持模型训练是具有挑战性的。为了克服这一挑战，提出了 CDT 的概念，这是一个包含数字孪生引擎和数据驱动决策引擎的系统，旨在模拟整个数据中心系统状态，并通过数据来指导最优的控制策略。

8.5.1 认知数字孪生（CDT）的架构

CDT 的架构如图 8-7 所示，它由数字孪生引擎、决策引擎和应用层组成。在应用层，我们将支持各种功能，包括 PUE/CUE 优化、可持续性发展报告、假设分析及绿色融资。两个支柱是数字孪生引擎和决策引擎，这将在本节的其余部分详细介绍。

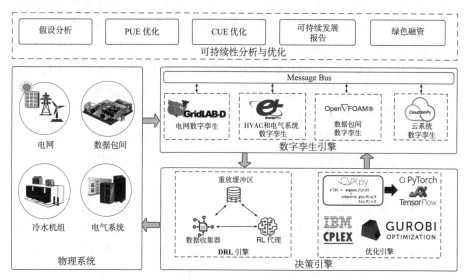

图 8-7 CDT 的架构

数字孪生引擎是系统的技术核心之一，它充当基于学习的控制器交互的虚拟测试平台。具体来说，我们将设计一个模拟引擎来收集来自不同学科的不同模拟器，以执行复杂的多物理模拟。通过这种高保真互联的数字孪生平台，我们可以为数据中心的每个单独组件提供细粒度的仿真功能。对于耦合的数据大厅和 HVAC 数字孪生，我们可以研究数据大厅内的温度场如何随着 HVAC 系统提供的特定设定值及控制策略下的系统能耗而演变。通过这样做，学习代理可以通过与耦合数字孪生交互来获得最优策略，同时保证不会发生局部热点。

数字孪生引擎依赖于 3 个关键步骤：建模、校准和仿真。建模过程通过专用解析器解析设计数据，自动生成新的模拟模型（例如，数据大厅的 CFD 模型）。然而，物理数据中心不可避免的建模误差和固有的非平稳性要求用户定期更新模型，以弥合数字系统和物理系统之间的差距。数字孪生引擎根据操作数据进行自动校准以提高准确性，消除了耗时和劳动密集型手动操作的需要。然后，发动机将执行全系统模拟，以获得假设边界条件下的系统状态（如温度、能耗、电价），并将其用于故障分析、预测性维护和控制优化。全系统仿真将面临两大挑战：计算开销失配和接口数据的设计。对于第一个挑战，基于 CFD 模拟的数据大厅使用数值算法来求解具有数百万网格的目标数据大厅的每个空间网格的温度/速度/压力。因此，CFD 模拟需要密集的计算。相反，由于热提取过程和功率分配过程不涉及求解复杂的偏微分方程，因此它们的求解过程只需要少量计算。为了弥补这一差距，应考虑加速 CFD 模拟的替代模型。在这方面，提出了一种用于 CFD 模拟的高精度物理引导代理模型，并将其集成到数字孪生引擎中，以实现数据大厅内温度分布的实时模拟。对于第二个挑战，我们建议采用外部耦合方案，以最小入侵的方式实现多物理模拟。具体而言，外部耦合根据耦合域的物理特性周期性地交换系统状态数据（如 HVAC 供应设置点、返回温度等）。通过这种方式，不同的模拟程序保持独立，不需要对这些模拟器的源代码进行进一步修改。

决策引擎是 CDT 系统中的另一个技术核心，旨在通过与数字孪生引擎的交互来寻找最佳控制策略，以最大限度地提高数据中心的可持续性。人工智能引擎中的核心模块是 DRL 库，它支持数据的收集、代理模型的训练、回放缓冲区和 RL 策略的实施（如 PPO、PADQN 等）。它使用强化学习技术，通过尝试不同的控制动作并评估其效果来学习最佳策略。在数据中心环境中，DRL 代理可以通过与数字孪生引擎交互来获取最优策略，确保数据中心的可持续性。数值优化引擎用于解决复杂的数值优化问题［如信赖域策略优化（TRPO）］，以找到最优解。这一引擎还支持一些安全强化学习算法，以确保在线阶段的安全探索和学习。数值优化引擎在优化问题的求解方面发挥关键作用，帮助优化数据中心的运营策略。此外，多样化的数字双胞胎的系统动力学使 DRL 训练变得困难。例如，冷却和 IT 系统的控制周期可能相差一个数量级。因此，训练 DRL 代理来协调冷控制和 IT 调度是非常重要的。在这方面，设想了一种合作和交互式的多智能体强化学习（MARL）方法来有效地训练这些人工智能体。

此外，由于策略学习算法可能涉及复杂的数值优化过程（如信赖域策略优化），我们还实现了一个优化引擎来支持典型优化问题的求解（如凸二次规划）。此外，优化引擎还可以作为一些安全强化学习算法的支柱，以确保在线阶段的安全探索和学习。

8.5.2　案例研究：冷却装置优化

CDT 已经部署在新加坡的一个大型生产数据中心，并展示了其在优化数据中心冷水机组系统能效方面的强大能力。根据最新调查中报告的结果，冷水机组系统约占数据中心冷却系统能耗的 70%。因此，冷水机组的能效将对数据中心的可持续性产生巨大影响。然而，当前的数据中心通常利用基于规则的策略来操作冷水机组。这种策略在很大程度上依赖于数据中心运营商的专业知识，在处理动态 IT 工作负载时并不灵活。为此，我们利用我们的 CDT 来寻找冷水机组系统的最佳控制策略，同时尊重数据大厅的热顺应性。

我们使用 EnergyPlus，一种成熟的建筑建模和模拟工具，来构建我们的冷水机组能源模型。在我们的案例中，物理冷水机组拥有 5 台冷水机组、5 座冷却塔、1 台冷冻水泵和 1 台冷凝水泵。此外，在物理系统中还有一个旁通回路。旁通回路的构造允许冷水机组从数据大厅供应比实际需求更多的冷冻水，以降低数据大厅的热安全风险。然而，任何过量供应的冷冻水都将通过旁通回路，导致能效损失。因此，在我们的情况下，我们还希望将旁通流量调节为低于阈值 δ。数据中心有 5 个数据大厅，承载着数千台额定 IT 负载为 5 MW 的服务器。我们还建立了一个 3D 模型，以可视化冷水机组中每个部件的运行状态，如图 8-8 所示。

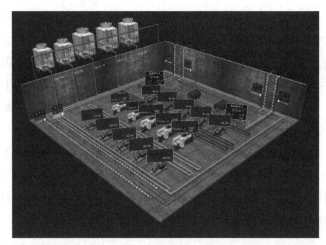

图 8-8　新加坡生产数据中心冷水机组的 3D 模型（冷水机组有 5 台冷水机组，提供冷冻水，从数据大厅提取热量）

　　为了使能量模型成为数字孪生，我们首先使用从数据中心的 DCIM 系统收集的 1 分钟采样间隔的真实传感器数据进行模型校准。传感器读数包括每个数据大厅的 IT 热负荷、冷冻水供应温度和流速，以及制冷设备中每个组件（冷却器、泵、冷却塔等）的能耗。在校准中，我们使用每个数据大厅的冷水温度、冷水流速和 IT 热负荷的历史传感器读数作为能量模型的输入，该模型产生冷水机、泵和冷却塔的能耗。我们手动调整能量模型参数，使预测的能量消耗接近历史传感器读数。校准结果如图 8-9 所示。经过校准，每小时冷水机组能耗预测的平均相对误差为 3.52%，根据 ASHRAE 标准，这是可以接受的。

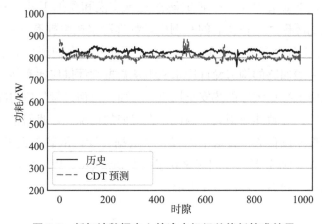

图 8-9　新加坡数据中心的冷水机组总能耗校准结果

通过校准的数字孪生，我们通过与 DRL 代理交互来训练 DRL 代理，以学习冷水机组的最优控制策略。系统状态、控制动作和奖励函数定义如下：

①动作：在第 k 个控制周期，我们将应用于制动器的动作定义为 $a[k]=[T_{chw}[k]，M_{chw}[k]]$，其中 $T_{chw}[k]$ 和 $M_{chw}[k]$ 表示第 k 个时间步长的冷冻水供应温度和质量流量。

②状态：第 k 个控制周期的系统状态包含每个时间步长每个数据大厅的 IT 热负荷和室温，即 $s[k]=[P_{IT}[k]，T_z[k]]\in\mathbb{R}^{10}$。这里，$P_{IT}[k]\in\mathbb{R}^5$ 和 $T_z[k]\in\mathbb{R}^5$ 表示每个数据大厅在第 k 个时间步长的 IT 工作负载功耗和数据大厅空气温度。

③奖励：我们选择 COP 作为我们想要最大化的奖励。COP 定义为制冷设备的总冷却负荷与总 IT 功耗之间的比率，即 $r[k]=\dfrac{Q_{cool}}{\sum\limits_i P_i}$. 总冷却负荷 Q_{cool} 可以通过我们的能量模型来计算。

在我们的情况下，由于我们共同控制冷冻水供应温度和流速，数据大厅的空气温度可能由于冷冻设备的冷冻水供应不足而无法保持在所需的设定点。我们在这里定义了当区域空气温度高于所需设定点 $\bar{T}$（25 ℃）时的成本。成本函数定义为 $c_z(T_z[k])=clip(T_z[k]；\bar{T}，\varepsilon)$，其中 $clip(\cdot)$ 表示对于不在 $[\bar{T}-\varepsilon，\bar{T}+\varepsilon]$ 范围内的任何值返回非零值的 $clip$ 函数，$\varepsilon=1$ 表示最大允许区域空气温度波动。当旁通流量高于阈值时，也将发出成本，即 $c_b(M_{chw}[k])=\max\{M_{chw}[k]-\delta，0\}$。在这种情况下，我们将旁通流量的阈值设置为 $\delta=10$。为了明确考虑这些约束，我们将冷水机组优化问题公式化为约束马尔可夫决策过程（CMDP）。具体来说，我们希望找到一个由 θ 参数化的策略 π_θ，使得累积奖励最大化，同时也满足所有累积约束。在我们的例子中，我们使用一个具有三层的前馈神经网络来参数化策略。CMDP 问题的正式定义如下：

$$\underset{\theta}{\text{maximize}}\,\mathbb{E}_{P_{IT}}\Big[\sum_{k=1}^{\infty}\gamma_r^k r[k]\mid\pi_\theta\Big]. \tag{8-1}$$

$$\text{subject to}\,\mathbb{E}_{P_{IT}}\Big[\sum_{k=1}^{\infty}\gamma_c^k c_z^i[k]\mid\pi_\theta\Big]\leqslant\bar{c}_z,\quad i=1，2，\cdots，5。 \tag{8-2}$$

$$\mathbb{E}_{P_{IT}}\Big[\sum_{k=1}^{\infty}\gamma_c^k c_b[k]\mid\pi_\theta\Big]\leqslant\bar{c}_b。 \tag{8-3}$$

其中，$\bar{c}_z$ 和 $\bar{c}_b$ 表示区域空气温度和旁通流速的约束违反成本的阈值。在我们的案例研究中，我们设置了 $\bar{c}_z = 1$ 和 $\bar{c}_b = 0.1$。奖励过程（γ_r）和成本过程（γ_c）的折扣因子设置为 0.99。

我们利用 AI 引擎中最先进的 DRL 算法，即 PCPO 来解决 CMDP 问题。我们使用每个数据厅的历史 IT 热负荷来驱动训练，评价结果如图 8-10 所示。我们可以观察到，在 CDT 的情况下，我们可以将冷水机组 COP 提高约 5%，从 4.559 提高到 4.759。通过考虑新加坡的网格碳强度，这意味着每年碳排放节省约 140 万吨。通过这个案例研究，我们展示了我们的 CDT 解决方案在数据中心可持续性改进方面的工作流程，并揭示了它在处理现实世界复杂数据中心环境方面的潜力。

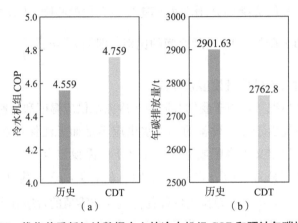

图 8-10 优化前后新加坡数据中心的冷水机组 COP 和预计年碳排放量

8.6 结论和展望

在本章中，我们对数据中心行业的可持续转型进行了回顾和展望。我们首先对可持续性指标进行分类，以指导运营商全面评估可持续性。我们根据公开的数据中心可持续性评级，进一步进行定量研究，以揭示数据中心行业的可持续性状况。此外，还指出了提高数据中心可持续性的几个趋势特征，以促进未来的优化。基于分析，我们确定了可持续数据中心的几个关键要素。此外，我们建议使用 CDT 框架加快可持续性转型，并使用从新加坡生产数据中心收集的真实世界数据进行案例研究。评估结果表明，CDT 系统每年可节省约 140 t 的碳排放。通过总结回顾和分析，我们得出了几点设想：

①数据中心的可持续性超越了能源效率。数据中心的可持续性还应考虑用水效率、环境影响和循环经济。

②重新思考 IT 基础架构效率的重要性。尽管 IT 设备是最大的能源消耗国，但在主流的数据中心可持续性评级框架中，评估 IT 设备效率的统一指标仍然没有定义。

③可再生能源一体化很重要。未来的可持续性评级系统应在可再生能源利用方面给予更多信贷，以鼓励数据中心行业的绿色转型。

④更高的信息揭示粒度。数据中心运营商应更详细地披露其运营业绩。为了支持这一点，具有先进 DCIM 系统的网络传感基础设施更适合未来的可持续数据中心。有了这样一个系统作为支撑基础设施，CDT 平台可以系统地优化数据中心的可持续性。

第九章　机器学习在数据中心电力存储系统开发中的创新应用

9.1　介绍

在当前的社会背景下，关于环境和可持续性的担忧逐渐升温，催生了对能源存储技术的迫切需求，以支持新能源电动汽车和智能电网的发展。能源存储是未来能源系统的核心组成部分，它有望平衡可再生能源的不稳定性，并提供可持续的电力供应。在众多能源存储技术中，可充电锂离子电池（LIBs）凭借其卓越的高工作电位、能量/功率密度等特点，自 20 世纪 70 年代以来一直备受瞩目，并被认为是一项具有革命性潜力的能源存储技术。

然而，尽管常规锂离子电池的能量密度已经接近理论极限，但它们的性能和成本仍然存在不容忽视的问题。为了进一步推动锂离子电池的发展，研究人员不遗余力地探索新的电极和电解质材料，希望能够提高其性能和降低成本。传统的材料研究在很大程度上依赖于"试错"过程或偶然性发现，这两种方法都需要大量烦琐的实验（图 9-1）。这些基于直觉的方法既耗时又低效，同时消耗大量的人力和物质资源。在过去的 50 年里，计算化学领域出现了一系列成熟的方法，如第一性原理（FP）计算、量子力学、分子动力学（MD）和蒙特卡罗技术等，用于辅助实验研究，提高了新材料的预测和设计效率。

图 9-1　新材料发现方法的发展

随着高性能计算的快速发展，密度泛函理论（DFT）已被广泛应用于高通量属性预测。这一进展促进了材料数据库的建设，如无机晶体结构数据库（ICSD）、剑桥晶体数据库、Materials Project 数据库、AFLOWLIB 联盟、Open Quantum Materials Database、Harvard Clean Energy Project、Electronic Structure Project、MaterialGo 等。然而，即使有这些计算工具和数据库的支持，研究人员仍然面临着许多挑战，包括适用于描述材料特性的合适描述符或模型的选择及计算成本和规模的限制。例如，高通量 DFT 筛选通常只能在有限的搜索空间内进行（数百到数千种材料），但大多数情况下材料的原子编号限制在 1000 以下。此外，大量有用的材料信息数据通常被忽略在数据库中，限制了我们对材料创新的理解。

人工智能（AI）技术作为材料科学领域的新兴技术崭露头角，为解决上述挑战提供了新的可能性。AI 的核心组成部分机器学习（ML），可以揭示高维数据背后的统计规律，为决策提供可靠和可复制的依据。机器学习还能够处理小尺度和大尺度数据之间的关系，同时保证高准确性。各种机器学习模型，包括人工神经网络（ANN）、支持向量机（SVM）、随机森林（RF）、偏最小二乘回归（PLS）和逻辑回归（LR），已经成功地用于预测电池材料的性能。例如，Nakayama 等将 ANN 与 DFT 相结合，同时预测了候选固体电解质材料（橄榄石组 $LiMXO_4$）的扩散势垒和内聚能（CE）。此外，他们还使用相同的方法筛选出了 15 种有前途的锂离子电池固体电解质材料。Reed 等利用 LR 开发了一个数据驱动的离子导电性分类模型，以识别具有快速锂导电性的可能结构。从 MP 数据库中筛选出了 21 种固体电解质材料。Viswanathan 等对超过 12 000 种无机固体进行了计算筛选，基于它们抑制 Li 金属阳极上枝晶起始能力进行了筛选。预测出了具有机械各向异性界面的 20 个固体电解质，其中 4 个可以抑制枝晶的生长。Vegge 等通过利用半监督生成深度学习模型、高通量合成和实验室测试，提出了一个反向设计具有出色性能的固体电解质界面的蓝图。到目前为止，以"AI、机器学习和材料"为关键词的学术文章数量呈指数增长。毫无疑问，机器学习已成为一种有效的计算方法，可以高效准确地获得电极材料中的组成—结构—性能关系。众所周知，锂离子电池的健康和安全性是另一个关注的焦点。在过去的几年里，电动汽车频繁发生火灾事故，推动了对电池管理系统（BMS）的大量需求。因此，开发先进智能的 BMS，以准确预测电池的荷电状态（SOC）和健康状态（SOH），已成为一个重要的研究课题。实质上，

SOC 被定义为当前状态下的容量与完全充电状态下的容量之比，而 SOH 反映了电池相对于全新状态的能量存储能力。各种模型，如等效电路模型（ECMs）、基于物理的模型（PBMs），已被提出用于在线估计电池的行为，希望获得精确的 SOC 估计。尽管如此，模型预测的效率与准确性之间仍然存在明显的权衡。幸运的是，机器学习模型能够预测电池的状态，因为它们具有出色的计算能力，可以处理任何复杂的非线性函数。

在此，我们提供了一种异质的 AI 技术类别，用于预测和发现电池材料，以及估计电池系统的状态。我们还分析和概述了成功的案例、AI 在现实场景中部署的挑战，以及一个综合性框架。本章的其余部分组织如下：首先，我们将简要介绍 3 种机器学习或 AI 的类别；其次，我们将总结在特性预测和电池发现方面应用机器学习的最新研究，包括电解质和电极材料。同时，在上述部分还提供了对电池状态（如 SOC、SOH 和 RUL）的预测。最后一节讨论了各种现有的挑战和应对充电式锂离子电池进一步发展中的框架。

机器学习为数据中心电力存储系统的设计提供了新的思路。通过分析大量的电池性能数据，机器学习模型可以识别出与性能关联较大的因素，从而帮助科研人员理解电池的工作机制。例如，机器学习可以分析电池材料的晶体结构、电子结构及与其他材料相互作用的方式，从而预测电池的性能和寿命。此外，机器学习还可以帮助优化电池的循环稳定性、快充和快放电性能，提高电池的整体效率。

在本章中，我们将探讨机器学习在电池材料预测和 BMS 开发中的应用。我们将总结成功的案例，并讨论机器学习在实际场景中的挑战。此外，我们还将提供一个综合性框架，以指导未来充电式锂离子电池的发展。在这个充满机遇的领域，机器学习将继续发挥关键作用，为电池材料创新和电池系统管理提供强大支持。

9.2 具有异质类别 AI 技术的电池领域应用

本节中，我们提出了一种替代的机器学习算法分类，并简要介绍了在锂离子电池中的机器学习应用。随后，我们概述了部署机器学习技术的重大挑战，并提出了一个统一的架构框架来应对这些挑战。与经典分类（监督、无监督和强化学习）相比，这些分类反映了指导学习的"教学信号"的性质。

根据在一个感兴趣的应用领域内的 AI 能力，机器学习算法可以更好地分为以下 3 个类别：

①描述性 AI 依赖于一组历史数据，产生有深度的信息，并可能为进一步的分析准备数据。它通常用于数据收集和分析，以全面深入地了解系统中发生了什么，并且有可能用于模拟系统动态（例如，用于电池的模拟器或数字孪生建模）；

②预测性 AI 试图理解系统行为的原因。它能够预测系统的属性和状态，并广泛应用于故障诊断和异常检测，以提供对性能的洞察（如电池性能预测）；

③规范性 AI 提供改进系统效率的方法。它为潜在的系统设计和管理派生出优化的配置/设置/操作（如电池设计、材料搜索、充电协议等）。

这种分类与广泛接受的 AI 技术定义相吻合，即让机器近似于人类智能，即理解、推理和伦理。因此，这种分类在集体上既互斥又穷尽，任何算法都必须属于一个且仅属于一个类别。

过去十年见证了 AI 技术的快速发展，加速了在材料发现和性能预测方面的锂离子电池研究进展。机器学习技术可以用来构建存在于数据中的关联性，而在材料科学中的一个关键关联性是结构—性能关系。基于机器学习的材料科学应用通常从新数据集构建或现有数据集利用开始，然后使用一些描述性 AI/ML 方法来提取不同材料和结构的能量效率之间的关联性，然后将其用作结构-性能选择规则。此外，区分模型的综合方法加速了对超过 160 万种分子的大化学空间的探索。基于预测性 AI 的方法已经用于筛选 12 000 个候选者，从而发现了新的锂离子导电材料。与区分模型不同，基于生成对抗网络和强化学习的规范性 AI 方法可以学习将条件概率映射到模拟新系统本身，从而实现材料的逆向设计。同时，通过从训练数据集中深入学习，机器学习可以建模条件概率，以预测在给定必要输入的情况下的特定属性/状态。例如，基于正则化线性模型和长短时记忆模型的预测性 AI/ML 方法已经显著提高了电池寿命和温度预测的准确性。

9.3　应用机器学习在可充电锂离子电池中

可充电锂离子电池已成为一种革命性的能量存储技术，支撑着现代生活。图 9-2（a）显示了在装置的两个电极之间，电解质中锂离子的可逆穿梭。为了

改善电化学性能，开发合适的电极和电解质材料［图 9-2（b）、图 9-2（c）］
至关重要。从理论上讲，我们可以在预测其属性的帮助下发现新材料。但通
常情况下，通过标准 DFT 计算或实验方法来确定属性是非常困难和昂贵的。
能够从现有数据中"学习"复杂的关联和模式的机器学习算法，为材料探索
问题提供了解决方案。同时，虽然筛选出的电池材料可能会导致更好的性能
和更复杂的电池动态，但电池的安全性可能是另一个问题。因此，通过机器
学习技术预测电池的退化行为对整个电气化系统也至关重要。可充电电池中
机器学习模型的基本目标是通过低成本、准确的预测，在条件属性和决策属
性之间建立定量的结构 - 活性关系（quantitative structure-activity
relationships，QSAR）。在本节中，我们将主要关注机器学习模型在预测材
料性质、电池状态及设计可充电锂离子电池材料方面的最新应用。

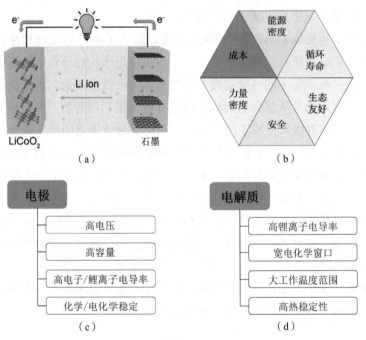

图 9-2　(a) 基于 LiCoO₂ 正极和石墨负极的最常用锂离子电池的示意图；(b) 关于性能的
锂离子电池的主要性能指标；(c) 和 (d) 电极和电解质材料的期望特性

　　通过机器学习，科研人员可以在大量数据的支持下，更准确地预测电池
材料的能量密度、电化学稳定性、离子扩散系数等关键性能指标。这有助于
加速材料的筛选过程，从而快速找到具有潜力的候选材料。此外，机器学习

技术还可以在电池的循环过程中实时监测电池状态，帮助预测电池寿命和退化情况。

在设计可充电锂离子电池材料方面，机器学习模型可以指导材料的组成、结构和制备工艺，以实现更好的性能和稳定性。这种方法的前景令人兴奋，因为它为电池材料的研发提供了更高效、更精准的方法。

总之，机器学习在电池材料研究中的应用为可充电锂离子电池的进一步发展提供了重要的支持。从属性预测到电池状态监测，机器学习技术在电池研究的多个方面都发挥着关键作用。通过不断深化和拓展，机器学习有望推动电池技术的革新，加速实现更高性能和更安全的电池系统。

9.3.1　物性预测

在机器学习的应用中，最常见的形式是物性预测，有助于快速筛选材料。基于机器学习的电池材料性能预测通常包括以下基本工作流程：特征工程、模型训练和性能预测。

首先，特征工程是一个关键步骤，它有助于识别条件属性，即与材料性能相关的特征。在电池材料中，这些特征可能涉及晶体结构、元素组成、电子结构等方面的信息。通过从大量的材料数据中提取有意义的特征，可以为模型提供准确的输入。

其次，通过模型训练，可以建立起特征与决策属性（如电池性能）之间的映射关系。在这个阶段，需要使用已知的材料性能数据进行模型的训练。常见的机器学习模型包括人工神经网络、支持向量机、RF 等，这些模型可以从训练数据中学习到材料性能的模式和规律。通过优化模型的参数和结构，可以提高模型的预测准确性和泛化能力。

最后，经过训练的模型可以用来预测各种性质，如电池电压、离子导电性等。一旦模型建立完成，它可以快速地对新的材料进行性能预测，从而为研究人员提供有价值的参考。这种方法大大加速了电池材料的筛选过程，帮助科研人员更快地找到具有潜力的候选材料，从而减少了实验的时间和成本。

实际应用中，机器学习在可充电电池材料属性预测方面发挥着关键作用。电池材料是现代科技和能源存储的核心组成部分，包括电极材料、液体电解质和固体电解质材料等多个组成部分。这些材料的性能对电池的效率、寿命和安全性产生深远影响，因此对它们的属性进行准确的预测至关重要。机器学习的应用为我们提供了一种强大的工具，能够精确地预测电池材料的各种属性，从而使我们能够更好地理解、改进和优化电池系统。

电池的性能主要由其组成部分的属性决定。首先，让我们聚焦在电极材料方面。电极材料是电池的核心组成部分之一，决定了电池的储能容量、循环稳定性和能量密度等关键性能指标。通过机器学习技术，我们能够预测不同电极材料的性能，包括锂离子电池的阴极和阳极材料，以及其他类型电池的电极材料。这种能力使研究人员能够更好地理解不同材料的长期稳定性、充放电效率及与之相关的化学反应动力学。通过了解这些关键性能参数，研究人员可以有针对性地选择或改进电极材料，以提高电池的性能，延长其使用寿命，并减少对有限资源的依赖。

此外，对于液体电解质和固体电解质材料，机器学习同样发挥着关键作用。电解质是电池中的离子传输介质，直接影响电池的离子导电性、界面稳定性和安全性。通过机器学习技术，我们可以预测不同电解质材料的性能，包括其离子传输速率、溶解度及与电极材料之间的相互作用。这种能力使研究人员能够更好地选择合适的电解质材料，以提高电池的充电速度、降低内阻，并增加其安全性。对于固体电解质，机器学习还可以帮助研究人员预测其机械稳定性和热稳定性，以确保电池在各种环境条件下都能正常运行。

通过这些属性的准确预测，机器学习技术为电池研究和开发提供了强大的支持。研究人员可以根据机器学习的预测结果，有针对性地设计和优化电池材料，从而推动电池技术的进步。此外，机器学习还可以加速新材料的发现，通过大规模的数据分析和模型训练，可以筛选出具有潜力的材料，从而减少试验和开发的时间和成本。这对于实现更高能量密度、更长寿命和更环保的电池技术至关重要。

总的来说，机器学习在电池材料性能预测中具有巨大的潜力。通过精心设计的特征工程和模型训练，机器学习能够提供快速、准确地预测结果，使研究人员能够更好地理解和改进电池材料的性能。随着技术的不断进步，机器学习在电池材料研究领域的应用前景将会更加广阔。未来，我们可以期待看到更多的创新和突破，这将推动电池技术向更高水平迈进，为可持续能源和电动交通等领域提供更可靠的能源存储解决方案。这一切都得益于机器学习在电池材料研究中的关键作用，为我们打开了通往更清洁、更高效的能源未来的大门。

（1）电极材料

寻找适合的电极材料在可充电锂离子电池的发展中起着重要作用。电极材料的性能，如电压、容量、电子/锂离子导电性及化学/电化学稳定性，已被考虑为属性预测的因素。鉴于电极材料的固有物理和化学性质是由其晶体结构确定的，因此最好首先预测这些属性。在这方面，对于预测具有 Li-Si-（Mn、Fe、Co）-O 组成的硅酸盐阴极的 3 个主要晶体系统（单斜、正交和三斜），Shandiz 等进行了一系列的机器学习分类方法，包括 ANN、SVM、K 最近邻（KNN）、RF 和极端随机树（ERT）。空间群、形成能、相对于平面的能量、带隙、位点数量、密度和晶胞体积被用作描述符，其中 RF 和 ERT 方法实现了最高的预测准确性。准确性是基于蒙特卡洛交叉验证或重复随机子抽样方法进行评估的。结果表明，晶体体积和位点数量在数据集中的晶体系统类型中起决定性作用。此外，提出的方法可以为其他研究人员提供更好的见解，以考虑材料各种特征之间的相关性。

对于阴极材料，Li 离子的插层特性对电化学性能至关重要。为了实现出色的性能，研究人员正在通过调节材料的结构和元素来理解结构-性能关系。在这方面，Xiao 等结合从头计算和 PLS 分析，开发了尖晶石结构 LiX_2O_4 和分层结构 $LiXO_2$ 的体积变化的 QSAR 公式，旨在延长锂离子电池阴极的循环寿命。笔者注意到，描述符 X^{4+} 离子的半径和 X 八面体对阴极的体积变化做出了巨大贡献。令人印象深刻的是，建立的 QSAR 公式可以进一步用于预测各种真实和"虚拟"材料中电极的体积变化。挑战在于找到降低体积变化的最佳参数组合，以设计低应变的阴极材料。除了结构稳定性的体积变化外，设计具有高电压的阴极材料对于在锂离子电池中实现高能量密度也非常有价值。为此，Sarkar 等利用多层感知器（MLP）基于 ANN 模型预测了不同锂离子电池阴极材料的电压，通过选择中心原子电负性和更强的电负性元素作为输入参数。然而，缺乏大数据集以提高 ANN 模型的准确性，这导致了电压预测中的主要挑战。基于机器学习，Joshi 等利用工具预测金属离子电池的电极电压。他们将 DNN、支持向量回归（SVR）和核岭回归（KRR）应用于机器学习算法，同时从 Materials Project 数据库中获取数据，以及从化合物的性质和其组分的元素性质的特征向量。使用他们的模型，近 5000 种电极材料被提议作为钠离子和钾离子电池的候选材料。进一步提升模型性能可能对于常规应用机器学习算法预测电极材料的电压至关重要。Eremin 等应用岭回归方法预测 $LiNiO_2$ 和 $LiNi_{0.8}Co_{0.15}Al_{0.05}O_2$ 阴极材料的能量，发现 $LiNi_{0.8}Co_{0.15}Al_{0.05}O_2$ 的 Li 层拓扑和 Li 与 Al 的相对排列在能量平衡估计中是最关键的描述符。此外，为了找到制造参数与电极的宏观性能之间的联系，Franco 等提出了一种基于 AI 的计算策略，以预测制造参数（活性材料质量负载和孔隙率）在最终电极特性中的作用。Franco 等还测试了 3 种不同的机器学习算法，包括决策树（DT）、DNN 和 SVM。其中，SVM 准确地揭示了电极质量负载和孔隙率与浆料特性之间的几种趋势。基于上述报告，许多先进的机器学习算法被用于高准确性地预测阴极材料的关键参数。此外，SVM 方法，一种基于核的回归技术，以其在复杂数据表示中的强大性能而闻名，经常被用于预测阴极材料。

对于阴极材料而言，通常采用 ANN 方法，因为它可以在相对较大数量的变量之间建立复杂非线性关系的隐式分类。Allam 等试图建立一个 DFT-ML 框架，以预测基于碳的分子电极材料的氧化还原电位。基于此分析，它指出电子亲和力对氧化还原电位的贡献最大，其次是氧原子数量、HOMO-LUMO 能隙、锂原子数量、LUMO 和 HOMO。通过 ANN 预测的氧化还原电位与从 DFT 模型计算得到的值一致，平均误差为 3.54%。Kalaiselvi 等开发了一个有效的理论工具 ANN，用于理解 CoO 阴极的充放电特性。实验容量值与估计/预测值非常吻合。所选的 ANN 方法实现了误差因子小于 1% 的最佳拟合值。多数情况下，通过结合合适的描述符和机器学习方法，实现了对氧化还原电位或充放电行为的高准确性预测，这些是锂离子电池中阴极材料的重要参数。

总之，通过上述示例，预测电极材料的成功需要将适当的描述符与机器学习方法相结合。一些嵌入式的 FS 方法（如 RF 或 ERT），以及一些相关性分析方法（如贡献分析或顺序向后选择算法），被用来获取可能影响电极材料性质的关键因素。借助这些方法，研究人员可以合理地设计新材料。然而，在大多数情况下，所选描述符与材料目标性质之间的关系是复杂且非线性的。因此，这些机器学习模型需要大型数据集进行训练。为此，对于建模和生成数字孪生的大数据，多种机器学习算法的应用可能有助于优化预测机器学习模型。

（2）电解质材料

除了阴极材料外，电解质也是锂离子电池不可或缺的组成部分，通常包括液体和固体电解质。近年来，基于机器学习的方法在电解质性质预测方面引起了许多研究人员的关注。当前的研究主要集中在固体电解质上。然而，基于从无序结构中提取信息的困难度，估计液体电解质的性质仍然是一个困境。对于液体电解质，电解质/电极界面的离子传输一直受到关注，并且对速率性能有很大影响。通常，Li^+ 与溶剂之间的性质在研究离子传输现象中起关键作用。例如，Sodeyama 等预测了溶剂的配位能（Ecoord）和熔点，还通过 3 种技术，包括多元线性回归（MLR）、最小绝对收缩和选择算子（LASSO）及具有线性回归的穷举搜索（ES-LiR）讨论了提取的描述符。同时，他们在寻找液体电解质材料时，检验了 3 种技术的估计精度。在上述技术中，ES-LiR 在性质估计中的精确性最高。他们还发现，ES-LiR 可以通过描述符的权重图建立"预测精确性"和"计算成本"之间的关系。类似地，Ishikawa 等应用基于机器学习的技术，结合量子化学计算，获得了预测离子对溶剂的 Ecoord 值的准确高效方法。首先，他们使用 DFT 计算了 Li、Na、K、Rb 和 Cs 离子与 70 种溶剂的配位能。然后，通过 MLR、LASSO 和 ES-LiR 方法将计算得到的 Ecoord 用作回归的目标性质。他们发现，离子半径是最重要的描述符，ES-LiR 可以提供 Ecoord 预测的高准确性。ES-LiR 将穷举搜索应用于 MLR，并引入表示非零解释变量组合的指示器。当描述符与目标变量之间的关系是线性的时候，可以估计变量并寻找优化描述符组合的适当指示器。然而，当关系不是线性的时候，ES-LiR 可能会失败。为了学习非线性关系并获得更高的准确性，应用高斯过程的穷举搜索算法就是 ES-GP。对于寻找电池电解质的实际使用，所提出的回归模型在效率和准确性方面已经足够高。

近年来，将电解质添加剂作为一种经济的方法来提高电化学性能变得越来越受期待。添加剂的氧化还原电位是允许用其作为添加剂的最重要指标之一。Oka-moto 等通过 ab initio 分子轨道计算，研究了能作为电解质添加剂的 149 种代表性分子的氧化还原电位。然后，他们选择添加剂分子的化学结构作为描述符，通过高斯核岭回归（GKRR）和梯度提升回归（GBR）方法建立回归模型来预测氧化还原电位。虽然两种方法都很好地再现了氧化电位，但 GBR 在预测还原电位方面表现出优势。GKRR 结合了高斯核方法和具有 L2 范数正则化项的岭回归。高斯核提供了非线性特性，能够有效地学习传统线性回归无法获得的关系。与此同时，GBR 应用集成决策树来构建回归模型，因此它可以通过逐步减小损失函数来根据梯度进行更新。因此，当有足够的训练数据时，GBR 将胜过 GKRR 方法。值得注意的是，锂离子电池失效的一个主要原因是电解质的降解。因此，确定 LiPF6 的浓度和溶剂的质量分数在未知电解质中是非常重要的。通常，通过气相色谱-质谱法（GC-MS）、电感耦合等离子体光谱法（ICP-OES）等方法定量分析电解质，但这些仪器成本高，相应的测量复杂。Dahn 等提出了一种新方法，使用傅里叶变换红外光谱和机器学习算法来探测液体电解质中主要成分的浓度。该方法与 GC-MS/ICP-OES 的结果非常吻合，有助于加速老化锂离子电池电解液的分析，揭示电池降解机制。

以上，基于机器学习的方法在电极材料和电解质材料性质预测方面取得了显著的进展。通过合适的描述符和多种机器学习算法的结合，研究人员能够高精度地预测电极材料和电解质材料的关键参数，从而推动锂离子电池技术的发展。

总结一下，液体电解质的不同性质，如温度、分子浓度和组成，都作为预测的描述符。由于描述符与电解质性质之间的复杂非线性关系，通常会采用 SVM 和 ANN。在上述报告中，小数据限制了 ANN 模型的预测性能，当样本大小增加时，预测性能将会提高。

近年来，全固态电池引起了极大的关注。使用固态电解质是解决安全问题、提高能量密度和扩大锂离子电池电化学窗口的有希望的解决方案。理想的固态电解质材料需要满足多个条件，如快速的锂离子导电性、宽电化学窗口、可忽略的电子导电性、高机械刚度和强大的化学稳定性。许多基于机器学习的方法已被报道用于预测固态电解质的这些性质。例如，Nakayama 等开发了一个监督式前馈神经网络来预测橄榄石型 $LiMXO_4$ 固态电解质中的锂离子扩散势垒/跳跃能量（EA）和 CE。在模型中，识别了几个结构和组分变量作为关键描述符，如原子内参数、阳离子的有效电荷、离子半径等。令人印象深刻的是，具有两个外部属性的模型与具有单一响应变量的模型相比，更准确且可解释。与基于 PLS 的模型相比，前馈神经网络模型确实显示出更好的锂离子扩散势垒预测结果。

通过将 DFT 计算与神经网络相结合，他们构建了一个模型来预测迁移能（ME），其中输入特征来自由各种组成的 DFT 优化晶体结构的结构信息填充的数据库。输入特征经过预处理，然后输入神经网络模型进行训练和验证。随后，该模型随机学习许多局部原子环境，然后能够预测未包含在训练数据集中的未知结构类型。此外，Nakayama 等还成功制定了前馈神经网络模型，以相同的描述符预测了钙钛矿型 LiMTO$_4$F 固态电解质的 ME。在前馈神经网络模型中选择的预测变量理论上可以应用于其他结构类型。之后，Nakayama 等建立了一种基于 Bayesian 优化的 DFT 方法，用于预测钙钛矿型 Li 和 Na 含有化合物的 ME。与随机搜索相比，即使在有正偏的 ME 样本分布的严格条件下，Bayesian 优化搜索方法相对更有效。

除了 ME 和 EA，锂离子导电性也可以直接通过使用基于机器学习的方法进行预测。例如，Ibrahim 等研究了化学成分和温度对聚合物电解质体系的离子导电性的影响。他们开发了一个贝叶斯神经网络（BNN）来预测纳米复合聚合物电解质体系的离子导电性。在 BNN 模型中，输入是化学成分和温度，输出是聚合物电解质的离子导电性。预测结果表明，不同的化学成分和温度会影响聚合物电解质体系的离子导电性，与实验结果一致。Tanaka 等采用带有高斯核的 SVR 方法来预测 LISICON 型超离子导体的低温离子导电性，描述符为 1600 K 下的扩散系数、无序结构的平均体积、有序-无序相变温度。这些描述符是从理论和实验数据中确定的。使用这个模型，作者预测 γ-Li$_4$GeO$_4$ 和其他几种化合物在 373 K 下的离子导电性要比 LISICON 型 Li$_{3.5}$Zn$_{0.25}$GeO$_4$ 高几倍。尽管研究中只考虑了伪二元固溶体，但所提出的方法并不严格限制在这类系统中，表明其在合理预测其他锂离子导体方面具有潜力。对于石榴石型固态电解质，Kireeva 等应用 SVR 模型预测锂离子导电性，从而建立了组成-结构-离子导电性关系，并对石榴石相关结构进行了调查，寻找具有 t-随机三重嵌入的有希望的组成。数据可视化技术对于虚拟筛选非常有吸引力。Miwa 等通过 MD 模拟和 MLP 研究了掺杂 Nb 的石榴石型氧化物 Li$_7$La$_3$Zr$_2$O$_{12}$（LLZO）的锂导电性能。预测的 298 K 下的锂离子导电率和活化能与实验数据很好地吻合。此外，所提出的方法正确地预测了 24 d 和 96 h 的两个锂占位位点，为锂迁移途程提供了 3D 网络。

预测固态电解质的机械性能也非常重要，因为它们可以抑制锂金属阳极的树枝状生长。Ahmad 等提出了晶体图卷积神经网络（CGCNN）模型，用于预测晶体固态电解质材料的剪切和体积模量。该模型通过将原子位置和晶格结构作为输入，并预测材料的力学性能。这种方法可以帮助理解固体电解质的性能，并指导材料的设计。

总的来说，基于机器学习的方法在预测固态电解质材料的性质方面取得了显著的进展，为未来全固态电池的研发和推广提供了关键支持。这些机器学习方法广泛涵盖了多种关键性质，包括但不限于扩散势垒、离子导电性、力学性能等。

首先，机器学习技术在预测扩散势垒方面表现出了卓越的能力。扩散势垒是固态电解质中离子或电子传输的重要性质，直接关系到电池的充电和放电速率。通过分析大量实验数据，机器学习模型能够建立关于扩散势垒与材料成分、晶体结构等之间的关联，从而预测不同材料的扩散性能。这为研究人员提供了有力的工具，以更快速、精确地筛选出具有优越扩散性能的候选材料，有望实现更高效的电池充电和放电过程。

此外，机器学习在预测固态电解质的离子导电性方面也发挥了关键作用。离子导电性是固态电解质的关键性质，影响了电池的整体性能。机器学习模型通过分析材料的晶体结构、晶格参数等特征，能够准确预测离子传输的速率和能力。这有助于研究人员更好地理解不同材料的导电机制，并有针对性地设计具有高离子导电性的电解质材料，从而提高电池的性能和效率。

另外，机器学习技术还能够预测固态电解质材料的力学性能。这一方面涉及了材料的弹性模量、蠕变行为等方面的性质，对于电池的结构稳定性和长期使用寿命至关重要。机器学习可以通过对多种因素的综合分析，预测材料的力学性能，为材料设计提供重要的信息。这有助于减少电池在充放电循环中可能出现的损坏，提高电池的寿命和可靠性。

这些机器学习方法的应用，使研究人员能够更全面、准确地了解固态电解质材料的性质，从而为固态电解质电池的合理设计和优化提供指导。这对于推进全固态电池技术的发展至关重要，因为这些电池有望取代传统液体电解质电池，提供更高的能量密度、更长的寿命和更高的安全性。随着机器学习技术的不断进步和更多实验数据的积累，我们可以期待看到更多令人振奋的成就，这将加速全固态电池的商业化应用，为可持续能源存储领域带来巨大的变革。

（3）电池状态预测

锂离子电池在推动车辆电气化过程中的作用日益突出。对于电动汽车电池，有 5 个关键指标：寿命、比能量、比功率、成本和安全。过去十年中，通过优化电极和电解质材料，前 4 个方面取得了很大的改进。然而，安全问题在大多数电动汽车市场的利益相关者中尚未得到充分解决。准确确定 SOC/SOH 并可靠地预测 RUL 将有助于缓解问题，推动电池制造、使用和优化的改进。例如，最终用户可以估计预期的电池寿命，以充分发挥电池的潜力，然后再进行更换或处理。同样，制造商可以根据预期寿命对新电池进行分级，以加速电池测试、验证和制造过程。因此，能够预测和监测电池行为的智能 BMS 对整个电气化系统至关重要。

为了开发智能 BMS，作为核心部分的电池建模对于确定电池的当前状态和预测未来状态至关重要。文献中研究的电池模型主要分为经验/半经验模型、ECMs、PBM 及最近的基于人工智能算法的数据驱动模型（DDM）（图 9-3）。每个模型在准确性和复杂性方面都有其优势和不足之处。例如，许多经验和半经验方法非常简单，但在某些情况下由于过于简化而失去了预测能力。ECMs 在实时状态预测方面具有简化的模型结构，但在获得高准确性方面仍然是一个巨大的挑战。PBM 可以提供电池的内部物理和化学属性，如锂离子浓度，然而，由于耦合的偏微分方程和大量未知变量的计算复杂性，它难以在实时应用中应用。基于以上原因，模型保真度和计算复杂性之间的适当平衡已经成为当前电池模型中的关键障碍。最近，具有机器学习技术的 DDMs 作为一种潜在的建模方法出现，因为它们具有出色的计算能力，可以以较低的计算成本处理任何复杂的非线性函数。一般来说，机器学习使用来自实验训练数据的拟合函数来对其他电池系统进行预测。已经报道了各种模型，如线性模型、人工神经网络（ANNs）、支持向量机（SVM）、随机森林（RF）、卡尔曼滤波器、门控循环单元循环神经网络、卷积神经网络、DNN、JAYA、代谢极限学习机及高斯/贝叶斯回归，都能够预测电池的状态。以下我们将详细阐述最近用于估计锂离子电池不同状态的一些最新DDMs。例如，Severson 等使用线性回归模型通过统计和机器学习技术来预测商业磷酸铁锂/石墨电池的循环寿命。具有典型误差为 9.1% 的简单线性模型可以实现低计算成本和快速计算时间。此外，Li 等还发现了特定峰值位置与电池 SOH 之间的线性回归关系。所开发的估计函数在电池 SOH 评估中最大误差不超过 2.5%。然而，线性模型在 RUL 估计方面是不稳定的，因为在极端条件下，电池容量衰减可能会加速。为了解决这个问题，Fermin 等提出了通过使用 Bacon-Watts 模型和 SVM 相结合的"膝关节"（非线性退化的开始）和"膝点"的识别机制。RF 机器成功地用于预测电池的RUL。这种方法通过仅读取电压随时间的变化，实现了 3.3% 的典型预测误差。然而，在使用 RF 算法进行电池寿命预测时，很难确保模型的准确性，从而导致较大的预测误差。鉴于这个问题，Li 等建议使用遗传算法来优化RF 模型，从而增强预测准确性。Nuhic 等采用 SVM 同时预测锂离子电池的 SOH 和 RUL。考虑到环境变化和负载条件的影响，SVM 与基于加载集合的新方法相结合，用于训练和数据测试。

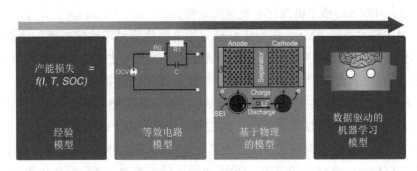

图 9-3　电池模型的发展

此外，Yang 等提出了一个三层的反向传播神经网络，用于评估 SOH，误差为 5%。一阶 ECMs 的参数作为输入，而 SOH 的当前值是输出。Zahid 等提出了一种基于减法聚类的神经模糊系统，用于估计锂离子电池的 SOC。该模型输入电流、温度、实际功耗和可用功率，以最大估计误差小于 0.1% 的方式预测 SOC。实验结果表明，所提出的模型具有足够的准确性，并超越了神经网络模型。Sahinoglu 等采用高斯过程回归框架来估计锂离子电池的 SOC。测量的电池参数，如电压、电流和温度，被用作输入。仿真和实验结果表明，与 SVM 和神经网络预测相比，该方法具有优势。

在这些模型中，选择适当的机器学习方法是一个复杂的问题，这取决于可用数据的数量、预期结果的质量及模型的物理解释能力。由于在预测 SOC 时准确度较高，因此神经网络是最可取的方法。然而，在预测 SOH 或 RUL 时，首选的机器学习方法更加复杂。例如，由于数据相对不足，使用高斯过程，可能会导致潜在的安全关键健康诊断。RUL 可以表示为剩余充放电循环次数。整数而不是连续的数量使其适用于 RF。此外，由于许多机器学习方法是黑盒子，对于物理理解来说更加关键。这表明对于线性回归的直观特性来说更好。

尽管在电池管理的数据驱动机器学习方法方面已经做出了很大的努力，但仍存在一些挑战。例如，大多数研究主要依赖于少量电池的收集数据，这些数据通常不被共享。因此，缺乏系统收集、标准化和可访问的实验性电池数据。最近，由于低成本传感和设备部署的增加，物联网中的大量数据变得可用。另一个挑战是在构建数据驱动的机器学习模型时遵守现实世界部署的限制，通过设计电池循环实验。然而，这些实验成本高且耗时，对于小型个体实验室来说不可行。数字孪生方法可以建立物理系统的虚拟表示，以模拟可变的现实世界操作条件。此外，这种方法可以收集足够的数据来改进机器学习模型。

9.3.2　材料发现与设计

新电池材料的发现和设计旨在寻找具有理想性能的适当电极或电解质，以改善锂离子电池的性能和安全性。现代计算工具能够在特定条件下预测特定材料的性质。然而，到目前为止，由于巨大的复杂性，电池材料的逆向设计在计算上是不可行的。如前文所述，模型的构建是属性预测中最重要的步骤，它将准确描述已知材料的输入描述符（结构或基本信息）与输出目标属性（导电性或稳定性）之间的关系。与属性预测相反，在逆向材料设计中，材料的性质是输入，而结构和组成是输出。换句话说，关键问题是确定化学成分和结构，这些化学成分和结构可以在实验室中合成。

对于材料的发现和设计，第一步是生成与所关注的材料属性密切相关的关键描述符或特征。构建描述符与目标属性之间准确模型是第二步。从理论上讲，在给定数据集（材料→属性）中训练的机器学习模型的基础上，可以进行逆向设计，以发现具有所需属性的新材料。实现设计过程涉及两种主要方法：大规模筛选和数学优化。对于大规模筛选方法，首先是在设计空间中生成所有可能的目标材料，然后使用构建好的机器学习模型测试材料。同时，需要考虑以结构或成分为基础的材料表示形式的一些约束。对于这个问题，需要一个系统的过程来识别这些候选材料。此外，逆向材料设计也可以被形式化为一个数学优化问题。基于优化的方法试图在不逐个测试候选材料的情况下识别候选材料，从而降低复杂性。一旦找到最佳材料，就可以合成它们并在实验中验证它们的性质。如果实验结果与计算预测的结果一致，那么材料就被成功地发现和设计出来了。如果不一致，所获得的结果可以添加到训练数据集中，以重新训练机器学习模型。这个循环创建了一个反馈环路，以提高准确性并改进随后的发现和设计循环。尽管计算材料发现在2019年的材料设计路线图中取得了很大的进展，但逆向材料设计的成功例子仍然不足，闭环逆向材料设计将是长期目标。

接下来，将分析一些选定的例子，以突出机器学习在发现电池材料方面的作用。众所周知，高容量的过量锂 $LiNi_x Mn_y Co_{(1-x-y)} O_2$（NMC）层状氧化物因其高可逆容量而被认为是有希望的候选材料。然而，由于严重的电压衰减，实际应用受到限制。改善的关键驱动因素是阴极成分的修改。Houchins 等开发了一个使用指纹技术的神经网络潜力，并对指纹参数进行了超参数优化。他们使用机器学习计算器来预测因锂的插入/去除及 $LiNi_x Mn_y Co_{(1-x-y)} O_2$ 阴极的任何组成的开路电压的结构效应。预测的电压曲线与实验结果高度一致。这为在相空间中快速设计和优化 NMC 阴极材料家族提供了一种方法。引入界面涂层材料也可以改善锂离子电池的性能，这些材料可以消除不希望的界面相，增强电池的循环性能。Wang 等采用基于机器学习的原子间势模型，以矩张量势的形式识别了两种有前途的涂层材料。这种方法将计算时间减少了 7 个数量级，并且相对于纯自发性 MD 增加了计算效率。电解质的氧化还原稳定性对电化学性能也有巨大影响。为此，可以设计具有适当氧化还原电位的新有机溶剂，在阳极和阴极都具有还原和氧化稳定性。Tagade 等提出了一种二进制表示方法来数字化分子结构，并使用半监督算法来映射结构和属性之间的关系。同时，他们采用贝叶斯方法来确定有效溶剂分子结构的生成。最终，发现了许多有机溶剂结构，其还原电位低于所使用的阳极，以实现 4.8 V 的电化学窗口。这些所需的属性保证了成功地发现和设计材料。

这些所需属性保证了液态电解质在锂离子电池的整个工作范围内的稳定性。对于商业液态有机电解质，由于其挥发性和易燃性，存在潜在的安全问题。因此，设计具有高离子导电性的新型固态电解质对于开发更安全的全固态锂离子电池具有重要意义，因为它们更不易燃且更安全。Zhang 等采用了无监督学习方法，从 ICSD 数据库中筛选出所有已知的含锂化合物。经过训练的模型将固态锂离子导体（SSLCs）分成具有高导电性和其他具有较差离子传导性的化合物组。通过应用机器学习模型，他们发现了 16 种新型快速锂导体，其导电率在 $10^{-4} \sim 10^{-1}$ S/cm。这些发现的候选材料与当前已知的快速锂离子导体在结构和化学成分上完全不同。最近，王等提出了一种新的固体聚合物电解质设计框架，将粗粒化分子动力学（CGMD）与贝叶斯优化（CGMD-BO）相结合。CG 模拟能够保留分子级别的信息，构建连续的高维设计空间。BO 算法显示出在优化锂离子导电性方面具有效率和灵活性的独特优势，以分子级别的材料属性作为描述符。预计 CGMD-BO 框架将成为设计其他复杂多组分材料体系的新兴方法。

几个上述成功案例清晰地揭示了机器学习方法在材料科学领域中的重要作用，特别是在发现新材料和揭示结构-性质关系方面的巨大潜力和优势。然而，尽管取得了显著进展，材料设计领域仍然面临着一系列挑战，这些挑战需要进一步的研究和发展，以充分释放机器学习的潜能。

其中一个关键挑战是数据获取和数据集的不足。在材料科学中，数据是非常宝贵的资源，而且在某些领域，特别是在涉及新材料探索的早期阶段，可用数据可能非常有限。这种数据的缺乏限制了机器学习模型的准确性和可靠性。特别是在涉及材料的结构性质评估方面，建立大型、多样性的数据集仍然是一项挑战。因此，寻找创新的方法来增加可用数据的数量和质量，包括实验数据和计算数据，是非常重要的研究方向。

另一个重要的挑战涉及结构预测的范围。目前，大多数结构预测模型只能预测已知结构的性质，而不能有效地预测未知结构。这在新材料发现中是一个关键问题，因为研究人员通常寻求具有先前未知结构的材料。在这方面，机器学习模型需要不断发展，以扩大其适用范围，能够预测尚未被发现或描述的材料结构。这需要创新性的方法，如基于生成对抗网络的结构生成，以便从已知数据中推断出新的结构。

此外，机器学习模型在材料设计中如何融入领域知识和隐含的启发式规则也是一个重要问题。领域知识通常包括材料的特定属性、合成方法和结构-性质关系，这些知识对于材料设计是非常宝贵的。因此，一个重要的研究方向是如何将这些知识融入机器学习模型中，以提高其预测性能和适用性。这可能涉及知识图谱的构建、领域专家的协助及与机器学习算法的有效集成。

总而言之，尽管机器学习在材料设计中取得了显著进展，但仍然有许多重要的挑战需要克服。解决数据获取问题、扩展结构预测的范围，并将领域知识融入机器学习模型，将是未来材料科学领域的重要研究方向。这些努力将为新材料的发现和设计提供更大的机会，推动材料科学迈向更高的水平，从而实现更高性能、更可持续的材料应用。

考虑到模型参数化的挑战及电池衰减过程的高度非线性和耦合性质，许多工作致力于寻找高效的数据驱动方法来预测材料和状态。在以前的研究中，许多机器学习方法，如 ANN、SVM 和 DT，已经被广泛应用于预测材料性质和状态。然而，这些方法的一个主要缺点是需要大量的实验训练数据来创建准确的模型。此外，这些方法的可靠性超出了实验训练集的范围。

9.3.3 在现实世界中部署人工智能的挑战场景和集成框架

虽然已经高度宣扬人工智能（AI）或机器学习将推动和改变许多领域，包括在锂离子电池领域应用，但将 AI/ML 算法实际部署到现实世界场景仍然面临巨大挑战，这些挑战涉及模型和数据。基于学习的方法可以从训练数据集中提取复杂和非线性的模式，并将元数据转化为能够针对特定应用实施预测、分类、优化或检测问题的统计模型。在最常接受的监督学习模型的格式中，它包括两个阶段的过程，即训练和推理。在训练阶段，机器学习算法吸收标记的数据集，以学习模型中的参数/权重值。在推理阶段，经过训练的模型采用新数据点的输入进行推断，以获得相应的标签。然而，在具有物理系统的现实世界应用中，该过程面临两个固有挑战，如下所示。

①数据稀缺性。基于学习的统计模型，尤其是具有众多可调参数的深度学习，需要大量的训练数据来确保模型质量。然而，在电池领域的实际物理系统中，由于高成本、长时间延迟及对合规性和安全性的担忧，收集和获取大量数据仍然具有挑战性；例如，电池在历史条件（如电压、工作速率、温度、机械冲击等）下可能发生严重故障的概率，以及难以测量的制造缺陷。在罕见的事件/条件中积累训练数据仍然具有挑战，涉及故障场景会提高数据驱动的模型（DMM）的准确性，最终实现故障/异常的预测。许多先驱者已经发布了包含数百个电池的电池故障数据集（如 NASA），但这些数据集远远小于需要获取故障场景所需的数量。此外，由于对操作条件（如温度、负载特性等）的敏感性和高度可变的条件，电池的实际寿命估计存在电池与电池之间的差异。由于制造的不一致性，这些变化通常难以测量和覆盖。所有这些数据获取方面的挑战严重影响了在现实世界场景中部署机器学习算法。

②成本-安全问题。在锂离子电池经济和安全方面，材料搜索、性能预测、设计和电池系统管理是关键问题。例如，调节能源系统不可避免地导致内在的安全风险，锂离子技术也不例外。不幸的是，锂离子电池往往是激烈成本削减的受害者，人们试图将更多能量塞入相同的体积。此外，为了安全原因和与客户的服务级别协议，有兴趣在长期内预测电池系统的性能/性能。提前或过晚发出的警告可能导致不正确的维护或忽视即将发生的故障，从而增加系统风险和不可接受的成本。此外，锂离子电池（如负/阳极电极材料、

电解液等）的高成本不仅承诺了电池化学性质，还提出了更高的电池设计和精确的材料探索要求，以减少性能评估和制造成本。基于机器学习的方法应该考虑能源系统中的所有不确定性和不可预测事件/条件。然而，由于历史原因（如数据有限性、安全合规性等），能源系统的管理/操作/设计在很大程度上仍然依赖于人类专家的决策，导致行业具有风险规避的心态。因此，这些关键性质要求在将机器学习解决方案引入电池系统经济中采用新的方法。

为了应对这些艰巨的挑战，我们提出将不同性质的机器学习算法集成到一个统一的框架中，以数字孪生为中心，推动电池系统经济中的先进应用。所提出的框架包括 3 个模块，即物理系统/场景、数字孪生和 AI 引擎。物理系统代表了基于学习方法的目标环境/系统（如电池设计、材料发现、电池管理等）的真实环境/系统。数字孪生代表了真实世界场景的数字化网络/模型。物理模型和数据驱动模型可用于构建数字孪生，物理模型通常基于物理规则构建，DMM 则通过大量来自真实环境或系统的历史数据进行训练。它们都旨在精确模拟真实环境的动态和行为，并能够合成额外的数据集并评估基于 AI 的优化方法的性能。AI 引擎代表了基于学习的方法，用于优化/诊断/控制现实世界的系统。在所提出的框架中，建议 AI 引擎与数字孪生进行交互，以避免在物理系统上采用机器学习算法的风险，同时减少实验和试制的验证成本。这 3 个模块之间通过不同的力（即 AI 能力）相互作用，如下所示。

①从物理系统到数字孪生的路径代表了通过描述性 AI/ML 对现实世界环境进行数字化的过程。原始数据（如化学结构、粒径等）从物理系统中采样。描述性 AI 旨在确保数据质量并分析数据的组成，以了解系统的复杂行为，以建模数字孪生。数字孪生具有很高的灵活性，可以是一组公式、模拟器或基于学习的模型。

②数字孪生和 AI 引擎之间的循环路径代表在数字孪生上实施规定性AI，以优化/解决现实世界系统的问题。这些学习算法不是与物理系统或组件直接交互，而是可以直接与数字孪生交互，以获取内部行为并学习系统的复杂模式。数字孪生能够在相对较短的时间内在任何条件下合成数据，从而丰富 AI 引擎使用的训练数据集的多样性。此外，经过良好训练的 AI 代理与数字孪生之间的路径表明，在部署 AI 推荐操作之前，数字孪生可以进行验证，从而节省成本并提高安全性。

③从数字孪生到物理系统的路径代表了在给定特定输入的情况下对未来状态进行预测。数据驱动的孪生还可以通过预测性 AI 从历史数据中学习系统行为。然后，复杂的 AI 模型能够预测系统的未来状态（如寿命、SOC、SOH 等），而不会将物理系统暴露于 AI 算法的不确定性之下。此外，基于预测结果，还可以在物理系统中实施适当的操作，以保证系统的稳定性或提高性能。

所提出的框架将不同性质的机器学习方法（即规定性、描述性和预测性 ML/AL）与 3 个模块（即物理系统、数字孪生和 AI 引擎）集成在一起，提供以下优势。

①数据丰富化。丰富数据集以实现高质量和多样性在机器学习算法中扮演着关键角色。描述性 AI 捕获了目标系统的内在机制，以建模准确的数字孪生，从而确保了合成数据的质量。具体而言，精心构建的数字孪生能够合成稀有事件/条件下很少观察到的多样数据（如故障、异常、不同条件下的数据），这些数据可能在真实环境中观察不到，或者可能使系统陷入危险。可信赖的数据提高了训练数据集的多样性，从而赋予了 AI 引擎以能力，提升了机器学习方法的稳定性和适用性。

②高效且安全的部署。数字孪生是所提出的框架的关键组件，用于进行预训练并验证基于机器学习的优化效果。在所提出的框架中，将 AI 引擎训练在数字孪生上，而不是物理系统上，从而结束了误操作或不正确建议的风险。此外，由于训练数据是有限的，无法保证在当前训练数据集中获得的有前途的早期结果实际上会由于工程复杂性而转化为正确的部署。因此，高保真度的数字孪生用于提前验证 AI 引擎的建议操作，以评估安全性并估计性能。

9.4　总结与展望

计算化学已成为补充和辅助实验研究的成熟方法，用于预测和设计新材料，并且已经开发出许多材料数据库。将人工智能与材料数据库相结合，有望加速电池材料的创新。此外，机器学习模式在开发电池管理系统（BMS）方面也非常强大，这与锂离子电池的健康和安全密切相关。

为了提升电化学性能，开发合适的电极和电解质材料至关重要。从理论上讲，可以通过预测属性来发现新材料。然而，在许多情况下，通过大规模实验或 DFT 计算来确定属性是非常具有挑战性和昂贵的。机器学习算法可以从现有数据中"学习"复杂的相关性和模式，为材料的快速筛选提供解决方案。通过机器学习方法进行电池材料属性预测的基本工作流程如下：首先，特征工程有助于识别条件属性；其次，通过模型训练建立这些条件因子与决策属性之间的映射关系；最后，训练过的模型可以预测各种属性（电池电压、离子导电性等）。

尽管我们筛选出的电池材料可能会带来更卓越的性能和更复杂的电池动态，但电池的安全性问题，尤其是在电动汽车电池领域，仍然是一个备受关注的问题。确切地确定电池的状态（SOC/SOH）及可靠地预测其寿命将是解决这一问题的关键步骤，这将有助于改进电池的制造、使用和优化。

准确地确定电池的 SOC（state of charge）和 SOH（state of health）对于电池的管理和性能至关重要。SOC 表示电池当前的电荷状态，而 SOH 表示电池的健康程度。通过使用机器学习技术，我们可以更准确地估计这些参数，从而提高 BMS 的性能。这对电动汽车制造商和终端用户都至关重要，因为它可以帮助提前发现电池问题，避免电池过早失效，提高电池的寿命和安全性。

此外，可充电电池中的机器学习模型还可以用于预测电池的剩余寿命（RUL），这是一个关键的指标。通过分析电池的行为和性能数据，机器学习模型可以帮助预测电池何时需要维护或更换，从而降低维护成本和提高电池的可靠性。

综合考虑，具有智能 BMS 的电池管理对于确保电池的长期性能和安全至关重要。通过机器学习技术，我们能够更好地监测电池的行为，提前预测问题，并采取适当的措施来维护或更换电池。这不仅有利于终端用户，使其能够更长时间地使用电池，还有利于制造商提高他们的产品质量和市场竞争力。

因此，通过机器学习技术来预测电池的退化行为是电气化系统的重要组成部分。这有助于建立低成本、准确的预测模型，将条件属性和决策属性之间的关系建立为定量的结构-活性关系（QSAR）。这将为电池领域的研究和应用提供更大的信心和可行性，从而推动电池技术的发展和提高。

现代计算工具可以预测特定条件下特定材料的性质。然而，到目前为止，电池材料的逆向设计在计算上是不可行的，因为其复杂性极大。与属性预测相反，在逆向材料设计中，材料的性质是输入，而结构和组成是输出。关键问题是识别可在实验室中合成的有前景的化学成分和材料结构。针对发现和设计材料，第一步是生成与所需材料性质密切相关的关键描述符或特征。下一步是在描述符和目标属性之间构建准确的模型。从理论上讲，根据通过给定数据集（材料→属性）训练的机器学习模型，可以进行逆向设计，以发现具有所需属性的新材料。

尽管人工智能（AI）和机器学习在锂离子电池领域中备受推崇，被认为能够推动和改变该领域的发展，但实际上将 AI/ML 算法应用于现实世界场景仍然面临着重大挑战。基于学习的方法具有出色的潜力，可以从训练数据集中提取复杂和非线性的模式，将元数据转化为统计模型。在最常见的监督学习模型格式中，这个过程通常包括两个主要阶段，即训练和推断。然而，在涉及物理系统的实际应用中，我们面临着两个根本性挑战，即数据稀缺和成本安全问题。

为了克服这些挑战，我们提出了一个创新的方法，即将不同性质的机器学习算法集成到一个统一的框架中，以围绕数字孪生进行旋转，从而促进电池系统在经济和可行性方面的先进应用。这个新颖的框架包括 3 个核心模块，分别是物理系统/场景、数字孪生和 AI 引擎。这 3 个模块之间通过不同的力（即 AI 的能力）相互作用，共同构建了一个更强大的整体系统。

首先，物理系统/场景模块充当了现实世界的代表，它涵盖了电池系统的物理性质、工作条件和环境参数等方面。这个模块提供了数据的基础，但在实践中通常受到数据稀缺的挑战。因此，其有效性和准确性取决于如何充分利用有限的可用数据。

其次，数字孪生模块是整个框架的核心，它扮演了模拟和仿真现实物理系统的角色。数字孪生是一个虚拟的物理模型，它根据物理系统的信息进行建模，允许我们在计算环境中进行各种实验，以获取更多的数据和了解不同情况下系统的行为。这个模块的有效性取决于它的准确性和复杂性，以便尽可能真实地反映物理系统的行为。

最后，AI 引擎模块涵盖了各种 ML/AL 算法，包括规定性、描述性和预测性的方法。这些算法的任务是分析数据，提取有关物理系统的信息，以及预测系统的性能和行为。它们可以处理各种数据类型，包括实验数据、数字孪生的输出及来自物理系统的实时传感器数据。这个框架的创新之处在于，它将不同性质的机器学习方法整合到一个统一的体系结构中，以充分利用各种数据源和 AI 算法的优势。这种集成提供了数据的丰富性、系统分析的效率及部署的安全性等多方面的优势。通过协同工作，这 3 个模块可以共同解决数据稀缺和成本问题，促进电池系统的先进应用。这个框架的成功实施有望为锂离子电池领域带来新的突破，推动电池技术向更高水平发展，以满足不断增长的能源存储需求。

第十章　电能存储材料探索与智能电网管理中的机器学习

从化石燃料向可再生能源的转变对人类来说是一项重大挑战。为了实现这一愿景，需要在能源储存技术方面取得显著进展，如电池可以解决可再生能源的间歇性问题。因此，开发具有更高容量和更长寿命的新型电池材料至关重要。此外，可再生能源的间歇性也对智能电网管理提出了重大挑战。为此，研究人员已开始转向机器学习技术：这些算法可以从数据集中学习并通过经验自动改进。这些技术可以用于进行预测和明智决策，从而加速材料发现和系统管理的过程。在这里，我们讨论了在电池材料发现和智能电网管理方面引导重要发展的关键机器学习概念。在这个过程中，我们还探讨了关键挑战、未来机会及机器学习如何产生重大影响。

10.1　介绍

化石燃料的耗竭和环境问题已经导致对可再生和可持续能源的需求增加，然而，有效利用这些能源需要高效可靠的能源储存方法。例如，锂离子电池是一种电化学能量存储技术，它在从电动汽车到电网储存的日常应用中起着关键作用。因此，开发具有更高能量/功率密度和更长循环寿命的新型电池材料至关重要。然而，可能的电极和电解质材料的大化学空间在传统的试错方法下是难以解决的，需要更高效的材料发现方法。

与此同时，近年来一直有重构能源系统的运动，以整合更多分布式发电和可再生能源。然而，由日照变化和区域多样性引起的可变产量和电力波动对于整合太阳能和风能等可再生能源构成了重大障碍。这种波动常常对能源系统管理带来随机困难，导致电网供求不匹配而引起电网不稳定。因此，在智能电网中通常使用电池在高峰时段存储能量以供日后使用。然而，规模的增加和混合可再生能源的引入使得使用传统技术进行建模变得更加复杂。因此，迫切需要从供求两端提出新颖的智能电网管理方法。

机器学习作为一种本质上数据驱动的方法，代表了应对这些挑战的可能途径。机器学习算法可以从数据集中学习，并通过经验自动改进，以预测具有有希望特性的新型电池材料，从而加速材料发现和开发过程。除了使用判别模型的机器学习的预测能力外，生成模型的使用还可以在闭环中实现电池材料的自主逆向设计。此外，机器学习还可以对可再生能源系统进行建模，以便更准确地预测其功率输出。与传统基于模型的技术相比，基于机器学习的可再生能源系统状态的预测在近年来人工智能（AI）领域的显著进展下变得越来越准确。

在本章中，我们将讨论在电池材料研究和智能电网管理中引导重要发展的关键机器学习概念。首先，我们将审视在电池材料研究中机器学习的最具代表性的工作、关键挑战和未来机会。关键机器学习概念包括判别机器学习、生成逆向设计、可解释 AI、数据管理、机器学习潜力和机器学习集成机器人平台将被讨论。其次，我们将详细阐述目前在供求两端管理智能电网方面的关于机器学习的努力，以及数据稀缺和风险规避心态所带来的现实部署挑战。我们提供一些观点，通过基于工业级数字孪生的系统级优化框架及能量密集型数据中心作为"可中断负荷"来稳定和调节这些电网。需要注意的是，该章节并不旨在成为全面的文献综述；相反，它的目的是突出材料和系统级研究中重要的机器学习概念，以促进未来在可持续性方面的进展。

10.2　电池材料发现中的机器学习

在电池材料研究领域，机器学习已经崭露头角，成为一种引人注目的工具，用于加速新材料的发现和设计过程。传统的材料发现方法往往需要大量的实验和试错，耗费时间和资源。然而，机器学习的引入为这一领域带来了革命性的变化。通过从大规模的材料数据库中提取有关材料属性、结构和性能的信息，机器学习可以发现隐藏在数据背后的模式和规律，为科研人员提供新材料的线索。

电池技术一直是能源存储和移动设备领域的核心。电池材料的研究和开发对于提高电池性能、降低成本及减少对有限资源的依赖至关重要。然而，传统的研究方法存在一定的局限性，因为它们通常需要大量的试验和猜测，这不仅耗费时间，还会消耗大量资源。此外，材料科学是一个复杂的领域，涉及多个变量和因素，使得难以快速准确地确定哪种材料在特定应用中表现最佳。

机器学习在电池材料研究中的应用主要体现在物性预测和材料筛选上，这些应用已经开始产生令人瞩目的成果。通过建立机器学习模型，可以准确地预测材料的性能，如电池的储能容量、循环稳定性和充放电效率等。这些预测可以为科研人员提供宝贵的信息，有助于他们在实验室中选择最有前途的候选材料。这种方法大大节省了时间和资源，因为研究人员可以避免对不太可能成功的材料进行大规模的实验。相反，他们可以将注意力集中在那些经过机器学习筛选的材料上，从而提高了研究效率。

此外，机器学习还可以帮助确定哪些因素对于材料性能的影响最大。通过分析大量的数据，机器学习算法可以揭示不同因素之间的复杂关系，甚至可以发现一些人类无法察觉的模式。这为科研人员提供了指导，可以帮助他们更好地理解材料的行为，并有针对性地改进和优化材料的性能。这种数据驱动的方法不仅可以提高电池材料的性能，还有助于减少材料研究中的试错过程，从而加速新材料的推出。

需要指出的是，虽然机器学习在电池材料研究中的应用前景广阔，但它也面临一些挑战。例如，需要大量的高质量数据来训练机器学习模型，而有时这些数据可能不容易获得。此外，机器学习模型的建立和调整需要专业知识，因此需要具备相关领域的专业技能。尽管如此，机器学习为电池材料研究带来了明显的优势，为更快、更有效地推动电池技术的发展提供了强大的工具。

总之，机器学习已经在电池材料研究领域取得了显著进展，为科研人员提供了一种强大的工具，用于加速新材料的发现和设计。通过物性预测和材料筛选，机器学习能够精确预测材料性能，减少试错过程，同时也有助于揭示材料性能的关键因素。尽管还存在一些挑战，但机器学习的应用为电池技术的进步带来了巨大的希望，可以为更持久、高效和环保的能源存储解决方案的发展做出重要贡献。

在材料筛选方面，机器学习可以加速材料的发现过程。通过对已知材料的特征和性能进行学习，机器学习模型可以识别出与目标性能相关的材料特征，从而帮助科研人员更有针对性地选择候选材料。这种方法不仅提高了材料筛选的效率，还为材料科学带来了更大的创新潜力。在电池材料研究中，传统方法通常是以爱迪生式的方式进行的。可能的材料候选项是从大量的化学空间中选择出来，然后进行合成、表征，最后进行测试以确定其电化学性能。这种试错的过程是缓慢而烦琐的，通常需要 15～25 年的时间。高通量计算可以通过使用理论计算来筛选潜在的电池材料，然后对最有希望的候选材料进行实验验证，从而实现更快的周转。但是，这种方法计算成本高昂，只能探索有限的化学空间。

由于机器学习本质上是数据驱动的，它已经成为一种应对这些挑战的引人注目的方法。机器学习能够在大型数据集中找到模式，这些模式对应于材料中的结构-性能关系。在使用数据训练判别式机器学习模型之后，可以使用这些模型来预测大化学空间中的其他潜在候选材料。更有前途的一种方法是使用生成式机器学习模型进行自动虚拟筛选。当仅提供指定的材料性质时，这种方法能够预测出理想的结构，从而实现材料的逆向设计（即从性质到结构的方法）。

10.3 判别式机器学习

判别式机器学习模型可以从训练数据集中确定条件概率，使它们能够从数据点 x 预测属性 y。如前面所述，电池研究的标准过程非常缓慢，因此，判别式机器学习模型可以用来加快电池研究的速度。这些机器学习模型通过提高材料筛选的速度，从而加快了有关新电池材料的预测速度。这些机器学习模型已经成功地预测了电极和电解质的新材料。

例如，2019 年的一项研究使用了多种机器学习算法，包括深度神经网络（DNN）、支持向量机（SVM）和核岭回归（KRR），以预测电极的电压曲线，其中特征向量被用作它们的表示，预测的曲线与计算结果显示出良好的一致性。用于探索化学空间所需的 DFT 计算数量减少了，最终选出了多达 5000 种钠离子和钾离子电池候选电极材料。还将 ANN 与 DFT 相结合，使用最高占据分子轨道、最低未占据分子轨道和原子数量等输入描述符，为锂离子电池设计了无金属分子电极。候选材料的电子性质使用 DFT 计算，然后用于训练 ANN 预测氧化还原电位。另一个例子是 Kim 等利用机器学习模型及从材料计划获取的 4401 个实验数据集，设计出了具有多价掺杂剂的富镍层状正极材料，以最大限度地提高能量密度和稳定性。他们考虑了总共 33 种元素，共计 1617 种潜在正极材料。每种潜在材料具有 47 种不同的电池材料特性（充放电配方、能量密度、容量等）、145 种化学描述符特性（电子结构、元素性质、离子化合物属性等）、126 种结构描述符特性（晶体结构属性、键长、晶胞体积等）及 3 种附加特性（空间群号、脱锂程度和比容量）。所使用的机器学习模型是 LightGBM 的机器学习回归模型。该模型能够获得电压的 R2 分数和 MAE 分别为 0.873 V 和 0.323 V，体积变化的 R2 分数和 MAE 分别为 0.562％和 2.890％。他们还能够将候选材料范围缩小至 107 种，其比容能量密度超过 875 Wh/kg，平均电压超过 3.5 V，体积变化小于 7％。所有这些结果也经过 DFT 计算进行了验证，以确保其准确性。

除了电极材料，机器学习还被用于辅助设计固态离子导体，这些导体可以用作固态电解质。对于锂离子导体，构建了一个转移学习模型，从现有的晶体结构中学习物理洞察力，然后预测新的组成。在随后的研究中，使用基于机器学习的预测模型对多样结构和组成的 12 000 个候选材料进行筛选，发现了 10 种新的锂离子导体。为了克服现有材料电导率数据的稀缺性，使用无监督模型将含锂材料分成高电导和低电导两组，使用描述符输入，然后使用从头分子动力学模拟验证了这种分类，发现了 16 种有前景的锂离子导体。此外，还创建了用于优化电极介观尺度结构的 ANN 模型，通过预测其充电/放电特定电阻，与模拟值吻合良好。图卷积网络还能够预测具有高锂离子电导率和抑制树枝晶生长能力的无机固态电解质，通过使用超过 12 000 种无机固体的力学性质计算数据。另一个在电解质设计中使用机器学习的示范是 Zhang 等利用高斯过程回归模型，从电解质添加剂的分子结构特征中预测锂离子电池的氧化还原电位。数据集包含 149 种电解质添加剂，总共有 21 个报告特征，描述分子的各个元素的配位数，元素在分子中出现的次数，分子的结构（五元环对六元环）等。该模型能够获得 Vred 和 Vox 的低 RMSE 分数，分别为 0.08 和 0.14。这些值不仅经过 DFT 验证，还发现这些高斯过程回归模型是 DFT 的有效替代方法，因为速度更快，计算能力要求更低。因此，这些示例展示了机器学习如何成为电池研究的重要组成部分。

10.4　生成逆向设计

电池材料研究的最终目标是生成逆向设计，这可以实现自动虚拟筛选方法。在传统的"直接"材料设计中，起点是化学空间内的一个指定区域。一方面，预测并实验验证该空间内材料的性质；另一方面，逆向设计是反向操作，首先声明所需的功能，然后使用这些信息来预测具有所需性质的材料。与传统的直接设计相比，逆向设计方法在某些方面具有明显优势。在传统的直接设计中，由于化学空间过于庞大而不可行，通常会使用直觉和领域专业知识来缩小搜索空间。然而，这种偏见意味着只探索了已知材料的化学邻域，无意中排除了具有潜在令人印象深刻的性质的意外候选材料。逆向设计通过从所需的功能出发，使用这些功能来预测整个化学空间内有前景的候选材料，从而规避了这个问题。

挑战在于构建用于有效逆向设计的稳健方法，这可以被视为探索"功能流形"的优化方法，而无需在化学空间中测试所有可能的候选材料。使用机器学习的逆向设计采用了深度生成模型，这些模型可以通过学习 x 和 y 的联合概率分布（材料描述符和性质）来生成大量的候选材料。这类生成模型的例子包括变分自动编码器（VAEs）、强化学习和生成对抗网络。

逆向设计的关键是使用适当的材料"表示"，这些表示需要从表示到材料是可逆的。无机固态材料在电池研究中至关重要。然而，这些材料缺乏合适的可逆表示，从而阻碍了逆向设计。最近，已经开发了一种基于图像的可逆输入表示，用于材料的晶体结构，其中包含单元格和基础信息。

该方法可以识别出超过 40 种稳定的 V_xO_y 结构，这些结构在文献中从未被报道过。值得注意的是，与遗传算法相比，这种方法的预测效率更高。最近的另一项工作创建了一个用于网状框架（如金属有机框架和共价有机框架）的自动化材料发现平台，使用了一个超分子 VAE。这其中的关键是开发了 RFcode：一种可逆表示，可以高效地捕获所有重要的结构信息，而不会出现冗余。RFcode 还具有独特性，每个表示编码一个独特的框架。这使得设计复杂的网状框架成为可能，其中的前几个候选材料被确认为优异的 CO_2 吸附材料。将这种有前途的方法扩展到电池应用可能需要开发更多固态材料的通用表示方法。

10.5 可解释人工智能

机器学习可以通过增强属性预测和生成新的分子和晶体来帮助电池材料的设计和发现。然而，由于所使用算法的复杂性，通常并不知道这些算法是如何做出决策的，甚至对于算法的设计者来说也是如此。以固态离子导体设计为例，经过适当的训练，机器学习模型可以成功地产生多个新的候选材料，具有快速的锂离子传输动力学。然而，我们并不知道不同元素的组合如何影响前几个候选材料中晶体结构中的局部传输，从而实现高锂离子迁移率。显然，更好地理解这些潜在的因素将极大地有益于理性材料设计的努力。

这就是可解释人工智能试图实现的目标。可解释人工智能是机器学习中的一个新兴领域，旨在增强机器学习算法的可解释性，这些算法通常被称为"黑盒子"。可解释人工智能的主要目标是通过解析围绕这些机器学习算法决策过程的因素，来减弱这些"黑盒子"的影响。这不仅使它们更易于使用，还使它们的结果对用户更加可信赖。可解释人工智能通过从机器学习模型中推导特征相关性和分数重要性，以确定每个特征对结果的重要性水平及其与其他特征的依赖关系。

可解释人工智能的方法涵盖了多个领域，包括可解释的机器学习模型、特征重要性分析、可视化技术等。其中，可解释的机器学习模型旨在设计模型结构，使其能够输出对决策的解释。例如，一些模型可以指示哪些特征对于特定预测是最重要的，从而揭示出决策的依据。特征重要性分析则通过排名特征的重要性，帮助用户理解模型决策的主要因素。

此外，可视化技术通过图表、图像和交互界面，将模型的复杂决策过程可视化出来，使用户能够直观地理解 AI 的工作方式。这对于培养用户对人工智能系统的信任，以及辅助决策制定，都有着重要意义。

一种方法是随机森林（RF）方法。在 RF 方法中，它由许多决策树（DT）的组合使用组成，每个单独的树依赖于随机向量的值，该随机向量独立采样，并且每个树的分布相同。这个向量决定了在树的每个节点上如何分割数据的特征。由于大数定律的强力作用，尽管会有一些树更准确，另一些树不准确，但树通常能够相互保护，使得所有树的综合性能比任何单个树的

性能更准确。特征重要性可以通过树之间预测误差的变化来确定，其原理是
重要变量往往会更频繁地分割，因此与其他不太重要的变量相比，它更显著
地影响预测。因此，这些特征重要性分数为各种特征提供了相对排序，揭示
了哪些特征更重要，哪些特征不那么重要。

另一个例子是符号回归，它旨在用代数表达式捕获数据的性能。由于考
虑到所有输入表达式时有无限多个表达式，确定理想表达式的 Edisonian 方
法并不现实。因此，符号回归利用遗传编程更有效地搜索理想表达式。最
初，种群由完全随机确定的表达式组成，每个个体的性能是基于其预测误差
来确定的。在每一轮后，个体表达式有机会经历交叉，其中使用两个父个体
来创建两个新的子个体，这些子个体使用两个父个体的子树，或者经历变
异，其中表达式会经历随机变化。这两者之间的发生率需要保持平衡，因为
过多的交叉会阻止种群发现可能比当前种群表现更好的新组合，另外，过多
的变异可能导致过程变得更类似于 Edisonian，从而对收敛速率产生负面影
响。然而，一旦确定了适当的比例，允许收敛发生，就有可能仅通过表达式
本身来确定每个特征的相对重要性。

除了这些例子，还有其他有前景的可解释人工智能方法，包括局部可解
释的模型无关解释、Shapley 可加解释、逐层相关性传播和深度 Taylor 分
解。如果有的话，领域知识还可以与机器学习的混合方法相结合，对系统引
入约束，减少过拟合的可能性，使模型更易于解释和理解。例如，结合领域
知识的正则化线性框架模型在仅使用最初几个循环的数据的情况下，展示了
预测电池寿命的显著准确性。

10.6　数据管理

在讨论机器学习在各个领域中的应用之前，一个重要的注意事项是在使
用机器学习时所使用的数据必须具有足够的质量。包含太少数据点或太多低
质量数据点的数据，这些数据点要么不可再现，要么受到显著错误的影响，
都会导致不准确的机器学习预测，最终扭曲结果的解释。确保良好质量的数
据的第一步是具有适当的数据收集程序。例如，在实验设计的情况下，实验
需要被计划和描述，以使它们是可重复的，从而其他研究人员可以重复获得
的结果。这将允许不同研究团队的结果相互比较，最小化混杂因素。另一件

可以做的事情是在变量报告方面。在机器学习领域，一种好的做法是尽可能考虑尽可能多的变量，以确保问题从尽可能多的角度得到考虑。

例如，为了准确预测电池材料的性能，应该使用大量多样且高质量的数据集来训练机器学习模型，这些数据可以从各种来源获取。一个来源是文献中可用的实验数据，可以整理并用于预测已知化合物的性质或发现新的化合物。文本和自然语言处理可以用于从文献中提取相关数据，这甚至可能揭示不同材料性质之间的"隐藏"关系。结构-性能关系数据库，如 Materials Project 和 Harvard Clean Energy Project，也包含用于机器学习驱动的材料发现的有用数据集。另外，可以有针对性地进行高通量的 DFT 计算，以在所需的化学空间内生成学习数据。尽管增加特征的数量可能会导致在使用无监督技术时出现复杂性问题，但可以在测试之前进行特征选择，以去除冗余和不重要的特征。数据越好，机器学习模型就越准确。在收集数据后，数据还需要经过预处理，这些预处理步骤确保所收集的数据是可靠和有效的。

确保数据质量的 5 个主要预处理步骤是数据清理、数据减少、数据缩放、数据转换和数据分割。首先，数据清理涉及缺失值插补和异常值的删除。对于缺失数据，有两种方法，一种是简单地删除数据点，另一种是根据其余数据推断出缺失值。虽然前者只有在带有缺失值的数据点的数量对总数据点的数量不重要时才会这样做，但后者总是可以做的。异常值是与其余数据点相比极不寻常的值，可以通过多种方法来检测和处理。数据减少旨在减少数据维度，以便更好地处理数据。主成分分析（PCA）和线性判别分析（LDA）是常用的降维技术。数据缩放将数据映射到特定范围，以确保不同特征的值具有相似的尺度。数据转换可以通过应用特定的数学函数来改变数据分布，以便更好地满足模型的假设。最后，数据分割将数据集分为训练集和测试集，以便在训练模型时使用训练数据，在测试模型性能时使用测试数据，这有助于评估模型的泛化能力。

总之，在材料领域中，机器学习的应用已经成为一个不可或缺的工具，对电池材料发现、固态离子导体设计、可解释性人工智能和数据管理等方面发挥着重要作用。这些应用不仅有助于加速新材料的研发，还为可再生能源和可持续发展的进步提供了强大的支持。

首先，机器学习在电池材料的发现和设计中扮演着关键的角色。电池技术一直是能源存储和移动设备领域的核心，但传统的研究方法通常需要大量的试验和猜测。机器学习的引入改变了这一格局。通过分析大规模的材料数据，机器学习模型能够准确预测材料的性能，如电池的储能容量、充放电效率和寿命等。这意味着研究人员可以在实验室工作之前对候选材料进行初步筛选，从而节省了时间和资源。此外，机器学习还有助于发现材料属性之间的复杂关系，提供了有关材料行为的深入理解，这有助于指导材料的优化和设计。因此，机器学习已经成为电池材料研究中的一项不可或缺的工具，推动了电池技术的进步。

其次，机器学习在固态离子导体设计中也发挥了关键作用。固态离子导体是电池和燃料电池技术的关键组成部分，但传统的导体设计通常是一项复杂的任务。机器学习可以帮助研究人员在巨大的设计空间中快速识别出最有潜力的候选导体材料。通过分析材料数据库和实验数据，机器学习模型可以识别出具有高离子导电性能的材料，从而加速新导体的开发过程。这对于改进电池和燃料电池的性能至关重要，因为导体的性能直接影响到设备的效率和寿命。

再次，可解释性人工智能也在材料领域中发挥越来越重要的作用。了解机器学习模型的决策过程对于科研人员和工程师来说至关重要，因为它们需要能够理解模型为什么提出某种材料建议或预测某种性能。可解释性人工智能技术可以揭示模型的内部工作原理，从而使研究人员更容易理解模型的预测，验证其可行性，并进行必要的改进。这有助于建立更可靠的材料研究流程，提高模型的可信度和可用性。

最后，数据管理也是材料研究中的关键挑战之一。大规模的材料数据需要有效的存储、处理和分析。机器学习可以用于数据管理，帮助科研人员更好地组织和利用材料数据。通过数据管理和分析工具，研究人员能够轻松访问和搜索材料数据库，加速研究过程，提高数据的可用性。

总结而言，机器学习在材料领域的应用已经引领了材料科学的进步。在电池材料研究、固态离子导体设计、可解释性人工智能和数据管理等领域，机器学习技术不仅提供了新材料的发现和设计的有力工具，还帮助解决了材料研究中的关键问题。这些应用有望推动可再生能源和可持续发展的进步，为构建更可持续的未来做出贡献。

在数据缺失时，可以通过单变量方法（如用中位数或平均值替换缺失值）或多变量方法（如K最近邻和基于回归模型的方法）来进行数据插补。对于异常值检测，主要有两种方法：统计方法和基于聚类的方法。统计方法通常用于数值数据，假定数据服从正态分布，而基于聚类的方法能更准确地从非均匀分布的数据中检测异常值，但缺点是速度较慢，需要更多的计算资源。

数据减少涉及特征选择和特征提取。这样做是为了防止数据具有过多的特征，从而导致模型过度拟合。特征选择的两种主要方法包括过滤方法和嵌入方法。过滤方法根据统计理论和信息理论评估每个特征，以确定特征对数据的重要性，仅在最终数据集中保留最重要的特征。至于嵌入方法，模型根据正在使用的搜索策略迭代地删除/添加特征，并在每一步中检查模型的性能是否有所改进。如果模型有所改进，则接受该步骤并继续进行，否则拒绝该步骤并评估下一个特征。至于特征提取，它根据预先存在的特征之间的线性或非线性关系将特征组合在一起，最终减少总特征数量，同时仍确保考虑到它们。

一个有前途的特征选择方法由 Liu 等人提出，他们建议使用一个多层特征选择方法，该方法包含一个基于专家知识的加权评分系统。尽管这是一个有前途的方法，因为它大大提高了特征选择过程的速度，但它在很大程度上依赖于专家的正确判断。虽然在研究的不同领域中可能有一些专家意见不同，但大多数人可能会同意较为成熟的观点。因此，如果使用已经持有相同观点的专家来进行加权评分的特征选择，有可能这些专家已经认为重要的特征会被该方法认为是重要的特征。然而，过去曾经有专家错误的情况，而且这也违背了机器学习的主要目的，即通过机器学习挖掘我们可能忽略的特征，并建立我们可能基于现有对话题的先入之见而从未建立的联系。因此，通过加权评分的特征选择，我们可能会将自己的偏见输入机器学习模型中，最终可能导致不准确的结果。

然而，尽管存在这种情况，计算速度的提升是不容忽视的。因此，如果时间有限，这种方法将是理想的，因为它可以快速提供一个大致正确的特征集，但如果有更多时间，最好进行没有专家加权评分的特征选择。改进的一种可能方法是在最后添加一个"修正"步骤，其中所有被排除的特征都有第二次机会被包括在最终的特征集中。如果重新包括的任何特征导致模型准确性的提高，它将被保留，而不是被排除。这个额外的步骤可以防止被专家错误加权的重要特征被排除。由于这个步骤也不需要太多的计算资源，因此应该能够在不会显著增加计算时间的情况下添加进去。

数据缩放是指将每列的数据转换为类似范围，以防止固有偏差。数据缩放可以通过最小-最大归一化（将所有值缩放到指定范围内）或 z-score 标准化来实现，后者考虑了列的均值和标准差。

数据转换涉及数值数据和分类数据之间的转换，这取决于所使用的算法。这是为了确保数据与正在使用的算法兼容，因为一些算法只能接受数值输入，而其他算法只能接受分类输入。

数据分区是指将数据分割成不同的组，以便更深入地进行数据分析。此步骤基于特定于情况的特征对数据进行了分段，从而更准确地了解特定情况。

然而，尽管采取了良好的数据管理程序，数据稀缺仍然是一个问题，可能出现在 3 个典型问题中。其一，在探索新应用时，数据稀缺是不可避免的。当使用神经网络（如深度神经网络）时，由于这些网络需要更大的训练数据以获得准确性，这会加剧数据稀缺的问题。其二，负数据（如合成实验失败）通常不会被报告，尽管在机器学习中，这些与正数据一样重要。负数据的稀缺影响训练质量，特别是对于分类模型。为了强调负数据的重要性，研究人员使用了一个 SVM，该 SVM 使用历史数据，包括成功和失败的合成实验。有趣的是，他们能够以 89％ 的成功率预测晶体合成的条件，而纯粹依靠人类直觉的成功率仅为 78％。其三，对于基于多应用的材料设计，由于目标数量较多，所需数据量比通常可用的要大。

为了解决数据稀缺问题，可以使用数据增强技术，这是一种通过合成额外的数据来扩充现有数据集的方法。数据增强可以通过对数据进行旋转、缩放、平移、加噪声等操作来实现，从而生成类似但不同的数据点。这可以有效地增加训练数据的数量，从而提高模型的准确性。

总之，数据管理在机器学习中至关重要，它确保了模型的训练数据的质量和可靠性，从而产生准确的预测和解释。然而，数据的质量、多样性和数量仍然是机器学习的挑战之一，需要通过合适的数据收集、预处理和增强方法来克服。

数据稀缺需要强大的神经网络来最大化从现有数据中学习，以及改进的数据增强方法。最近在元学习领域取得了一些进展。此外，虽然主动学习策略需要一定程度的人工干预，但它可能是减少所需训练数据量的一种方法。迁移学习也是克服数据稀缺的另一种有希望的方法，通过将在相关属性数据集上训练的机器学习模型应用于当前问题。

越来越多的人呼吁更加开放和有效的数据共享，遵循"FAIR"数据原则。这意味着数据应该是"可找到的"并且对感兴趣的各方"易于访问"。

数据还必须根据已有的标准进行表示，使其"可互操作"，从而在原始研究意图之外为其他目的"可重用"。预计广泛采用这些"FAIR"原则可以极大地推动以机器学习为驱动的材料发现研究。

10.7　机器学习势函数

在这一部分，我们想讨论机器学习势函数及其在材料设计中的应用。这个新兴领域的机器学习势函数承诺能够在不带来通常伴随此类计算的大量计算成本的情况下，达到量子力学计算的准确性。通过利用神经网络和核方法等机器学习模型，可以构建从从头计算数据中训练出的机器学习势函数，用于预测原子分辨系统中的能量和力。此外，由于机器学习不区分键合和非键合相互作用，它还可以模拟化学反应。

例如，Bereau 等将物理势函数与机器学习模型——核岭回归相结合，用于预测环境相关的局部原子性质，如静电多极系数、价态原子密度的分布和衰减率，以及 H、C、N 和 O 原子的极化率等。这些预测使得可以准确计算分子间的电静力、电荷穿透、排斥、感应/极化和多体色散等贡献。独特的是，该模型还能够处理新分子的新构象，而无需进行任何额外的参数化。他们通过将模型的能量计算能力与 DNA 碱基和氨基酸对的二聚体、含有多达 10 个分子的水团簇等一系列分子间的能量进行比较测试，得出的结果在二聚体测试中的 MAE 为 1.4 kcal/mol，在水团簇测试中为 8.1 kcal/mol。

另一个例子是 Hajibabaei 等使用稀疏高斯过程回归算法来应用机器学习势函数，以筛选约 300 种不同的三元晶体，以确定其中哪些具有成为可行固体电解质的潜力。他们根据材料的锂离子导电率将 300 个候选晶体缩小到了 22 个，这是固体电解质所必需的一个重要特性。这 22 个候选晶体包括 14 种硫化物、5 种卤化物、2 种氧化物和 1 种硒化物，其中许多由该程序筛选出来的三元晶体，如 Li_3PS_4、Li_7PS_6 和 $Li_7P_3S_{11}$，已经被充分记录，并且已报告具有出色的离子导电性，从而展示了这种方法的可行性。

10.8　机器学习集成的机器人平台

预计随着机器学习、机器人技术和智能自动化的兴起，将会迎来自主电池材料发现的新时代，即"自动驾驶"实验室。实现这一愿景的关键是开发用于自动化高通量材料合成和表征的机器人平台。随着组合合成技术的进步，各种相位、组成和掺杂的电池材料可以得到制备和优化。这得益于使用各种高通量合成技术的机器人平台，如薄膜溅射、喷射分离和脉冲激光沉积。电池材料的表征也可以以高通量的方式进行，如通过将 X 射线衍射和 XAS 与自动旋转样品转换器相结合来进行。电极和电池的制造也可以设计成完全自动化和集成的过程，利用新兴的机器人技术，如切割和放置模块、连续 Z 折叠和堆叠绕绕过程。重要的是，这些机器人平台可以与机器学习集成，实现自动化的合成和表征规划，以及持续优化用于材料发现和开发的过程。

然而，开发机器人平台可能会面临挑战，如不同材料通常需要不同的加工条件才能获得最佳性能。如果实验条件不理想，导致缺陷密度较高，即使是优化的组成也可能表现出糟糕的性能，从而可能导致机器学习模型在后续迭代中进行错误的预测。此外，用机器学习识别的材料可能是亚稳态的，这可能难以通过高通量或简单的组合合成方法构建，从而需要进一步的研究。根据合成程序，名义上相同的样品也可能具有非常不同的纳米结构、形态和相位，这些因素可以决定材料的性质。因此，这可能需要开发全面的高通量表征系统，以揭示尽可能多的材料描述符，用于训练机器学习模型。

如果考虑科学家如何进行材料设计，起点可能是彻底的文献综述，然后根据化学直觉确定一个有希望的路径。通过多次循环合成、测量、调整，直到合成出所需的目标材料（正确的相）。基于此，可以考虑设计一个机器人科学家来实现相同的目标，借助于机器学习。首先，机器人科学家可以通过文本挖掘执行文献搜索，并获取已报告了类似性质的分子的详细数据库。

基于这一点，它可以选择适当的机器学习算法进行训练，从而可以为初始实验提供有希望的路径。从这些路径中，材料合成和测试将在完全自动化的实验室中进行，结果将反馈给逆向设计模型，然后建议下一轮合成实验。机器人科学家可能会遇到意外情况，因此在初始阶段可能需要偶尔的人工干预。一旦合成目标材料，机器人科学家就可以报告最佳的合成路线，并解释为什么这些路线更好。随着时间的推移，机器人科学家会变得更有经验，就像人类科学家一样。我们预计，由于能够并行执行大量实验并在实验过程中进行设计优化，完全自动的机器人科学家将极大地加速科学发现的速度。

总之，在电池材料发现领域，一个关键的框架是通过机器学习引导的大化学空间探索。为实现这一目标，需要一系列关键要素，包括独特且可逆的表示方式的设计、高效地编码材料信息、增强模型的可解释性、开发适用于有限数据的方法，以及设计自动化的高通量实验平台。

第一，关于独特且可逆的表示方式的设计，这涉及如何将材料的结构和属性以一种计算机可理解的方式表达出来。这可以包括将晶体结构、材料成分、电子结构等信息转化为数字或向量形式，以便机器学习模型能够对其进行处理。这个表示方式的选择和设计对于模型的性能至关重要，因为它决定了模型对材料特性的理解深度。

第二，高效地编码材料信息是一个关键问题。这包括数据的采集、清理和整理，以确保模型可以准确地理解材料的属性和特性。这可能涉及从实验室中获取大量的数据，包括材料的结构、性能和制备条件等。数据的高质量和准确性对于机器学习模型的训练和预测至关重要。

第三，增强模型的可解释性是电池材料发现中的一个重要目标。虽然深度学习等复杂模型在预测性能方面可能非常强大，但理解这些模型的决策过程通常是困难的。因此，研究人员需要开发方法来解释模型的预测，以便他们可以理解为什么某种材料被推荐或排除，这对材料科学的可控性和可重复性非常重要。

第四，开发适用于有限数据的方法是挑战之一。在实践中，获取大规模的材料数据可能是昂贵和耗时的，因此需要开发适合有限数据的机器学习方法。这可能包括使用迁移学习、元学习或基于概率的方法来充分利用有限的数据集，以提高模型的性能和泛化能力。

第五，设计自动化的高通量实验平台是电池材料发现中的一项创新工作。这种平台可以自动执行大量的实验，以收集材料性能数据，并将这些数据用于训练和验证机器学习模型。这样的高通量实验平台可以显著加速材料研究过程，同时降低实验成本。

综合而言，电池材料发现是一个复杂且多层次的问题，机器学习为其提供了强大的工具和方法。通过独特的表示方式、高效的数据编码、可解释的模型、适用于有限数据的方法和自动化的高通量实验平台，研究人员可以更好地探索材料的大化学空间，从而加速新电池材料的发现，为可再生能源和可持续发展做出更大的贡献。

10.9　智能电网管理中的机器学习

在接下来的几节中，我们将讨论机器学习算法在智能电网管理中的应用。随着碳中和成为监控电网的关键标准，可持续能源资源正在迅速引入电力系统。然而，间歇性可再生能源的波动对稳定性产生不利影响，并使能源系统对天气/气候变化变得敏感。为解决这一问题，诸如电网规模的电池系统等能量存储技术已得到显著应用，因为它们使负荷能够随时间适应供求，以平稳输出功率波动。当前的能源系统还被设计用于预测可再生能源发电量，以进行能源管理和分配。正如前面提到的，大量的研究已经证明，与传统的基于模型的方法相比，机器学习方法在能源系统功率/波动预测方面更准确且可扩展。

从供应管理方面来看，机器学习算法已成功地应用于可再生能源预测。例如，传统的机器学习技术可以预测每小时的太阳辐照度，并以 95％的准确率估计能源产生。研究还采用了深度学习算法（如长短时记忆和 AutoEncoder）来预测 21 个太阳能发电厂的能量输出，平均预测误差小于 10％。更近期的研究集中于采用基于机器学习的算法来优化智能电网的自动发电控制。例如，放松深度学习已被应用于实时经济发电分配和控制框架，以降低相对于传统的发电控制框架的运营成本。还使用了一种基于强化学习的新算法，称为相关 Q（λ）学习，用于自动发电控制，相对于其他传统算法显示出更强的性能。

在管理的需求方面，根据其紧迫性，能源负载可以分为刚性负载和可中断负载。刚性负载是需要满足的负载（如照明），而可中断负载（如吸尘器）具有灵活性，可以组合、分割、转移或重新安排，以实现平滑的需求曲线并减少峰值能量需求。在这方面，已经提出了几种方法，通过使用机器学习技术精确预测需求负荷。例如，已经使用 DNN 预测建筑能量负载，将预测误差降低到 10％。此外，已经预测了个体消费者的电力消耗负载，平均误差为 3.2％。深度置信网络还能够对建筑能量消耗进行建模，并使用迁移学习进行跨建筑能量预测，其准确性提高了约 90％。准确的需求/负荷预测使得能源系统中更复杂的决策操作成为可能。例如，微电网系统可以利用强化学习进行需求调度，同时考虑智能电网的动态定价，相对于传统的 Q-learning算法，可以将系统成本降低 25％。由于住宅建筑在电网中扮演关键角色，去中心化的需求响应已被用于智能电网中，以最大程度地利用可再生风能。多主体负荷预测还可以通过使用强化学习来帮助需求调度，以控制设备的电力需求。

10.10　数据稀缺和风险厌恶心态

在机器学习的应用中，数据的稀缺性和人们对风险的厌恶心态构成了双重挑战。数据是机器学习的核心，它们用于训练模型，使其能够做出准确的预测和决策。然而，现实世界中并不是所有问题都能够获得充足的数据支持。数据的稀缺性可能导致模型的训练不充分，降低了其性能和泛化能力。

此外，人们对风险的厌恶心态也对机器学习的应用带来了限制。在许多情况下，机器学习模型可能会作出错误的决策，而这些错误可能会带来不良后果。由于人们对风险和不确定性的忍耐度较低，他们可能会对依赖机器学习的系统持怀疑态度，或者担心其错误决策的潜在影响。

因此，面对数据稀缺性和风险厌恶心态，研究人员和开发者需要采取一系列策略来解决这些问题。在数据稀缺的情况下，迁移学习、生成对抗网络等技术可以帮助模型从相关领域的数据中获得知识，从而提升其性能。此外，主动学习方法可以帮助模型在有限数据下进行高效的学习，从而更好地适应数据稀缺的情况。

对于风险厌恶心态，透明性和可解释性是关键。解释模型的决策过程，展示其背后的逻辑，可以增强用户的信任。此外，模型的鲁棒性和不确定性估计也至关重要。在模型出现错误时，能够快速识别并纠正错误，减轻用户的担忧。

当前的研究认识到人工智能在可持续能源经济的广泛应用中所起的关键作用（例如，为风电场选址进行快速风速预测，准确的可再生能源可用性预测及住宅负荷预测），然而，在实际场景中部署人工智能仍然是最困难的挑战之一。数据和模型是现有人工智能算法的两个关键组成部分。数据驱动的方法可以从训练数据集中提取复杂的非线性模式，并将原始数据转化为统计模型，然后应用于各种应用，如预测、分类或优化。然而，在物理系统的实际应用中，人工智能的部署面临两个主要固有挑战，即数据稀缺和风险厌恶心态。

为了确保模型质量，人工智能算法需要大量的训练数据，以便精确地更新大量参数。然而，在物理可持续能源系统中，数据采集仍然困难。在某些情况下，由于昂贵的测量仪器成本（例如，用于太阳辐射的日照计）和专业人力的需求，系统监控和数据采集受到阻碍，研究人员不得不根据天气或物理数据估算能量产生量。如果只有数量而没有数据的多样性，模型也会变得不稳定。因此，经常需要多年的数据收集来考虑太阳能和风能的间歇性。此外，在某些情况下（如紧急故障、异常情况），收集数据可能非常困难，常常导致系统停机或设备损坏，这些都是昂贵且危险的。所有这些数据采集挑战对于在实际场景中部署人工智能产生了不利影响。

10.11　智能电网优化的数字孪生

机器学习算法可以根据其实际功能分为 3 类：①描述性人工智能旨在从操作数据中提取基本特征，以识别系统动态，这对于物理系统建模可能是有利的；②规范性人工智能提供优化的操作策略，以根据监测的系统状态提高系统效率；③预测性人工智能试图找出系统状态变化的原因，并模拟系统行为，以根据假设输入预测未来状态。与基于监督、无监督和强化学习的传统人工智能分类相比，上述分类提供了更实际的视角。在智能电网管理中，这 3 种人工智能能力可以被利用来提取电力系统的基本特征，创建模拟系统动态的数字孪生，制定优化的控制策略以提高系统效率，并预测能源的产生和消耗以实现供求平衡。

在可持续能源系统中，决策是具有风险的，同时也是一个关键问题。人工智能算法的工作基于这样的假设，即能源系统中的所有不确定性都已经被考虑进去。然而，由于历史数据的限制和对安全合规性的需求，能源系统的运营仍然严重依赖于拥有领域知识和经验的人类专家的决策。这导致了行业中的一种风险厌恶心态，进一步阻碍了行业对人工智能技术的部署。根据针对能源密集型数据中心行业的一份报告，运营商的风险厌恶心态要求在改善数据中心运营的能源效率之前，需要具备高度可靠的运行环境和充足的冗余。上述挑战需要在可持续能源经济中引入新的方法，以将人工智能解决方案融入其中。

上述 3 种类型的人工智能算法可以集成到一个以产业级数字孪生为中心的统一框架中，以在可持续能源经济中实现先进应用，最终克服上述难以解决的挑战。图 10-1 描述了提出的框架，包括以下 3 个模块。

①物理系统——代表 AI 算法所针对的实际环境（如智能电网）。物理系统通常是一组状态的集合，这些状态会根据某些变量（如温度、湿度、辐照度）和物理法则而变化。

②数字孪生——表示物理系统的虚拟表示。数字孪生可以分为基于物理规则的孪生和基于数据驱动的孪生。具体而言，基于物理规则的孪生是使用基本设计数据和物理法则构建的，而基于数据驱动的孪生则是使用从物理系统获得的历史数据进行训练的。

③AIOps 引擎——代表优化、诊断或控制物理系统的人工智能代理。此引擎可以使用来自物理系统或数字孪生的数据进行训练。为了消除在物理系统上实施人工智能的风险，初步的 AIOps 引擎训练在数字孪生上实施，以减少其在决策中的不确定性。

所提出的框架从物理系统收集各种原始数据（如设计、配置、操作数据）。描述性人工智能用于提高数据质量并提取关键特征，然后将这些特征转化为数字孪生可接受的形式，以构建数字孪生模型。随后，AIOps 与数字孪生交互，生成高度多样性的大量训练数据，用于规范人工智能的训练，以便可以学习系统行为并进行优化。除了训练外，数字孪生还可以用于预先验证 AIOps 的推荐操作，这在缓解部署基于人工智能的方法中普遍存在的风险厌恶心态方面大有助益。为了进一步改善决策过程，可以使用预测性人工智能技术预测未来的系统状态（如寿命、发电量、工作负载），并根据预测结果为物理系统制定适当的操作，以提高系统效率。这样的框架潜在地可以通过数据增强和风险感知部署的组合，应对阻碍实际场景中部署人工智能技术的数据稀缺和风险厌恶心态挑战。数字孪生提供了具有高准确性和多样性的充足数据，以增强人工智能算法的性能。例如，数字孪生的合成数据已被发现可以将风力发电机的预测和健康管理的准确性提高 30%，相比只使用风力涡轮机的物理数据的方法，这证明了数字孪生在数据增强方面的有效

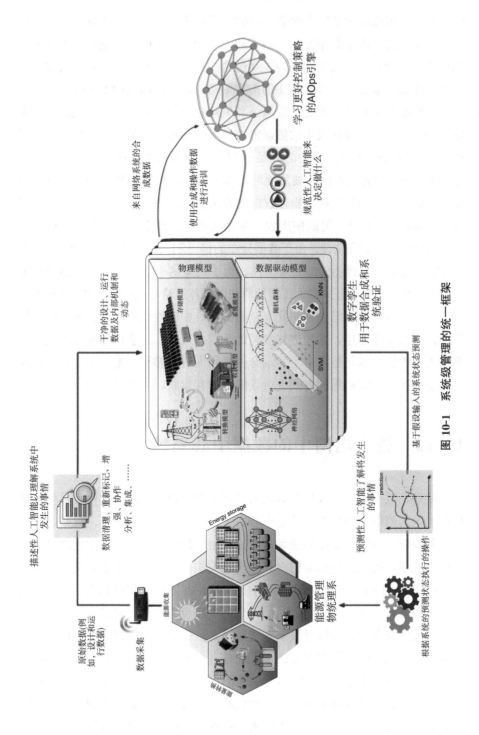

图 10-1　系统级管理的统一框架

性。此外，可以使用数字孪生而不是物理系统来训练人工智能算法，以确保训练的安全性。由于数据分布的偏差和人工智能算法的不确定性，不能完全保证人工智能的部署安全性。为了规避这一点，可以使用高保真度的数字孪生来预先验证来自人工智能算法的推荐策略，以验证部署的安全性。

这样的框架有可能通过数据增强和风险感知部署的组合，解决阻碍在实际场景中部署人工智能技术的数据稀缺和风险厌恶心态的挑战。数字孪生提供了具有高准确性和多样性的充足数据，以增强人工智能算法的性能。例如，数字孪生的合成数据已被发现可以将风力涡轮机的预测和健康管理的准确性提高 30%，相比只使用物理数据的方法，这证明了数字孪生在数据增强方面的有效性。此外，可以使用数字孪生而不是物理系统来训练人工智能算法，以确保训练的安全性。由于数据分布的偏差和人工智能算法的不确定性，不能完全保证人工智能的部署安全性。为了规避这一点，可以使用高保真度的数字孪生来预先验证来自人工智能算法的推荐策略，以验证部署的安全性。

例如，数字孪生已被证明在安全关键系统中的性能退化和控制策略的早期验证方面非常有用，如先进驾驶辅助系统、飞机、制造业和能源系统。预测性人工智能技术与数字孪生的结合使操作人员能够预测系统中的异常情况和紧急情况，采取积极的方式进行系统维护和诊断，同时节省运营费用。

10.12　智能电网中的数据中心系统

此外，数据中心可以作为潜在的"可中断"负载，以稳定由可再生能源供电的电力网络。传统上，数据中心由 IT 子系统（如服务器、机架、交换机）和设施子系统（如冷却装置）组成。由于数据中心在运营中的高用电量和碳排放量，近年来能源部门对其越来越关注。根据一份报告，美国的数据中心在 2014 年消耗了 700 亿千瓦时的电力，占该国总用电量的 1.8%，预计这一数字将迅速上升。因此，优化数据中心至关重要且紧迫。

相关研究者已经尝试过很多方法来提高数据中心的能源效率。例如，一些研究使用孤立的机器学习方法来优化作业分配（针对 IT 子系统）和制冷控制（针对设施子系统）。然而，这些现有的方法都不令人满意，因为几乎所有这些方法由于在部署基于人工智能的方法时面临"数据稀缺"和"风险厌恶心态"等挑战，几乎没有被应用于物理系统中。只有像谷歌这样拥有自己数据中心并接受一定风险水平的巨型企业，才能成功地将基于学习的技术部署到物理系统上。研究人员还进一步研究了联合 IT‐设施优化，以提高数据中心的能源效率。尽管如此，他们都假设目标系统的静态或动态模型，这些模型通常不足以捕捉内部动态。因此，这些技术还未能成功应用于物理系统中。

实际上，能源产出的波动为系统运营和维护提供了机会。例如，电网波动可以用于吸收不同类型的负载，如刚性或可中断负载。数据中心可以作为"可中断"负载用于需求响应，为数据中心运营商提供经济激励，同时为电力网运营商提供电网稳定的手段。

以前，引入了大规模电池阵列来减轻可再生能源波动，以提高能源系统的稳定性。然而，这种方法将显著增加系统的建设成本。随着电池的充电和放电速率增加，其价格也会增加。因此，运营商必须投入大量人力和物质资源来管理电池的运营。电池的更换还会产生废物并污染环境。

数据中心用电高度动态，有可能作为可中断负载，将自身作为大型电网电源的调节器。最近的调查显示，数据中心的负载在 5 分钟内可以减少5%，在 15 分钟内可以减少 10%。因此，数据中心提供了一个极具潜力的灵活负载，可以取代电池储存以提高电力网稳定性。根据储存特性，可以计算数据中心需求响应的"等效"储存容量的价值。使用电池系统或可中断负载进行需求响应的容量等效称为供需平衡，这是一种创新的方法。设想中的范例（图 10-2）涉及两个利益相关者：数据中心运营商和电力网运营商。数据中心运营商可以使用基于学习的方法来测量和管理其用电量，以匹配电力网运营商产生的可变产出。这种新的运营模式有可能将数据中心运营从成本中心转变为收入生成器，这将深刻地改变数据中心行业。

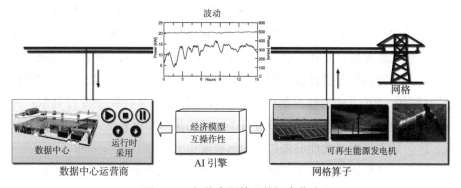

图 10-2　智能电网管理的概念范式

10.13　总结与展望

尽管机器学习在加速电池材料研究和智能电网管理系统方面展现出巨大的潜力，但不可否认的是，机器学习作为一种方法仍然相对较新，至少在科学研究的时间范围内是如此。因此，在合理高效地将机器学习应用于材料领域时，仍存在 3 个主要矛盾。分别是学习结果与领域知识之间的矛盾，模型复杂性与易用性之间的矛盾，以及高维度与小样本数据之间的矛盾。

首先，学习结果与领域知识之间的矛盾。由于机器学习的主要目的是寻找我们最初可能忽视的东西，所以很多现有的机器学习模型并不考虑已知的知识。尽管在过去这种方法效果不错，但随着考虑主题的复杂性增加及分析的数据复杂性增加，多年来所需的计算能力呈指数增长。此外，由于数据不完整，也可能导致不准确的结果。我们认为解决这个问题的一种方式是使用可解释的人工智能，这在前文中已经提到。可解释的人工智能有助于理解机器学习算法如何做出决策，因此专家可以将自己的理解与算法的决策进行比较，以检查我们这段时间以来是否误解了某些东西，或者是否只是由于不完美的数据或不完美的算法设计而产生的不正确的输出。

其次，模型复杂性与易用性之间的矛盾。由于世界上存在许多不同的实验设置，具有不同特征、不同结果和不同关系，通常情况下，从数据集到数据集，必须使用不同的模型，并且必须为每个数据集优化和微调模型的超参数。然而，由于一些数据集具有线性相关特征，而其他数据集具有非线性相关特征，更复杂的是，一些数据集既具有线性相关特征又具有非线性相关特征，因此必须创建更多复杂的机器学习算法来处理问题的复杂性增加。然而，这导致一些机器学习算法变成了"黑匣子"，其中决策过程甚至连设计者自己也无法理解。此外，这是可解释的人工智能主要设计解决的问题。可解释的人工智能旨在通过帮助用户理解模型如何做出决策来减少这些"黑匣子"。例如，RF 方法为数据集中的每个特征分配一个特征重要性分数，并允许用户轻松查看机器学习模型对每个特征的排名和重要性。这将增加易用性，因为随着模型复杂性的增加，理解程度也会增加。

最后，高维度与小样本数据之间的矛盾。在机器学习中，这确实是一个重大问题，因为一般认为特征数量越多，我们可以涵盖的领域越广。然而，特征过多本身也可能是有害的，因为它可能导致机器学习模型的复杂性增加，从而导致过度拟合的模型。因此，解决此问题的标准方法有降维（通过仅选择最佳特征来减少总特征数）、样本增强（通过论文或在线数据发布获得更多数据点，或通过生成模型生成的数据）、主动学习（只使用对模型训练最具信息的样本），以及集成学习（类似于随机树方法，将多个学习模型组合在一起，其中每个学习模型的个别错误都由其他学习模型进行覆盖，由于所有模型共享相同错误的可能性很低）。在本书中，我们使用了样本增强来解决这个问题，我们不仅依赖于我们自己生成的数据，还依赖于在线发布的数据。然而，我们只关注实验数据，因此不使用生成模型来获取额外的数据。相反，我们支持更开放和有效的数据共享，遵循"FAIR"数据原则。这要求数据"可查找"，对所有感兴趣的方进行"可访问"，并以建立的标准表示数据，使使用数据的任何人，甚至在数据的初始意图之外时也能"互操作"和"可重用"。

机器学习算法为加速电池材料研究的速度提供了一个前景广阔的途径，并为迫切的气候问题提供了急需的解决方案。这需要开发高度可传递的框架，以使其能够解决多种问题。最好的情况是，这些框架还应设计成对领域专业知识的依赖性较小，从而能够为更多的研究人员提供可访问性。机器学习在电池研究中的应用仍在迅速发展中，充满机会。我们预计，在可解释的人工智能和迁移学习的帮助下，这些应用的概念可以在未来扩展到许多其他重要的技术中，以实现完全自主的材料开发。

另外，谈到智能电网管理，机器学习具有彻底改变电网运营方式的潜力，但前提是要克服数据稀缺和风险厌恶心态等现有挑战。作为主要用电者的数据中心在智能电网管理中可以发挥关键的调节作用，这是一个不容忽视的方面。我们期望提出的将机器学习方法与数字孪生技术相融合的统一框架能够激发并促进在实际场景中广泛采用人工智能算法的应用。特别是，关于使用机器学习来对智能电网进行系统级优化的见解，也可以应用于其他系统，创造了引人瞩目的前景。

在智能电网管理中，机器学习可以用于预测能源需求、优化电力分配、监控电网健康状况、识别潜在故障和改进电网的可靠性。这些应用有望提高电网的效率、减少能源浪费和降低运营成本。此外，通过利用大数据和智能算法，电力公司可以更好地适应可再生能源的不稳定性，实现电能的可持续生产和供应。这对于解决气候变化问题至关重要，因为智能电网可以促进清洁能源的更广泛采用，减少对化石燃料的依赖。

总之，机器学习的应用在电池材料研究和智能电网管理方面都有着重要的潜力，这些应用不仅可以加速科学研究和提高电力系统的效率，还可以为解决气候问题提供关键的支持。未来，随着技术的不断进步和创新，我们可以期待这些领域的发展取得更大的突破，实现更可持续的能源生产和使用。

参考文献

［1］ZHANG W,WEN Y,WONG Y W,et al. Towards joint optimization over ICT and cooling systems in data centre:A survey[J]. IEEE Communications Surveys & Tutorials,2016,18(3):1596-1616.

［2］MENG J,LLAMOSÍ E,KAPLAN F,et al. Communication and cooling aware job allocation in data centers for communication-intensive workloads[J]. Journal of Parallel and Distributed Computing, 2016, 96: 181-193.

［3］POLVERINI M,CIANFRANI A,REN S,et al. Thermal-aware scheduling of batch jobs in geographically distributed data centers[J]. IEEE Transactions on Cloud Computing,2013,2(1):71-84.

［4］BEGHI A,CECCHINATO L,DALLA M G,et al. Modelling and control of a free cooling system for data centers[J]. Energy Procedia, 2017,140:447-457.

［5］WAN J,GUI X,ZHANG R,et al. Joint cooling and server control in data centers:A cross-layer framework for holistic energy minimization [J]. IEEE Systems Journal,2017,12(3):2461-2472.

［6］Cadence reality data center solutions for optimized design and operations[EB/OL]. [2023-07-20]. https://www. futurefacilities. com.

［7］MNIH V,KAVUKCUOGLU K,SILVER D,et al. Human-level control through deep reinforcement learning[J]. Nature, 2015, 518 (7540): 529-533.

［8］TANG Q,GUPTA S K S,VARSAMOPOULOS G. Energy-efficient thermal-aware task scheduling for homogeneous high-performance computing data centers:A cyber-physical approach[J]. IEEE Transactions on Parallel and Distributed Systems,2008,19(11):1458-1472.

［9］CHAVAN A,ALGHAMDI M I,JIANG X,et al. TIGER:Thermal-aware file assignment in storage clusters[J]. IEEE Transactions on Parallel and Distributed Systems,2015,27(2):558-573.

[10] SANSOTTERA A,CREMONESI P. Cooling-aware workload placement with performance constraints[J]. Performance Evaluation,2011, 68(11):1232-1246.

[11] WANG L,KHAN S U,DAYAL J. Thermal aware workload placement with task-temperature profiles in a data center[J]. The Journal of Supercomputing,2012,61:780-803.

[12] WANG Z,BASH C,TOLIA N,et al. Optimal fan speed control for thermal management of servers[C]//International Electronic Packaging Technical Conference and Exhibition,2009,43604:709-719.

[13] ZHOU R,WANG Z,BASH C E,et al. A holistic and optimal approach for data center cooling management[C]//Proceedings of the 2011 American Control Conference,IEEE,2011:1346-1351.

[14] PAKBAZNIA E,PEDRAM M. Minimizing data center cooling and server power costs[C]//Proceedings of the 2009 ACM/IEEE International Symposium on Low Power Electronics and Design,2009:145-150.

[15] PAROLINI L,SINOPOLI B,KROGH B H,et al. A cyber-physical systems approach to data center modeling and control for energy efficiency [J]. Proceedings of the IEEE,2011,100(1):254-268.

[16] SUN H,STOLF P,PIERSON J M. Spatio-temporal thermal-aware scheduling for homogeneous high-performance computing datacenters [J]. Future Generation Computer Systems,2017,71:157-170.

[17] XIA L,JIA Q S,CAO X R. A tutorial on event-based optimization:A new optimization framework[J]. Discrete Event Dynamic Systems, 2014,24(2):103-132.

[18] WU Z,JIA Q S,GUAN X. Optimal control of multiroom HVAC system:An event-based approach[J]. IEEE Transactions on Control Systems Technology,2015,24(2):662-669.

[19] JIA Q S,WU J,WU Z,et al. Event-based HVAC control—A complexity-based approach[J]. IEEE Transactions on Automation Science and Engineering,2018,15(4):1909-1919.

[20] BAUMANN D,ZHU J J,MARTIUS G,et al. Deep reinforcement

learning for event-triggered control[C]//2018 IEEE Conference on Decision and Control(CDC). IEEE,2018:943-950.

[21] O'SHAUGHNESSY E,LIU C,HEETER J. Status and trends in the U. S. voluntary green power market (2015 data) [EB/OL]. [2018-05-20]. https://www. nrel. gov/docs/fy17osti/67147. pdf.

[22] CUSHMAN,WAKEFIELD. Singapore tops 2022 Asia Pacific data centre market ranking, places second globally[EB/OL]. [2022-01-25]. https://www. cushmanwakefield. com/en/singapore/news/2022/01/singapore-tops-2022-asia-pacific-data-centre-market-ranking-places-second-globally,2022.

[23] SHEHABI A,SMITH S,SARTOR D,et al. United states data center energy usage report[EB/OL]. [2018-05-20]. http://large. stanford. edu/courses/2016/ph240/brackbill2/docs/lbnl-1005775_v2. pdf.

[24] SULLIVAN A. ENERGY STAR™ for data centers[EB/OL]. [2018-08-24]. https://bit. ly/2LdVUoC.

[25] YI D,ZHOU X,WEN Y,et al. Toward efficient compute-intensive job allocation for green data centers: A deep reinforcement learning approach[C]//2019 IEEE 39th International Conference on Distributed Computing Systems(ICDCS). IEEE,2019:634-644.

[26] GREENBERG S,MILLS E,TSCHUDI B,et al. Best practices for data centers:Lessons learned from benchmarking 22 data centers[C]//Proceedings of the ACEEE Summer Study on Energy Efficiency in Buildings in Asilomar,CA. ACEEE,August,2006,3:76-87.

[27] EL-SAYED N,STEFANOVICI I A,AMVROSIADIS G,et al. Temperature management in data centers:Why some(might)like it hot[C]//Proceedings of the 12th ACM SIGMETRICS/PERFORMANCE Joint International Conference on Measurement and Modeling of Computer Systems,2012:163-174.

[28] DABBAGH M, HAMDAOUI B, GUIZANI M,et al. Efficient datacenter resource utilization through cloud resource overcommitment [C]//2015 IEEE Conference on Computer Communications Workshops (INFOCOM WKSHPS),IEEE,2015:330-335.

[29] SUTTON R S,BARTO A G. Reinforcement learning:An introduction

[M]. MIT press,2018.

[30] PENG Z,CUI D,ZUO J,et al. Random task scheduling scheme based on reinforcement learning in cloud computing[J]. Cluster Computing, 2015,18:1595-1607.

[31] TRAN T T,PADMANABHAN M,ZHANG P Y,et al. Multi-stage resource-aware scheduling for data centers with heterogeneous servers [J]. Journal of Scheduling,2018,21:251-267.

[32] CONVOLBO M W,CHOU J,HSU C H,et al. GEODIS:towards the optimization of data locality-aware job scheduling in geo-distributed data centers[J]. Computing,2018,100:21-46.

[33] GU C,LIU C,ZHANG J,et al. Green scheduling for cloud data centers using renewable resources[C]//2015 IEEE Conference on Computer Communications Workshops (INFOCOM WKSHPS), IEEE, 2015: 354-359.

[34] CUPERTINO L,DA COSTA G,OLEKSIAK A,et al. Energy-efficient, thermal-aware modeling and simulation of data centers:The CoolEmAll approach and evaluation results[J]. Ad Hoc Networks, 2015, 25: 535-553.

[35] LIU N,LI Z,XU J,et al. A hierarchical framework of cloud resource allocation and power management using deep reinforcement learning [C]//2017 IEEE 37th international conference on distributed computing systems(ICDCS),IEEE,2017:372-382.

[36] MAO H,ALIZADEH M,MENACHE I,et al. Resource management with deep reinforcement learning[C]//Proceedings of the 15th ACM Workshop on Hot Topics in Networks,2016:50-56.

[37] DE PRATO G,SIMON J P. Singapore,an Industrial Cluster and a Global IT Hub[J]. Communications & Strategies,2013(89):125.

[38] Partnerships will enhance industry collaboration to develop green technology for data centres,accelerate the growth of local small-and-medium sized enterprises,joint exploration of global market opportunities, and local capability building[EB/OL]. [2018-05-20]. https://www. imda. gov. sg/resources/press-releases factsheets-and-speeches/archived/imda/press-releases/2017/huawei-reinforces-commitment-to-

singapores-digital-economy-through-strategic-partnerships-with-imda.

[39] IDA, NSCC, NRF. Green data centre technology roadmap [EB/OL]. [2018-05-20]. https://www. nccs. gov. sg/files/docs/default-source/ default-document-library/green-data-centre-technology-roadmap. pdf.

[40] LI Y, WEN Y, TAO D, et al. Transforming cooling optimization for green data center via deep reinforcement learning[J]. IEEE Transactions on Cybernetics, 2019, 50(5):2002-2013.

[41] WEIGOLD M, RANZAU H, SCHAUMANN S, et al. Method for the application of deep reinforcement learning for optimised control of industrial energy supply systems by the example of a central cooling system[J]. CIRP Annals, 2021, 70(1):17-20.

[42] VAN DAMME T, DE PERSIS C, TESI P. Optimized thermal-aware job scheduling and control of data centers[J]. IEEE Transactions on Control Systems Technology, 2018, 27(2):760-771.

[43] TANG X, LIAO X, ZHENG J, et al. Energy efficient job scheduling with workload prediction on cloud data center[J]. Cluster Computing, 2018, 21:1581-1593.

[44] WU W, HU Z, WANG S, et al. Data center job scheduling algorithm based on temperature prediction[C]//Smart City and Informatization: 7th International Conference, iSCI 2019, Guangzhou, China, November 12-15, 2019, Proceedings 7. Springer Singapore, 2019:86-104.

[45] SOBHANAYAK S, TURUK A K. Energy-efficient task scheduling in cloud data center-a temperature aware approach[C]//2019 3rd International Conference on Electronics, Communication and Aerospace Technology(ICECA), IEEE, 2019:1205-1208.

[46] ZHOU L, BHUYAN L N, RAMAKRISHNAN K K. Goldilocks: Adaptive resource provisioning in containerized data centers[C]//2019 IEEE 39th International Conference on Distributed Computing Systems(ICDCS), IEEE, 2019:666-677.

[47] GARCIA-GABIN W, MISHCHENKO K, BERGLUND E. Cooling control of data centers using linear quadratic regulators[C]//2018 26th Mediterranean Conference on Control and Automation(MED), IEEE, 2018:1-6.

[48] MIRHOSEININEJAD S M,MOAZAMIGOODARZI H,BADAWY G, et al. Joint data center cooling and workload management:A thermal-aware approach[J]. Future Generation Computer Systems,2020,104: 174-186.

[49] INDEX G C. Cisco Global Cloud Index:Forecast and Methodology, 2016—2021 White Paper[R]. 2018.

[50] WIBOONRAT M. Data center infrastructure management WLAN networks for monitoring and controlling systems[C]//The International Conference on Information Networking 2014 (ICOIN2014), IEEE, 2014:226-231.

[51] SHAFTO M,CONROY M,DOYLE R,et al. Draft modeling, simulation,information technology & processing roadmap[J]. Technology Area,2010,11:1-32.

[52] QI Q,TAO F. Digital twin and big data towards smart manufacturing and industry 4.0:360 degree comparison[J]. Ieee Access,2018,6:3585-3593.

[53] ALAM K M,EL SADDIK A. C2PS:A digital twin architecture reference model for the cloud-based cyber-physical systems [J]. IEEE Access,2017,5:2050-2062.

[54] DEREN L,WENBO Y,ZHENFENG S. Smart city based on digital twins[J]. Computational Urban Science,2021,1:1-11.

[55] RADMEHR A,NOLL B,FITZPATRICK J,et al. CFD modeling of an existing raised-floor data center[C]//29th IEEE Semiconductor Thermal Measurement and Management Symposium,IEEE,2013:39-44.

[56] RAN Y, HU H, ZHOU X, et al. Deepee:Joint optimization of job scheduling and cooling control for data center energy efficiency using deep reinforcement learning[C]//2019 IEEE 39th International Conference on Distributed Computing Systems (ICDCS), IEEE, 2019: 645-655.

[57] HUNING A. ARSP:Archiv für rechts-und sozialphilosophie[EB/OL]. [2018-08-24]. http://www.jstor.org/stable/23679080.

[58] ANDERSON J D,WENDT J. Computational fluid dynamics[M]. New York:McGraw-hill,1995.

［59］ SINGH U,SINGH A,PARVEZ S,et al. CFD-Based Operational Thermal Efficiency Improvement of a Production Data Center［C］//SustainIT,2010.

［60］ MOORE J,CHASE J S,RANGANATHAN P. Weatherman: Automated,online and predictive thermal mapping and management for data centers［C］//2006 IEEE International Conference on Autonomic Computing,IEEE,2006:155-164.

［61］ VAN LE D,LIU Y,WANG R,et al. Control of air free-cooled data centers in tropics via deep reinforcement learning［C］//Proceedings of the 6th ACM International Conference on Systems for Energy-efficient Buildings,Cities,and Transportation,2019:306-315.

［62］ CHEN J,TAN R,WANG Y,et al. A high-fidelity temperature distribution forecasting system for data centers［C］//2012 IEEE 33rd Real-Time Systems Symposium,IEEE,2012:215-224.

［63］ KOZIEL S,LEIFSSON L. Surrogate-based aerodynamic shape optimization by variable-resolution models［J］. AIAA Journal,2013,51(1): 94-106.

［64］ NAGPAL S,MUELLER C,AIJAZI A,et al. A methodology for auto-calibrating urban building energy models using surrogate modeling techniques［J］. Journal of Building Performance Simulation, 2019, 12(1):1-16.

［65］ ASHER M J,CROKE B F W,JAKEMAN A J,et al. A review of surrogate models and their application to groundwater modeling［J］. Water Resources Research,2015,51(8):5957-5973.

［66］ ZHONGHUA H A N,CHENZHOU X U,ZHANG L,et al. Efficient aerodynamic shape optimization using variable-fidelity surrogate models and multilevel computational grids［J］. Chinese Journal of Aeronautics,2020,33(1):31-47.

［67］ BANDLER J W,BIERNACKI R M,CHEN S H,et al. Electromagnetic optimization exploiting aggressive space mapping［J］. IEEE Transactions on Microwave Theory and Techniques,1995,43(12):2874-2882.

［68］ WATSON P M,GUPTA K C. Design and optimization of CPW circuits using EM-ANN models for CPW components［J］. IEEE Transactions on Microwave Theory and Techniques,1997,45(12):2515-2523.

[69] PHAN L,LIN C X. CFD-based response surface methodology for rapid thermal simulation and optimal design of data centers[J]. Advances in Building Energy Research,2020,14(4):471-493.

[70] STEWART R,ERMON S. Label-free supervision of neural networks with physics and domain knowledge[C]//Proceedings of the AAAI Conference on Artificial Intelligence,2017,31(1).

[71] SUN L,GAO H,PAN S,et al. Surrogate modeling for fluid flows based on physics-constrained deep learning without simulation data[J]. Computer Methods in Applied Mechanics and Engineering, 2020, 361: 112732.

[72] PARDEY Z M,VANGILDER J W,HEALEY C M,et al. Creating a calibrated CFD model of a midsize data center[C]//International Electronic Packaging Technical Conference and Exhibition. American Society of Mechanical Engineers,2015,56888:V001T09A029.

[73] DAVIS J,BIZO D,LAWRENCE A,et al. Uptime institute global datacenter survey 2022: resiliency remainscritical im volatile world [R]. 2022.

[74] CAO Z,ZHOU X,HU H,et al. Toward a systematic survey for carbon neutral data centers[J]. IEEE Communications Surveys & Tutorials, 2022,24(2):895-936.

[75] WANG Y G,SHI Z G,CAI W J. PID autotuner and its application in HVAC systems[C]//Proceedings of the 2001 American Control Conference. (Cat. No. 01CH37148),IEEE,2001,3:2192-2196.

[76] SANTIKARN M,CHURIE KALLHAUGE A N,BOZCAGA M O,et al. State and trends of carbon pricing 2021[J]. World Bank Publications,2021.

[77] DEAN J,GHEMAWAT S. MapReduce: simplified data processing on large clusters[J]. Communications of the ACM,2008,51(1):107-113.

[78] ZHANG C,LIU Q,WU Q,et al. Modelling of solid oxide electrolyser cell using extreme learning machine[J]. Electrochimica Acta, 2017, 251:137-144.

[79] KASHKOOLI A G,FATHIANNASAB H,MAO Z,et al. Application

of artificial intelligence to state-of-charge and state-of-health estimation of calendar-aged lithium-ion pouch cells[J]. Journal of the Electrochemical Society,2019,166(4):A605.

[80] CHEN B,CAI Z,BERGÉS M. Gnu-rl:A precocial reinforcement learning solution for building hvac control using a differentiable mpc policy [C]//Proceedings of the 6th ACM International Conference on Systems for Energy-efficient Buildings, Cities, and Transportation, 2019: 316-325.

[81] WANG R, ZHANG X, ZHOU X, et al. Toward physics-guided safe deep reinforcement learning for green data center cooling control[C]// 2022 ACM/IEEE 13th International Conference on Cyber-Physical Systems(ICCPS),IEEE,2022:159-169.

[82] CRAWLEY D B,LAWRIE L K,WINKELMANN F C,et al. Energy-Plus: creating a new-generation building energy simulation program [J]. Energy and Buildings,2001,33(4):319-331.

[83] CHEN B, DONTI P L, BAKER K, et al. Enforcing policy feasibility constraints through differentiable projection for energy optimization [C]//Proceedings of the Twelfth ACM International Conference on Future Energy Systems,2021:199-210.

[84] HAN X,TIAN W,VANGILDER J,et al. An open source fast fluid dynamics model for data center thermal management[J]. Energy and Buildings,2021,230:110599.

[85] RAY A, ACHIAM J, AMODEI D. Benchmarking safe exploration in deep reinforcement learning[J]. arXiv preprint arXiv:1910.01708, 2019,7(1):2.

[86] ACHIAM J, HELD D, TAMAR A, et al. Constrained policy optimization[C]//International Conference on Machine Learning,PMLR,2017: 22-31.

[87] PHAN D T,GROSU R,JANSEN N,et al. Neural simplex architecture [C]//NASA Formal Methods: 12th International Symposium, NFM 2020, Moffett Field, CA, USA, May 11-15, 2020, Proceedings 12. Springer International Publishing,2020:97-114.

[88] DALAL G,DVIJOTHAM K,VECERIK M,et al. Safe exploration in

continuous action spaces[J]. arXiv preprint arXiv:1801.08757,2018.

[89] MORIYAMA T, DE MAGISTRIS G, TATSUBORI M, et al. Reinforcement learning testbed for power-consumption optimization[C]// Methods and Applications for Modeling and Simulation of Complex Systems:18th Asia Simulation Conference, AsiaSim 2018, Kyoto, Japan, October 27-29, 2018, Proceedings 18. Springer Singapore, 2018: 45-59.

[90] ARGUELLO-SERRANO B, VELEZ-REYES M. Nonlinear control of a heating, ventilating, and air conditioning system with thermal load estimation[J]. IEEE Transactions on Control Systems Technology,1999,7 (1):56-63.

[91] MENON H, ACUN B, DE GONZALO S G, et al. Thermal aware automated load balancing for hpc applications[C]//2013 IEEE International Conference on Cluster Computing(CLUSTER), IEEE,2013:1-8.

[92] ZHANG C, KUPPANNAGARI S R, KANNAN R, et al. Building HVAC scheduling using reinforcement learning via neural network based model approximation[C]//Proceedings of the 6th ACM International Conference on Systems for Energy-efficient Buildings, Cities, and Transportation,2019:287-296.

[93] PHAM T H, DE MAGISTRIS G, TACHIBANA R. Optlayer-practical constrained optimization for deep reinforcement learning in the real world[C]//2018 IEEE International Conference on Robotics and Automation(ICRA), IEEE,2018:6236-6243.

[94] WANG R, ZHOU X, DONG L, et al. Kalibre:Knowledge-based neural surrogate model calibration for data center digital twins[C]//Proceedings of the 7th ACM International Conference on Systems for Energy-Efficient Buildings, Cities, and Transportation,2020:200-209.

[95] ATHAVALE J, YODA M, JOSHI Y. Comparison of data driven modeling approaches for temperature prediction in data centers[J]. International Journal of Heat and Mass Transfer,2019,135:1039-1052.

[96] SAMADIANI E, JOSHI Y. Multi-parameter model reduction in multi-scale convective systems[J]. International Journal of Heat and Mass Transfer,2010,53(9-10):2193-2205.

［97］ SAMADIANI E,JOSHI Y. Proper orthogonal decomposition for reduced order thermal modeling of air cooled data centers［J］. Journal of Heat Transfer: Transactions of the ASME ,2010,132(7): 1-14.

［98］ SAMADIANI E,JOSHI Y,HAMANN H,et al. Reduced order thermal modeling of data centers via distributed sensor data［J］. Heat transfer, 2012,134(4):041401.

［99］ DEISENROTH M P,RASMUSSEN C E,FOX D. Learning to control a low-cost manipulator using data-efficient reinforcement learning［J］. Robotics:Science and Systems VII,2011,7:57-64.

［100］ GUO X,SINGH S,LEE H,et al. Deep learning for real-time Atari game play using offline Monte-Carlo tree search planning［J］. Advances in Neural Information Processing Systems,2014,27.

［101］ RACANIÈRE S, WEBER T, REICHERT D, et al. Imagination-augmented agents for deep reinforcement learning［J］. Advances in Neural Information Processing Systems,2017,30.

［102］ TAIRA K,BRUNTON S L,DAWSON S T M,et al. Modal analysis of fluid flows:An overview［J］. Aiaa Journal,2017,55(12):4013-4041.

［103］ SEEGER M. Gaussian processes for machine learning［J］. International Journal of Neural Systems,2004,14(2):69-106.

［104］ KARNIADAKIS G E, KEVREKIDIS I G, LU L, et al. Physics-informed machine learning［J］. Nature Reviews Physics,2021,3(6):422-440.

［105］ RAISSI M,PERDIKARIS P,KARNIADAKIS G E. Physics-informed neural networks:A deep learning framework for solving forward and inverse problems involving nonlinear partial differential equations［J］. Journal of Computational Physics,2019,378:686-707.

［106］ LIU X Y,WANG J X. Physics-informed Dyna-style model-based deep reinforcement learning for dynamic control［J］. Proceedings of the Royal Society A,2021,477(2255):20210618.

［107］ NAGARATHINAM S,CHATI Y S,VENKAT M P,et al. PACMAN:physics-aware control MANager for HVAC［C］//Proceedings of the 9th ACM International Conference on Systems for Energy-efficient Buildings,Cities,and Transportation,2022:11-20.

[108] ZUO W,CHEN Q Y. Validation of fast fluid dynamics for room air-flow[C]// International Building Performance Simulation Association,2007: 980-983.

[109] TIAN W,SEVILLA T A,LI D,et al. Fast and self-learning indoor airflow simulation based on in situ adaptive tabulation[J]. Journal of Building Performance Simulation,2018,11(1):99-112.

[110] LI L,LIANG C J M,LIU J,et al. Thermocast:a cyber-physical forecasting model for datacenters[C]//Proceedings of the 17th ACM SIGKDD International Conference on Knowledge Discovery and Data mining. 2011:1370-1378.

[111] DENG Y,BAO F,KONG Y,et al. Deep direct reinforcement learning for financial signal representation and trading[J]. IEEE Transactions on Neural Networks and Learning Systems,2016,28(3):653-664.

[112] PAN Y,YU H. Biomimetic hybrid feedback feedforward neural-network learning control[J]. IEEE Transactions on Neural Networks and Learning Systems,2016,28(6):1481-1487.

[113] SONG R, LEWIS F L, WEI Q. Off-policy integral reinforcement learning method to solve nonlinear continuous-time multiplayer non-zero-sum games[J]. IEEE Transactions on Neural Networks and Learning Systems,2016,28(3):704-713.

[114] DAVIDSON D J. Exnovating for a renewable energy transition[J]. Nature Energy,2019,4(4):254-256.

[115] World Energy Outlook——Executive Summar[EB/OL]. [2019-03-15]. https://www. doc88. com/p-6921788298714. html.

[116] CHU S,CUI Y,LIU N. The path towards sustainable energy[J]. Nature Materials,2017,16(1):16-22.

[117] PERSONAL E,GUERRERO J I,GARCIA A,et al. Key performance indicators:A useful tool to assess Smart Grid goals[J]. Energy,2014,76:976-988.

[118] MOORE G E. Cramming more components onto integrated circuits [J]. Proceedings of the IEEE,1998,86(1):82-85.

[119] JEONG J,KIM M,SEO J,et al. Pseudo-halide anion engineering for α-FAPbI3 perovskite solar cells[J]. Nature,2021,592(7854):381-385.

[120] KONTROSH L V, KALINOVSKY V S, KHRAMOV A V, et al. Estimation of the chemical materials volumes required for the postgrowth technology manufacturing InGaP/GaAs/Ge with a concentrator and planar α-Si:H/Si solar cells for 1 MW solar power plants[J]. Cleaner Engineering and Technology, 2021, 4:100186.

[121] BURGER B, MAFFETTONE P M, GUSEV V V, et al. A mobile robotic chemist[J]. Nature, 2020, 583(7815):237-241.

[122] PILANIA G, GUBERNATIS J E, LOOKMAN T. Multi-fidelity machine learning models for accurate bandgap predictions of solids[J]. Computational Materials Science, 2017, 129:156-163.

[123] LU S, ZHOU Q, OUYANG Y, et al. Accelerated discovery of stable lead-free hybrid organic-inorganic perovskites via machine learning[J]. Nature Communications, 2018, 9(1):3405.

[124] JAIN A, BLIGAARD T. Atomic-position independent descriptor for machine learning of material properties[J]. Physical Review B, 2018, 98(21):214112.

[125] ROCH L M, HÄSE F, KREISBECK C, et al. ChemOS: An orchestration software to democratize autonomous discovery[J]. PLoS One, 2020, 15(4):e0229862.

[126] SCHUBERT M F, MONT F W, CHHAJED S, et al. Design of multilayer antireflection coatings made from co-sputtered and low-refractive-index materials by genetic algorithm[J]. Optics Express, 2008, 16(8):5290-5298.

[127] MUSZTYFAGA-STASZUK M, HONYSZ R. Application of artificial neural networks in modeling of manufactured front metallization contact resistance for silicon solar cells[J]. Archives of Metallurgy and Materials, 2015, 60.

[128] JINICH A, SANCHEZ-LENGELING B, REN H, et al. A mixed quantum chemistry/machine learning approach for the fast and accurate prediction of biochemical redox potentials and its large-scale application to 315 000 redox reactions[J]. ACS Central Science, 2019, 5(7):1199-1210.

[129] SANCHEZ-LENGELING B, ASPURU-GUZIK A. Inverse molecular

design using machine learning：Generative models for matter engineer-ing[J]. Science,2018,361(6400)：360-365.

[130] ULISSI Z W,TANG M T,XIAO J,et al. Machine-learning methods enable exhaustive searches for active bimetallic facets and reveal ac-tive site motifs for CO_2 reduction[J]. Acs Catalysis, 2017, 7 (10)：6600-6608.

[131] REDDY V D,SETZ B,RAO G S V R K,et al. Metrics for sustainable data centers[J]. IEEE Transactions on Sustainable Computing,2017,2 (3)：290-303.

[132] CHAN L S. Neighbouring shading effect on photovoltaic panel sys-tem：Its implication to green building certification scheme[J]. Renew-able Energy,2022,188：476-490.

[133] JAUREGUIALZO E. PUE：The Green Grid metric for evaluating the energy efficiency in DC(Data Center). Measurement method using the power demand[C]//2011 IEEE 33rd International Telecommunica-tions Energy Conference(INTELEC). IEEE,2011：1-8.

[134] HERRLIN M K. Airflow and cooling performance of data centers：Two performance metrics[J]. ASHRAE Transactions,2008,114(2)：182-187.

[135] SAMADIANI E,JOSHI Y,ALLEN J K,et al. Adaptable robust de-sign of multi-scale convective systems applied to energy efficient data centers[J]. Numerical Heat Transfer, Part A：Applications, 2010, 57 (2)：69-100.

[136] WU C,BUYYA R. Cloud Data Centers and Cost Modeling：A com-plete guide to planning,designing and building a cloud data center [M]. San Francisco：Morgan Kaufmann,2015.

[137] AZEVEDO D,BELADY S C,POUCHET J. Water usage effectiveness (WUE™)：A green grid datacenter sustainability metric[J]. The Green Grid,2011：32.

[138] RADOVANOVIĆ A,KONINGSTEIN R,SCHNEIDER I,et al. Car-bon-aware computing for datacenters[J]. IEEE Transactions on Pow-er Systems,2022,38(2)：1270-1280.

[139] ACTON M,BERTOLDI P,BOOTH J,et al. 2018 best practice guide-

lines for the eu code of conduct on data centre energy efficiency[J]. Publications Office of the European Union, Luxembourg, Tech. Report. EUR 29103 EN,2018,2017.

[140] MEISNER D, GOLD B T, WENISCH T F. Powernap: eliminating server idle power[J]. ACM SIGARCH Computer Architecture News, 2009,37(1):205-216.

[141] WANG S, LIU J, CHEN J J, et al. Powersleep: a smart power-saving scheme with sleep for servers under response time constraint[J]. IEEE Journal on Emerging and Selected Topics in Circuits and Systems,2011,1(3):289-298.

[142] WANG X, WANG Y. Coordinating power control and performance management for virtualized server clusters[J]. IEEE Transactions on Parallel and Distributed Systems,2010,22(2):245-259.

[143] DOU H, QI Y, WEI W, et al. Carbon-aware electricity cost minimization for sustainable data centers[J]. IEEE Transactions on Sustainable Computing,2017,2(2):211-223.

[144] GOIRI Í, LE K, HAQUE M E, et al. Greenslot: scheduling energy consumption in green datacenters[C]//Proceedings of 2011 International Conference for High Performance Computing, Networking, Storage and Analysis,2011:1-11.

[145] ANTHONY L F W, KANDING B, SELVAN R. Carbontracker: Tracking and predicting the carbon footprint of training deep learning models[J]. arXiv preprint arXiv:2007. 03051,2020.

[146] LINDLEY D. The energy storage problem[J]. Nature, 2010, 463 (7277):18-20.

[147] ETACHERI V, MAROM R, ELAZARI R, et al. Challenges in the development of advanced Li-ion batteries: a review[J]. Energy & Environmental Science,2011,4(9):3243-3262.

[148] CHEN C, ZUO Y, YE W, et al. A critical review of machine learning of energy materials [J]. Advanced Energy Materials, 2020, 10 (8):1903242.

[149] CHANG C, CHEN W, CHEN Y, et al. Recent progress on two-dimensional materials[J]. Acta Phys Chim Sin,2021,37(12):2108017.

［150］GU G H,NOH J,KIM I,et al. Machine learning for renewable energy materials［J］. Journal of Materials Chemistry A, 2019, 7（29）: 17096-17117.

［151］JALEM R, NAKAYAMA M, KASUGA T. An efficient rule-based screening approach for discovering fast lithium ion conductors using density functional theory and artificial neural networks［J］. Journal of Materials Chemistry A,2014,2(3):720-734.

［152］RANSOM B,ZHAO N,SENDEK A D,et al. Two low-expansion Li-ion cathode materials with promising multi-property performance［J］. MRS Bulletin,2021:1-14.

［153］AHMAD Z,XIE T,MAHESHWARI C,et al. Machine learning enabled computational screening of inorganic solid electrolytes for suppression of dendrite formation in lithium metal anodes［J］. ACS Central Science,2018,4(8):996-1006.

［154］BHOWMIK A,CASTELLI I E,GARCIA-LASTRA J M,et al. A perspective on inverse design of battery interphases using multi-scale modelling,experiments and generative deep learning［J］. Energy Storage Materials,2019,21:446-456.

［155］AYKOL M, HERRING P, ANAPOLSKY A. Machine learning for continuous innovation in battery technologies［J］. Nature Reviews Materials,2020,5(10):725-727.

［156］IRWIN J J,SHOICHET B K. ZINC-a free database of commercially available compounds for virtual screening［J］. Journal of Chemical Information and Modeling,2005,45(1):177-182.

［157］SHANDIZ M A,GAUVIN R. Application of machine learning methods for the prediction of crystal system of cathode materials in lithium-ion batteries［J］. Computational Materials Science, 2016, 117: 270-278.

［158］WANG X,XIAO R,LI H,et al. Quantitative structure-property relationship study of cathode volume changes in lithium ion batteries using ab-initio and partial least squares analysis［J］. Journal of Materiomics,2017,3(3):178-183.

［159］SARKAR T,SHARMA A,DAS A K,et al. A neural network based approach to predict high voltage li-ion battery cathode materials[C]// 2014 2nd International Conference on Devices, Circuits and Systems (ICDCS), IEEE, 2014: 1-3.

[160] JOSHI R P, EICKHOLT J, LI L, et al. Machine learning the voltage of electrode materials in metal-ion batteries[J]. ACS Applied Materials & Interfaces, 2019, 11(20): 18494-18503.

[161] EREMIN R A, ZOLOTAREV P N, IVANSHINA O Y, et al. Li(Ni, Co, Al)O$_2$ cathode delithiation: a combination of topological analysis, density functional theory, neutron diffraction, and machine learning techniques[J]. The Journal of Physical Chemistry C, 2017, 121(51): 28293-28305.

[162] CUNHA R P, LOMBARDO T, PRIMO E N, et al. Artificial intelligence investigation of NMC cathode manufacturing parameters interdependencies[J]. Batteries & Supercaps, 2020, 3(1): 60-67.

[163] GOODENOUGH J B, PARK K S. The Li-ion rechargeable battery: a perspective[J]. Journal of the American Chemical Society, 2013, 135(4): 1167-1176.

[164] WHITTINGHAM M S. Ultimate limits to intercalation reactions for lithium batteries[J]. Chemical Reviews, 2014, 114(23): 11414-11443.

[165] LIU W T, WU Y K, LEE C Y, et al. Effect of low-voltage-ride-through technologies on the first Taiwan offshore wind farm planning [J]. IEEE Transactions on Sustainable Energy, 2010, 2(1): 78-86.

[166] LOMBARDO T, DUQUESNOY M, EL-BOUYSIDY H, et al. Artificial intelligence applied to battery research: hype or reality? [J]. Chemical Reviews, 2021, 122(12): 10899-10969.

[167] BUTLER K T, DAVIES D W, CARTWRIGHT H, et al. Machine learning for molecular and materials science[J]. Nature, 2018, 559 (7715): 547-555.

[168] SON S Y, HUR H, HYUNG W J, et al. Laparoscopic vs open distal gastrectomy for locally advanced gastric cancer: 5-year outcomes of the KLASS-02 randomized clinical trial[J]. JAMA Surgery, 2022, 157 (10): 879-886.

[169] YAO Z, SANCHEZ-LENGELING B, BOBBITT N S, et al. Inverse

design of nanoporous crystalline reticular materials with deep genera-
tive models[J]. Nature Machine Intelligence,2021,3(1):76-86.

[170] SHI S,GAO J,LIU Y,et al. Multi-scale computation methods:Their
applications in lithium-ion battery research and development [J].
Chinese Physics B,2015,25(1):018212.

[171] JAIN A,ONG S P,HAUTIER G,et al. Commentary:The Materials
Project:A materials genome approach to accelerating materials inno-
vation[J]. APL Materials,2013,1(1).

[172] HACHMANN J,OLIVARES-AMAYA R,ATAHAN-EVRENK S,et
al. The Harvard clean energy project:large-scale computational
screening and design of organic photovoltaics on the world community
grid[J]. The Journal of Physical Chemistry Letters,2011,2(17):2241-
2251.

彩　插

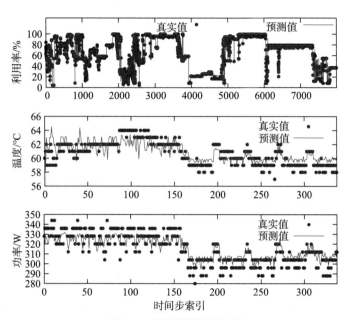

图 2-8　处理器的预测结果

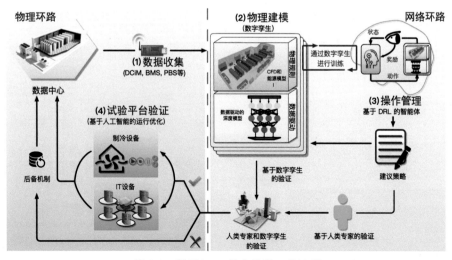

图 3-2　基于 DRL 的方法的工作流程

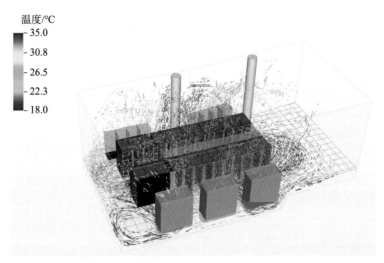

图 3-5　新加坡国家超级计算中心的 CFD 模型和模拟结果（用 6Sigma 绘制）

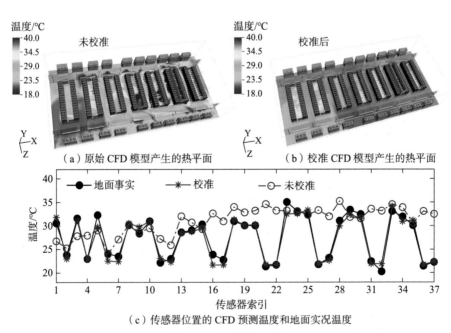

图 4-8　A 厅的温度分布

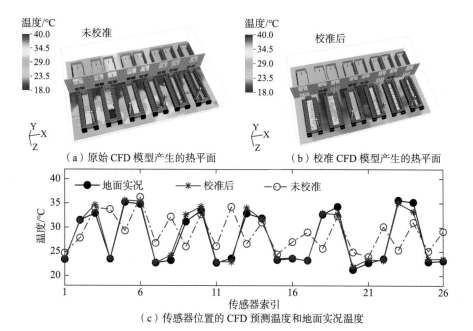

（a）原始 CFD 模型产生的热平面　　　　（b）校准 CFD 模型产生的热平面

（c）传感器位置的 CFD 预测温度和地面实况温度

图 4-9　B 厅的温度分布

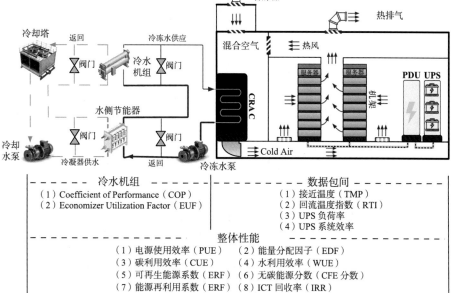

冷水机组	数据包间
（1）Coefficient of Performance（COP）	（1）接近温度（TMP）
（2）Economizer Utilization Factor（EUF）	（2）回流温度指数（RTI）
	（3）UPS 负荷率
	（4）UPS 系统效率

整体性能

（1）电源使用效率（PUE）　（2）能量分配因子（EDF）
（3）碳利用效率（CUE）　　（4）水利用效率（WUE）
（5）可再生能源系数（ERF）（6）无碳能源分数（CFE 分数）
（7）能源再利用系数（ERF）（8）ICT 回收率（IRR）

图 8-1　一个典型的数据中心，包含 IT 设备（服务器、存储设备和网络设备）和
提供必要冷却和电力的设施

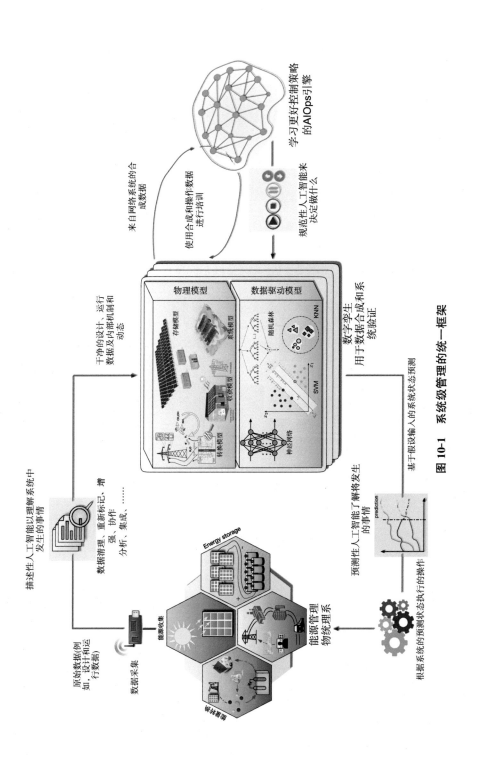

图 10-1　系统级管理的统一框架